地 球 之 书

The Earth Book

From the Beginning
to the End of Our Planet,
250 Milestones in the
History of Earth Science

从我们这个星球的诞生到
灭亡，地球科学史上的
250 个里程碑

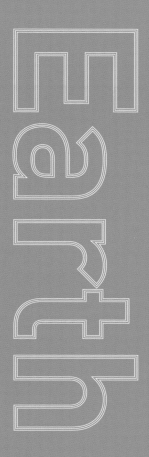

［美］吉姆·贝尔 著

杨帅斌 译

地球之书

重庆大学出版社

谨以此书献给从很久以前到遥远未来中那些试图弄清楚这一切是如何运作以及试图使这一切运作得更好的人。

"喜马拉雅的山顶是海相灰岩。"

—— 约翰·麦克菲（John McPhee），

用一句引人注目的话来总结地质学全部内容。

"再看一眼那个小点，那是这里，那是家园，那是我们。每个你爱的人，每个你认识的人，每个你曾听说过的人，以及每个曾经存在过的人，都在这里，在这个悬浮在阳光中众多灰尘里的一颗小小尘埃上，过完他们的一生。"

—— 卡尔·萨根（Carl Sagan），《暗淡蓝点》（*Pale Blue Dot*，1994）

1990 年 2 月 14 日，旅行者 1 号太空探测器从海王星轨道外，在距离地球 64 亿千米远的一个有利位置上，拍摄了著名照片《暗淡蓝点》，这个蓝点飘浮在一束散射的阳光中。

目　录

V

引言

把整个世界的历史编入一本书是一项艰巨的任务。我所指的不只是人类的历史和我们的各种成就，而是整个地球的历史：从大约 45 亿年前，太阳和太阳系在旋转的气体尘埃星云中形成，到大约 50 亿年后，我们所在的星球在最后的垂死挣扎后不可避免地毁灭。在地球表面、内部和周围发生的所有事情中，有哪些值得入选地球历史上最重要的250 个里程碑？

我尝试回答这个问题，不仅基于自己作为地质学家和行星科学家的训练，也基于我在野外考察、遥感和数据计算分析方面的背景和经验，还包括我个人的见解。例如，我的大部分专业教学和研究工作都集中在行星与空间科学研究上，以地球科学和我们所在行星已有研究作为基础，对其他行星和太阳系天体比如火星和月球进行研究。因此，我倾向于认为地球不仅是我们人类和数以百万计的其他物种的家园，也是我们所在宇宙附近围绕太阳运行的行星、卫星、小行星和彗星家族的一员。事实上，从太空研究地球以及研究其他行星来了解我们自己的行星，是了解地球的一个主要途径，通过这种方法我们得到了很多对地球的认识。

当我教授地球科学时，我一定会强调，研究地球就像研究一系列嵌套在一起、相互缠绕的球体一样：有岩石圈，遍及地球的石质表面和内部；有大气圈，那一层薄薄的气体可以保暖地表和维持生命；有地磁圈，这个磁罩保护我们的世界不受有害太阳辐射的影响；有水圈，那一层薄薄的表层水，主要存在于大洋中，也存在于陆缘海、湖泊、河流、冰川和极地冰盖中；最后还有生物圈，这是地球上所有生物的集合。每一个圈层对我们地球的历史来说都是至关重要的，它们都以难以厘清的复杂方式建立着相互关联。要真正把地球理解为一个系统，就需要了解所有这些圈层的影响。

因此，地球的历史跨越了物理学、化学、生物学、天文学、天体生物学、地质学、矿物学、行星科学、生命科学、公共政策、大气科学、气候科学、工程学等许多自然科学和社会学科及其子领域。我试图捕捉跨越所有这些领域的里程碑式的事件和发现，希望通过这些广阔的阅历和专业知识帮助我们了解世界是如何变成这样的，以及未来将会发生什么。

按照这个想法，我从成千上万的科学家、探险家、发明家等人中挑出了大约 120 位，他们以了解我们的星球为职业，在我选出的这些具有里程碑意义的事件和发现中做出了重大贡献。其中一些人是妇孺皆知的，如柏拉图、达·芬奇、麦哲伦、牛顿、巴斯德、达尔文、库斯托、古多尔等。一些人在学术界或探险界很有名，但一般公众不太熟悉，比如斯蒂诺、赫顿、鲍文、魏格纳、卡林顿、阿加西斯、洪堡、多布森、阿蒙森、皮尔里、范艾伦等。还有一些人对理解我们的世界做出了重要贡献，但由于某些原因，在变幻无常的历史记录中显得默默无闻，如克拉尼、布罗克、安宁、纳达尔、道库恰耶夫、巴斯科姆、格里格斯、安杰尔、诺尔盖和莱曼等，在本书中您将了解到关于他们的信息。

许多女性也发挥了重要作用，她们的不懈努力促进了我们对地球的了解，是这些里程碑的重要部分，给我留下了特别深刻的印象。在科学史的大部分时间里，一直是男性主导的，根深蒂固的传统和其他障碍使妇女远离科研。尽管早期障碍很大，但这种情况在 19 世纪和 20 世纪开始缓慢地发生着变化。女性对地球及其居民的开创性研究和发现，如弗洛伦斯·巴斯科姆（Florence Basom）、多萝西·希尔（Dorothy Hill）、英奇·莱曼（Inge Lehman）、玛丽·利基（Mary Leakey）、蕾切尔·卡森（Rachel Carson）、戴安·福西（Dian Fossey）、凯瑟琳·沙利文（Kathleen Sullivan）、西尔维娅·厄尔（Sylvia Earle）等，都证明了这样一个事实，即女性在追求科学和取得科研成果方面，拥有与男性一样的能力。

我试图在这些里程碑中捕捉到多样性的另一个方面，即地球表面和地球内部的地理多样性。例如，我举出了所有大陆上主要造山带的例子，列举和宣告了在整个地球历史上发生的许多不同的造山方式。我还举出了构成地球的主要种类的岩石和矿物的例子，包括它们是如何形成的以及它们在人类历史上发挥了什么作用。我们星球内部的洋葱皮状的圈层——地核、地幔和地壳，也都值得特别关注，因为它们在地球释放内部热量的过程、产生强磁场的过程以及大陆和海洋随时间变化的过程中都发挥着特定的作用。你会看到一条主线贯穿于这本书，那就是板块构造理论——把地壳分成几十个板块，它们相互作用形成新大陆、洋盆和岛屿，以及潜在的灾难性地震和火山喷发。板块构造理论为我们理解地球表面随时间变化的方式提供了基础。

我还认为，对现代地质学家重建的地球主要地质时期的边界进行界定尤其关键，是重要的里程碑。这些边界是国际公认的地质年代表的重要组成部分。到目前为止，我们星球的历史几乎 90% 都处于一个被称为前寒武纪的地质时期，我们对此知之甚少，因为在我们这个充满活力的星球表面，能从 5.5 亿年前保存至今的岩石和化石太少了。然而，从那个被称为寒武纪爆炸的重要里程碑开始，海洋生物开始生成坚硬的外骨骼，在它们死亡并落到海底后，这些外骨骼以化石的方式保存了下来。从那时候起，化石为地球地质史提供了重要的里程碑标志，包括提供了至少存在五次大规模集群灭绝事件的证据，在这些事件中，地球上的大量物种很快就灭绝了。其中一个里程碑，即大约 6500 万年前远古恐龙和许多其他物种的消失，与一颗大型小行星撞击造成的气候和食物链灾难有关。然而，其他大规模灭绝的里程碑事件仍然是未解之谜，目前有多种假设，比如大规模火山活动、快速气候变化的影响，有关灭绝原因的探索仍在研究和辩论中。

另外，我的研究还有另一项艰巨的任务，就是试图为被选做里程碑的许多发现和事件确定具体的时间顺序，大西洋到底是在什么时候形成的？花是什么时候首次出现在地球上的？下一个冰河时代什么时候开始？在地球历史上的许多事件中，特别是在很久以前或遥远的未来发生的事件，对于时间的不确定性或许争论很大。因此，如果哪个关键事件的年代时间不确定，只能列出大致日期或范围。

在某些情况下，我还为地球过去的事件或特征选择了相对现代的里程碑日期，这些事件或特征可能无法被精确地确定下来。例如，作为地球系统的重要方面，关于地球生物群落的讨论贯穿了整本书。但苔原是什么时候首次出现在地球上的，或者最早的热带雨林是什么时候出现的，或者是其他方面，比如最早的飓风、龙卷风、野火或山体滑坡是什么时候发生的？对于那些时间点模糊的里程碑事件，我选择了与人类有关的特定事件或生态区的重要日期，例如 1900 年摧毁得克萨斯州加尔维斯顿飓风、1973 年在哥斯达黎加建立蒙特维德云雾森林保护区，以及联合国指定 2011 年为"国际森林年"。

最后，你可能会注意到，我选择的许多里程碑不仅与地球有关，而且更具体地与我们星球上生命的发展有关。生命是什么时候出现的？光合作用是如何以及何时产生的？最早的哺乳动物是什么时候出现的？还有最早的智人呢？所有这些和生命科学中的许多其他亮点都是值得一提的里程碑，不仅是对我们这个物种而言，也是对我们的星球而言。虽然我们现在知道太阳系中有一小部分地方可能或曾经一度适合居住，例如火星、木星的大卫星欧罗巴或土星的小卫星土卫二，但地球是迄今为止我们所知道的唯一一个不仅适合居住，而且也有人居住的地方。

就我们所知，地球上生命的起源和进化在整个宇宙中可能是一个十分独特的事件。又或者，因为我们现在知道，在银河系和更远的地方，可能有无数类似地球的世界，像地球这样有居住的成分和条件且适合居住的星球在宇宙中并不罕见。也许宇宙中在类似的宜居地上充满了生命，每一个都按照进化和自然选择等普遍原则，和谐地适应了它们自身所处的独特环境。无论如何，地球上的生命仍然是特殊的，了解这些与生命有关的里程碑将有助于我们在其他地方寻找生命。正如我的导师和偶像卡尔·萨根喜欢说的那样，"我们是宇宙认识自身的一种方式。"

现在比人类历史上任何时候都更重要的是，我们要把我们的家园理解为一套复杂、相互依存的系统，特别是要理解我们的物种在这套系统中所发挥的特殊作用。我们并不是地球上第一个改变地球总体气候的物种，蓝细菌－蓝绿藻（cyanobacteria-blue-green algae）才是。从大约 34 亿年前，它拓展出了惊人的能力，通过一种全新的创造——光合作用，产生了大量氧气，"毒害"了地球早期的大气层。然而，我们是第一个有能力认识到我们正在这样做的物种，并且有能力对此做些什么。我们将以集体的方式利用这些知识做些什么？在手握权力之时，我们又将如何集体行使这一权力。这些都是深刻的问题，是我们与我们的母星关系的核心。

是的，试图在如此有限的空间内，总结出关于我们星球的所有知识，确实是件令人生畏的事情。但是想想我们即将学到的内容，快来尽情享受那些关于我们星球的故事吧！你还可以按照延伸阅读的指导去了解更多相关背景信息，并尝试思考一下你在这一切中所发挥的作用。

地球诞生

45.4 亿年前的太阳系早期内部变化剧烈，众多小的石块通过互相吸引撞击聚集在一起快速增大，形成原始的星球，并最终形成完整的行星。水星、金星、地球、火星都是在早期通过这种方式形成的。

 月球诞生（约 45 亿年前），晚期大撞击（约 41 亿年前），板块构造（约 40 亿—30 亿年前?），地球上的生命（约 38 亿年前?）

来自陨石和恒星天体物理学的证据告诉我们，太阳和太阳系的所有行星都是在大约 45 亿年前同时诞生的，源于一个由热的星际气体和尘埃组成的巨大自旋星云。地球是我们的家园，它是一块巨大的岩石。它是运行轨道相对接近太阳的一颗类地行星，也是唯一一颗拥有天然大型卫星的类地行星。对一名地质学家来说，地球是一个岩石火山世界，其内部由一层薄的低密度地壳，一层厚的硅酸盐质地幔和一个高密度、部分熔融的铁质地核三部分组成。对一名大气学家来说，地球外部由一层稀薄的氮氧水蒸气大气组成，与岩质地球之间还存在着一个由广阔的液态水海洋和极地冰盖系统组成的水圈缓冲带，从季节尺度到地质时间尺度上的巨大气候变化都有它们的参与。而对一名生物学家来说，地球则是生命的天堂。

地球是我们目前已知的宇宙中唯一有生命存在的地方。事实上，从化石和地球化学记录中的证据来看，当早期来自太阳系的小行星和彗星猛烈撞击平静下来之后，地球上的生命就像雨后春笋般同时出现了。在过去的 40 亿年里，地球表面保持了相对稳定的环境，而且地球处在太阳系非常有利的宜居地带，这里的温度较为恒定，水能够以液态形式出现。地球的稳定环境和有利位置确保生命得以茁壮成长，并演变成无数独特的形态。地壳被划分为几十个运动的构造板块，这些板块都漂浮在上地幔之上。一些剧烈的地质活动和形成的地质体如地震、火山、山脉和海沟都发生和形成在板块边界处。海洋地壳占地球表面积的 70%，它们大都非常年轻，是大洋中脊从数亿年前并持续至今的火山喷发形成的。

地球大气层的高浓度氧气、臭氧和甲烷是生命的信号，可以被那些外星天文学家们探测到。他们也许同样在遥远的星球研究我们的地球。如今，新发现的太阳系外类地行星越来越多，它们围绕着类似于太阳的恒星转动，而这些气体正是我们地球上的天文学家们在其中寻找的生命信号。到底有没有像地球一样有生命存在的星球等待着我们去发现和探索呢？■

约 45.4 亿年前

艺术家创作的太阳系历史早期的地球剖面图，这颗非常年轻的星球仍在持续受到撞击，但已经形成了地核、地幔和地壳的三层构造。

地幔和岩浆海（约 45 亿—40 亿年前），大陆地壳（约 40 亿年前），磁铁矿（约公元前 2000 年），太阳耀斑和空间气象（1859 年），地核固结（约 20 亿—30 亿年后）

约 45.4 亿年前

　　太阳系早期历史上经常发生的碰撞，毫无疑问导致了许多小行星和星子（可以成长为大尺寸行星的微型原始行星）的灾难性破坏甚至蒸发，而星子是能够成长为足够尺寸的小型原始行星。有时，这些碰撞也导致了其中一些天体的吸积，通俗地讲就是生长。随着这些幸存者的成长，它们的引力变得更强，可以帮助它们吸引更多的原料物质、成长得更大。通常认为当直径超过 400 ～ 600 千米时，星子的自身引力会把它拉成一个相对球形的形状。由此产生的上覆压力导致星子内部的温度随着深度的增加而升高，与此同时，星子表面的撞击事件还在持续地提供大量能量。

　　这种吸积和内部加热导致成长中的星体内部发生异化或分离，其中密度较高的元素和矿物（如铁）向内部下沉，密度较低的元素和矿物（如硅）上升到顶部。地球物理模型表明，这一过程最终形成了今天岩质和冰质的行星体内典型的地核、地幔和地壳结构，并且在太阳系早期历史的许多正在生长的行星中，这一过程发生得相对较快。

　　对那些像地球一样正在生长的岩质行星来说，额外的内部热量是由某些元素（如铝或铀的同位素）的放射性衰变释放热量所提供的。行星内部的热量逐渐积聚，并最终将部分行星内含铁的核心完全熔化。这些旋转、液态、导电的地核可能会产生强大的磁场。在地球上，这些磁场可以保护地表免受来自太阳的有害辐射，最终使地表变得适宜生命居住。

　　地球的核心一直在随时间的推移而不断演变。虽然外核仍然是熔融状态，内核却在大约 15 亿—10 亿年前就已冷却和凝固了。■

月球诞生

大约在 45 亿年前，火星大小的天体与原始地球相擦碰撞的艺术概念图。像这样的巨大撞击所产生的碎片被认为是月球形成的原因。

地球诞生（约 45.4 亿年前），晚期大撞击（约 41 亿年前），脱离地球引力（1968 年），月球地质（1972 年），最后一次日全食（约 6 亿年后）

约45亿年前

　　地球在类地行星中是独一无二的，因为它拥有一颗巨大的天然卫星 —— 月球。但我们的月球又是从何而来？其中一种假说（地月同源说）认为，月球是在地球附近的轨道上形成的，其形成的时间和方式与地球类似：在岩质和金属质行星的碰撞（吸积）中缓慢形成，而这些岩质和金属质的行星则从被称为太阳星云的旋转气体和尘埃的温暖内部区域凝聚而成。另一种假说（分裂说）则认为月球是在离心力的作用下从早期熔融状态的地球分裂出去形成。还有一种假说（捕获说）认为月球是在太阳系内部的其他地方形成的，后来被地球引力场所捕获。

　　这些观点争论不休，直到 20 世纪 60 年代末和 70 年代初的阿波罗登月任务将月球岩石和其他信息带回地球，才揭示出这些假设都不符合月球的实际物理和成分数据。根据地月同源说，月球的基本年龄和组成与地球相同，但事实并非如此：月球的密度要低得多，铁的含量也要低得多，而且似乎是在地球和其他行星形成以后的 3000 万～ 5000 万年才形成。分裂说要求早期地球必须旋转得非常快。而捕获说无法解释如何消解掉将自由飞行的月球捕获到地球轨道所需要消耗的巨大能量。

　　20 世纪 90 年代，行星科学家提出了另一个假说：大碰撞说。计算机模拟显示，如果早期地球与火星大小的天体以倾斜角度发生碰撞，可能会将地球上大量的低密度、贫铁的地幔熔化并甩到环绕地球的轨道上，这部分物质最终冷却、生长形成月球。原始地球的整个表面也会在那次巨大的撞击中熔化，这是一场重大灾难。尽管大碰撞说不是很完美，但它仍然是关于月球起源的最佳解释，因为月球的组成、密度甚至年龄都与该假说的预测相符。■

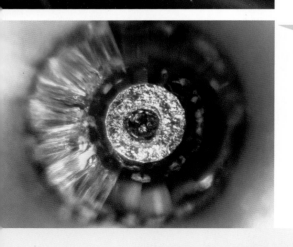

上图：在星球早期的历史中，小行星和彗星持续不断的撞击所产生的热量帮助形成了岩浆海洋。

下图：在金刚石压砧腔内加热的一小片火山岩揭示了早期地球的内部大部分是熔融状态。

地球诞生（约 45.4 亿年前），地核形成（约 45.4 亿年前），冥古宙（约 45 亿—40 亿年前），大陆地壳（约 40 亿年前），橄榄石（1789 年）

约 45 亿—40 亿年前

早期地球的内部在各种因素条件下加热到极端的温度，例如由地表下的超高压所产生的热，由像铀这样的放射性元素的衰变而释放出来的热，以及经常受到彗星、小行星和年轻成长阶段星子的撞击所带来的热量。所有这些热量最终将地球内部部分熔化，并导致其分化为地球现今基本的地核、地幔和地壳结构。更确切地说，许多地球物理学家认为早期地球内部的熔化范围可能更加广泛，有证据表明早期地球的地幔可能是全部或部分熔化，并在我们星球薄薄的地壳下面形成一种地下"岩浆海洋"（"岩浆"是一个地质术语，指的是地下熔融状态的岩石，和"熔岩"的意思相反，熔岩是指地表熔融状态的岩石）。

早期地球岩浆海洋的证据来自实验室，科学家对存在于地球深部的各种致密铁镁硅酸盐矿物开展模拟实验，考虑到它是地球地幔中最丰富的矿物，因此对其研究非常必要。科学家利用特殊的金刚石压砧装置再现地球内部的高压环境，研究发现当布利基曼石熔化时，它就会变成一种密度更高的铁镁硅酸盐，下沉到不太致密的布利基曼石下面。熔化的物质不会下沉到地球上密度更高的铁镍核心里，这有助于保持地核、地幔和地壳内部的基本结构。

地球早期的岩浆海洋并不是一个风平浪静之地。上地幔的熔化会产生密度较大的块状物，并逐渐下沉到地心，而由核心供给的热量对岩浆海洋下部的强烈加热会产生密度较小、上浮的物质，它们会在岩浆海洋中向上移动。这些运动可能已经建立起对流圈，随着地幔和岩浆海洋的缓慢冷却和凝固，这些对流圈使地幔在数百万年内保持在恒定运动中。所有这些地幔的激烈活动使得地球表面呈现为一个经常火山爆发、极其干涸的世界，可以得出结论：这肯定不是一个适宜生物生存的舒适环境！■

冥古宙

地球在冥古宙时期的艺术概念图。月球当时离地球更近，比现在看起来要大得多。

地球诞生（约 45.4 亿年前），地核形成（约 45.4 亿年前），地幔和岩浆海（约 45 亿—40 亿年前），晚期大撞击（约 41 亿年前），大陆地壳（约 40 亿年前），地球的海洋（约 40 亿年前）

年轻的地球是一个动荡的、地狱般的地方，内部甚至完全熔化，外部不断受到高速撞击物的轰击并产生更多的热量，还有一个不断地被火山喷发所破坏的、炎热干燥的表层地壳。地质学家给地球历史的最初 5 亿年起了一个名字：冥古宙 [Hadean，源自希腊冥界之神哈迪斯（Hades）]。

由于不断的撞击轰炸和来自炽热内部的新物质的爆发，冥古宙地壳不断地被更新和循环利用。一旦撞击速率减弱，火山活动减缓，冷却的地壳就会相对迅速地通过风化和侵蚀而改变，其中很大一部分与随后形成的地球海洋有关。因此，看似没有关于冥古宙的证据存留，实际上，地质学家还是发现了一些证据，即在地球大陆地壳的一些最古老的遗迹中保存了深度变质的冥古宙岩石。这些岩石中保存的矿物表明，冥古宙早期地狱般的环境随着时间的推移，也在向着一个更适合居住的世界过渡。

一些易挥发的物质如氢、水蒸气和二氧化碳等通过融化和对流从内部释放出来，在我们的星球上形成了一种厚厚的、热的、蒸汽状的早期大气。一些地区的热液态水由于大气压较高而在地表保持稳定，而大量冷却和凝结的大气水蒸气，最终形成一种全球液态水海洋，形同地球今天的特征。

地球历史的前 5 亿年在地表只留下了极少数的证据，这一事实促使人们转而研究太阳系中其他天体的古老表面。例如，月球保存了地球冥古宙剧烈撞击历史的证据、火星的古老高地地区和水星的古地壳，通过从这些星球收集到的信息，我们也许就能把地球冥古宙难题的细节拼凑在一起。■

约 45 亿—40 亿年前

像月球上 930 千米宽的东方盆地这样巨大的撞击盆地，为地球形成后约 7 亿—4 亿年的再次激烈撞击提供了证据。在月球重力图上，红色和蓝色分别代表了重力较大和较小的区域。

 板块构造（约 40 亿—30 亿年前？），地球上的生命（约 38 亿年前？），放射性（1896 年）

约 41 亿年前

我们太阳系的所有行星和其他天体，包括地球在内，在整个地质历史上都受到了一场真正的小行星和彗星雨的袭击。在太阳系早期，这种灾难性影响事件的发生率比现在高出许多数量级。然而，早期宇宙撞击史的记录并没有保存在地球上，这是因为大部分地表都被较年轻的火山沉积所覆盖，或者由于风、水、冰或板块构造的作用而被侵蚀。另一方面，月球的表面更具启发性，大量的月球撞击坑和巨大的撞击所造成的盆地强烈地提醒着人们，地球表面一定曾经遭受过如此严重的破坏。

阿波罗任务的主要贡献之一是用月球样品的放射性定年来确定撞击事件的准确时间。结果表明，大型月球撞击事件大约发生在 41 亿—38 亿年前，相较于所有主要行星的形成时间都明显早于大约 45 亿年前，是一个令人惊讶的"年轻"发现。许多行星科学家认为，最简单的解释是月球和地球在最初形成后大约 4 亿—7 亿年经历了强烈的撞击。但这是为什么呢？

有人推测木星是罪魁祸首。作为太阳系中最大的行星，木星对其他行星、小行星和彗星的引力影响最大。最近，行星科学家假设，在太阳系历史的早期，木星和其他巨型行星轨道的缓慢变化会引起行星间偶然的共振，尤其是当木星和土星刚好在轨道上对齐时。在整个太阳系早期，这些共振产生的引力能量破坏了其他行星的轨道，尤其是较小的小行星和彗星的轨道。许多小天体都可能被吸入太阳系内部。如果这一假说是正确的，那么由撞击产生的大灾难无疑将对类地行星造成巨大的破坏，并对我们所在世界的发展和稳定产生深远影响。■

大陆地壳

诺曼·L.鲍文（Norman L.Bowen，1887—1956）

岩石覆盖了地球大约 40% 的表面。

地核形成（约 45.4 亿年前），地幔和岩浆海（约 45 亿—40 亿年前），冥古宙（约 45 亿—40 亿年前），晚期大撞击（约 41 亿年前），太古宙（约 40 亿—25 亿年前），板块构造（约 40 亿—30 亿年前?），长石（1747年），橄榄石（1789 年）

冥古宙时期，火山喷发到地球表面形成的岩石来自组成早期地幔的致密、熔融、富含金属元素镁和铁的岩石。地质学家把这些岩石称为镁铁质玄武岩，镁铁质是富镁铁的混合物，玄武岩是一种细晶火山岩，相对于其他类型的火山岩而言，硅、钠和钾含量相对较低。岩石通过冥古宙地壳被不断地重新熔化，再加工，再循环。

当玄武岩被重新熔化时，特别是如果它们处于一个封闭的地下体中，比如火山下的岩浆房内，或者是在一个渗出或侵入其他围岩内部被地质学家称为岩基的巨大亚表层空间中时，它们就开始经历差异分化过程，地球内部可以作为一个整体进行差异分化过程，这是它的一个微型版本：即较重的元素沉到底部，较轻的元素上升到顶部。这是因为当熔融体开始冷却和凝固后，矿物以一种特定的方式结晶出来，更多的镁铁质矿物如橄榄石先从熔体中结晶出来，然后沉到底部，高硅矿物比如长石甚至是石英最后从熔融体中结晶出来，从而集中在岩浆房或岩基的顶部。地质学家将这些来自富含长石、石英的高硅组分各取一字，称其为长英质矿物。因为这些矿物从地下熔融体中分离结晶的顺序最初是由加拿大石油学家诺曼·L.鲍文在 1928 年发现的，所以也被称为鲍文反应序列。

镁铁质岩石再循环的结果是产生了较年轻的长英质岩石，它们的密度较低，因此"漂浮"在致密的镁铁质玄武岩地壳上。随着时间的推移，长英质岩石"岛屿"漂浮在镁铁质地壳上，形成了地球原始大陆最初的部分。地质学家称这些古老的、最早形成的大陆中央核心为克拉通，如果大面积暴露的话则称为地盾。尽管只有十几个主要的地盾从地球早期的历史上幸存下来，但是通过板块构造，这些区域为更多大陆地壳的演化和生长提供了良好的孕育环境，并最终覆盖了我们星球大约 40% 的表面。■

约40亿年前

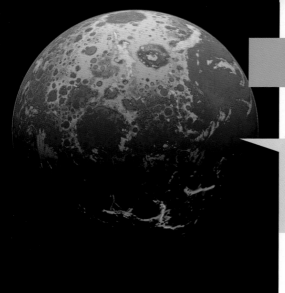

地球冥古宙、太古宙之交的艺术概念图。地球表面的液态海洋开始变得稳定，那些像今天月球表面上的巨大撞击盆地，是小行星和彗星持续"轰炸"留下的痕迹。

冥古宙（约 45 亿—40 亿年前），太古宙（约 40 亿—25 亿年前），板块构造（约 40 亿—30 亿年前?），
地球海洋蒸发（约 10 亿年后）

约40亿年前

在大约 45 亿到 40 亿年前的冥古宙时期，大量火山熔岩喷发到地球表面。伴随着熔岩的喷发，许多气体也被喷出，其中包括氢、氨、甲烷、二氧化碳（CO_2）、二氧化硫（SO_2）和水蒸气等。这些气体构成了地球早期的潮湿大气。大约 40 亿年前，地球逐渐冷却并过渡到太古宙，此时的压力和温度条件开始允许大量的水作为液体而非蒸汽在地球表面稳定下来，地球的海洋从此诞生。

这些挥发性气体是从哪里来的？也许是彗星，特别是小行星或行星相撞带来的，它们最终发展成为地球的水。随着地球的成长，它们被困在地下，但通过火山活动慢慢地逃逸出来。也许是持续的彗星雨和小行星雨，它们在冥古宙期间和之后不断涌入我们的星球，向地球输送了一种所谓的晚期水，最终汇集成了海洋。这两种想法都是有价值的，例如，即使在今天，大量的水还有二氧化碳、二氧化硫和其他气体也能从活火山中释放出来；少量彗星和小行星还在撞击地球；对幸存陨石的研究表明，其中一些同样也富含水。因此，地球海洋的起源可能同时包括来自星球内部和外部的水源。

二氧化碳和氨可溶于水，所以地球早期的海洋很快就溶解了大量的这些化合物，它们在大气中的含量骤减。许多科学家认为，其结果是形成了一个太古宙大气，含有丰富的氢和甲烷，而自由氧则要少得多，就像今天土星的大卫星土卫六泰坦的大气层一样。科学家把这样的早期地球大气称为还原性大气（与现在的氧化性大气相对应）。早在 20 世纪 50 年代，美国生物化学先驱斯坦利·劳埃德·米勒（Stanley Lloyd Miller）的实验就已表明，当液态水与这样的大气接触并暴露在诸如闪电或太阳紫外线等能源中时，会产生大量的有机化合物，包括简单氨基酸等生命的基本组成部分。■

太古宙

太古宙地球艺术概念图。由于地表稳定的液态水，丰富的热能和能源，以及丰富的有机分子供应，太古宙地球似乎是形成生命的肥沃环境。

冥古宙（约 45 亿—40 亿年前），大陆地壳（约 40 亿年前），地球的海洋（约 40 亿年前），板块构造（约 40 亿—30 亿年前?），地球上的生命（约 38 亿年前?），叠层石（约 37 亿年前），光合作用（约 34 亿年前），温室效应（1896 年）

地球四大地质时代中的第二个古老的时代被称为太古宙（Archean），源自希腊语的"开始"或"起源"。太古宙大约开始于 40 亿年前，也就是地球形成后约 5 亿年，相当于地表保存的最古老的放射性可观测岩石的大致年龄。

早期太古宙地球几乎无法辨认。我们的星球可能几乎完全被一个炙热、弱酸性海洋所覆盖，只有小范围的早期大陆地壳。我们称早期大陆地壳为原始大陆，它们是由古老、致密的海洋地壳重熔和再造而成的。大气中可能含有少量的游离氧，而由于存在大量的温室气体，如水蒸气、二氧化碳和其他气体，使地表温度较高。而地表以下温度同样很高，因为内部的放射性加热以及来自地球增生的余热推动的火山活动比今天剧烈得多。在早期的太古宙，地球上罕有生命，甚至可能依旧一片沉寂。

相比之下，一直持续到大约 25 亿年前太古宙末期，在地球上发生的变化，是我们星球经历过的最引人注目的变化之一，这个过程长达 15 亿年。陨石撞击和火山爆发的速率明显减缓。板块构造运动开始了，大陆块体从古老的原始大陆克拉通的基础上逐渐生长起来。侵蚀作用使新大陆的物质进入海洋，有助于增加海水的盐度和中和海水的酸度。大气冷却，氧化加剧，开启现代海洋–陆地水文循环的重要组成部分——蒸发、凝结、沉淀。到了太古宙末期，地球上的生命变得兴盛起来。

至少对我们来说，在太古宙最意义深远的事件之一是一种名为蓝藻细菌（以前称为蓝绿藻）的单细胞微生物的兴起，通过一种全新的创造——光合作用，培养出了产生氧气的非凡能力。随着时间的推移，从太古宙时期开始积累起来的自由氧将为更复杂的生命形式提供一个强有力的能量来源。■

约 40 亿—25 亿年前

著名的圣安德烈亚斯断层，在这里贯穿南加利福尼亚州，是地球岩石圈板块（太平洋和北美）之间最著名的边界之一。

地幔和岩浆海（约 45 亿—40 亿年前），冥古宙（约 45 亿—40 亿年前），大陆地壳（约 40 亿年前），地球的海洋（约 40 亿年前），太古宙（约 40 亿—25 亿年前），岛弧（1949 年），海底测绘（1957 年），磁极倒转（1963 年），海底扩张（1973 年）

约 40 亿—30 亿年前？

冥古宙地球的地壳和上地幔很热，大部分地方都是熔化、剧烈变化和不稳定的。在太古宙时期，随着行星冷却，原先无止境的小行星和彗星撞击大大减缓，地球外表开始呈现出如今我们更为熟悉的景象。这包括海洋的形成，以及最早的密度较低的大陆地壳的形成。这些大陆地壳可以漂浮在组成海洋地壳的高密度火山熔岩上，地壳和上地幔一起组成一个坚硬、冷却的最外层部分，称为岩石圈，而在岩石圈下面是一个叫作软流圈的更热的区域。

软流圈（asthenosphere）由希腊语"薄弱"和"圈层"组合而成，在地表下 50 ~ 100 千米处开始出现，厚度从几十千米至五百多千米不等，具体厚度与温度密切相关。那里的岩石具有很强的韧性，这意味着它们很容易变形，甚至是缓慢流动，而不像上面又冷又硬的岩石圈。高温软流圈中的岩石在巨大的对流柱作用下移动，熔融的岩石和热量从地球的深层内部输送到地表。更热的甚至是熔融的地幔岩石团块会使软流圈随着柱体的上升而膨胀、弯曲和横向移动，这给岩石圈的坚硬岩石造成了巨大的压力。

尽管在时间上存在争议且依旧是学术热点，但有一个观点，即在太古宙时期，大约 40 亿—30 亿年前，刚性岩石圈在应力作用下断裂成无数个独立的板块，这些几百或数千个板块间仍然半固定在下面移动的软流圈上。它们可以自由移动、相互碰撞，形成早期的山带，或者一个板块俯冲到另一个板块下面形成巨大的海沟。

当大陆成长为更大的板块时，它们成了密度更大的海底火山板块更强大的障碍，因为这些海底火山板块也在大洋中脊不断地生长。地球现在大约有 20 多个这样的大型岩石圈板块，它们的边界地带往往也是强震和火山爆发活跃的区域。■

地球上的生命

对地球上生命起源和演化的研究包括天文学、天体物理学、生物学、化学、地质学等许多科学领域。

地球诞生（约 45.4 亿年前），冥古宙（约 45 亿—40 亿年前），晚期大撞击（约 41 亿年前），大陆地壳（约 40 亿年前），地球的海洋（约 40 亿年前），太古宙（约 40 亿—25 亿年前）

约 38 亿年前？

没有人确切知道生命是如何、何时以及为什么在地球上出现的，但我们知道，它几乎以最快的速度做到了。地球上最古老的生命迹象是化学的，而不是化石，它之所以成为证据，是因为这个星球上所有已知的生命都是基于一种共同的化学结构。具体而言，地球上所有生命共有的某些生物地球化学过程和反应在某些化学元素中创造了可识别的模式。例如，碳、氢、氮、氧、磷和其他微量元素的同位素（质子数相同而中子数不同的同一元素的不同原子互称为同位素）相对丰度的变化，可以提供独特的证据，表明古代岩石和矿藏中存在着过去的生命，即使那里没有保存下来实体化石。

生命偏好使用并创造某些基本模块。异常的化学种类，如同位素碳 12（^{12}C）与同位素碳 13（^{13}C）的高比值，出现在 38 亿年前的岩石中。这些岩石来自格陵兰或其他极其古老的地壳残余部分，为地球历史早期的生命提供了间接但有争议的化学证据。

最近对地球历史的最早时期冥古宙（45 亿—40 亿年前）的研究提供了新证据，表明海洋和原始大陆在地球历史早期就形成了，而且在地球形成仅仅数亿年之后，就可能具备了适合生命生存的条件。然而，在 41 亿—38 亿年前的晚期大撞击期间，小行星和彗星的灾难性轰炸可能已经杀死了早期的生命形态，或者至少阻碍了它们蓬勃发展。

不管情况如何，地壳冷却后不久，海洋就形成了。同时，晚期的猛烈轰炸结束了，地球表面环境变得足够稳定以持续支撑生命的繁衍。它欣欣向荣，并开始发展出了如此众多的生态位，这是一个了不起的事实。现在我们已经了解了许多起始条件，以及类地行星天文学家、行星科学家和天体生物学家对宜居性的许多要求，他们正在寻找其他类似地球的星球上生命的证据。■

叠层石

大图：西澳大利亚奥德兰治 2.4 英寸高（6 厘米）的叠层石化石剖面图。

小图：西澳大利亚鲨鱼湾浅滩中矗立的现代穹顶状叠层石。

 地球的海洋（约 40 亿年前），太古宙（约 40 亿—25 亿年前），光合作用（约 34 亿年前），大氧化（约 25 亿年前），寒武纪生命大爆发（约 5.5 亿年前）

约 37 亿年前

我们星球上微生物生命最古老的化石证据可追溯到 37 亿年前，保存在古老的太古宙叠层石纹层中。这些岩石和矿物结构是由简单的单细胞生物组成的协调群建造起来的，主要功臣是蓝藻细菌。

虽然有关叠层石形成的细节是一项热门的研究，仍有诸多未知和争论，但基本的框架是，协调的微生物群形成了被称为微生物席的丝状生物膜结构。通常在浅水环境中，微生物席将沉积物颗粒困住并最终黏合在一起。叠层石由依靠光合作用获得能量的生物体建造而成，它朝着浅水和阳光更强烈的地方生长。随着时间的推移，微生物和胶结颗粒的迁移和生长模式随温度及其他环境因素、潮汐周期以及海平面的升降而变化，从而形成了千姿百态的叠层石，包括层状、穹顶状、锥状、枝状和柱状。

叠层石化石记录显示，从大约 37 亿年前开始，直到大约 5.5 亿年前所谓的寒武纪生命大爆发，协调的微生物群是地球上最繁盛和最成功的生命形式之一，当时掠夺性的浅水植食性动物似乎明显地剔除了叠层石群。元古宙是地球四大地质时代中第二年轻的时期，从 25 亿年前持续到寒武纪生命大爆发。在太古宙和早元古代的鼎盛时期，由能够进行光合作用的蓝藻细菌组成的叠层石促进了地球大气中氧气的大量增加。

在古老的叠层石中，发现微生物实体化石是罕见的，这引起了人们对化石记录中众多此类结构起源的争论，因为有各种非生物的方法也可以产生同样的层状、穹顶状或其他类似的胶结沉积颗粒结构。最终，古代叠层石化石细节与现代活叠层石结构之间强烈的相似性，为特定沉积物的生物起源提供了最有力的证据。实际上，叠层石在现代地球生物学中更多地被称为微生物岩，在西澳大利亚的鲨鱼湾以及美国犹他州的大盐湖沿岸仍然在形成，它们是地球上现存最古老的生物形式之一。■

绿岩带

美国密歇根上半岛经冰川作用变得光滑的太古宙绿岩（变质玄武岩枕状熔岩）。

↳ 大陆地壳（约40亿年前），太古宙（约40亿—25亿年前），板块构造（约40亿—30亿年前？）

太古宙这个地质时代大范围地跨越了我们星球的早期历史，从大约40亿—25亿年前。由于时代太过久远，今天地球表面保存的太古宙岩石很少，其中大多数集中在大约十几个主要的地盾，它们都是地形起伏较小的古大陆地壳区域，约占地球大陆地壳表面积的一半。

这些古地盾究竟是如何从其原始的冥古宙原始大陆岩心中生长出来的，这是一项热门的研究，仍有诸多未知和争论。但人们大体上认为，早期的板块构造运动模式似乎导致了大块的古海洋地壳碰撞并在原有的克拉通上增生（成长）。随着时间的累积，形成了越来越大的低密度大陆地壳区域。

地质学家称这些增生的岩群为绿岩带："绿岩"是因为它们含有绿色的变质矿物如绿泥石，而"带"是因为它们经常出现在多个线性带中。随着时光流逝，这些线性带好像被粘贴到了先前存在的克拉通岩群上。在与克拉通的碰撞中，镁铁质海洋地壳岩石被加热甚至完全熔化，有时会形成独特的结构，如枕状熔岩。这是熔岩团块在水下喷发后，通过非常迅速的冷却形成枕头状的外形。当这些岩石在碰撞过程中被压碎、挤压和熔化时，它们也与更多的长石、低密度沉积岩混合在一起。而这些沉积岩是大陆地壳物质经过侵蚀、搬运后，沉积到邻近的海底形成。

可见，绿岩带是一种由混乱的岩石和矿物组成的地质体。由于这些带的平均密度仍低于环绕它们的海洋地壳，因此，从长远看，它们有助于大陆地壳整体质量的增长。因为绿岩带是古老的太古宙岩石，它们在形成过程中以及随后都发生了很大的变化，所以把这些地质拼图凑在一起常常令人望而生畏。由于太古宙的地球留下可供我们研究和探索的仍然很少，到目前为止，全世界所确定的五十多个绿岩带区域已经成为地质学家们关注的焦点，这些研究有助于人类理解地球历史上最早的时期。■

约35亿年前

在美国加利福尼亚南部海岸附近的浅水海藻林，植物利用产氧光合作用将阳光转化为内部能量，如葡萄糖。

地球上的生命（约 38 亿年前?），条带状铁建造（约 30 亿—18 亿年前），大氧化（约 25 亿年前），真核生物（约 20 亿年前），高级 C_4 光合作用（约 3000 万—2000 万年前），内共生（1966 年），不断增多的二氧化碳（2013 年）

约34亿年前

地球上的生命需要液态水、有机分子和可靠的能源。因此，早期生命形式在世界上的进化所带来的最重要的创新之一，就是能够将随手可得且可靠的阳光转化为能量，驱动其内部的生物学过程，这或许并不令人惊讶。光合作用 —— 将阳光转化为能量的能力确实改变了世界。

地质学家尚不确定光合作用何时开始，因为几种类似的前体化学反应的证据要么保存在化石记录中，要么保存在许多现存生物体的功能细胞中。然而，生活在 34 亿年前被称为丝状无氧光养微生物（Filamentous Anoxygenic Phototrophs，FAPs）的化石遗迹为我们今天所谓的光合作用提供了一些最早的证据。因为吸收阳光后产生的副产品不包括自由氧，所以这种早期形式的光合作用应当是无氧的。

太古宙的生物如 FAPs 和绿色硫化细菌，通过无氧光合作用，利用了地球早期富氢、强还原性的大气层。具体来说，阳光会释放蛋白质簇、色素和其他被称为反应中心的分子团中的电子，破坏二氧化碳和硫化氢的结构，形成更复杂的有机分子，并最终以葡萄糖的形式加工成有用的食物。而无氧光合作用的产物主要是水和硫元素。

后来，在太古宙末期，其他生物如蓝藻细菌也发展了一种类似的过程，即阳光诱导的电子在包括叶绿素等分子的反应中心实现转移，并转换成以二氧化碳和水为原料，产生葡萄糖和氧气作为副产品。而后，光合作用通过内共生的过程，最终被纳入具有复杂细胞内部结构、包括植物在内的真核生物细胞中。

在太古宙末期，能够通过光合作用产生氧气的蓝藻细菌的兴起和迅速繁殖导致了地质学家所称的"大氧化"，这是地球生命深刻地改变了我们星球大气层的第一个而非最后一个例子。∎

条带状铁建造

位于西澳大利亚卡里基尼国家公园福斯克瀑布的富铁质和富硅质岩石条纹，称为条带状铁建造。

冥古宙（约 45 亿—40 亿年前），地球的海洋（约 40 亿年前），太古宙（约 40 亿—25 亿年前），光合作用（约 34 亿年前），大氧化（约 25 亿年前）

能够从阳光中提取能量的光合作用，特别是产氧光合作用的进化发展，导致自由氧作为一种"废弃"产品，开始在太古宙末期出现。在此之前，地球大气层中的氧气相对较少。

在地球大气层中，自由氧不是一个特别稳定的分子。顾名思义，许多常见的岩石和矿物在氧气的存在下迅速发生氧化，并被较快地消耗掉。事实上，在世界各地都可以看到这种氧化和随后被消耗的证据，即条带状铁建造（Banded Iron Formations，BIFs）。这是一种露头或岩层，呈条纹、半规则的红层和非红色的岩石，像一片三明治里的肉层和奶酪层一样堆叠在一起。

红色 BIFs 层被认为是在局部氧水平升高时，溶解物或浅水沉积物被氧化而形成的红色或橙色氧化铁。这些浅水沉积物被称为"原始"铁，由火山喷发的岩石形成。当氧气被耗尽后，形成的新层将保留白色、灰色或黑色调特征的未氧化前体矿物。

地质学家已经发现少量可以追溯到太古宙早期到中期的 BIFs 露头，可能反映出罕见的和局部的早期氧饱和。但在大约 25 亿—18 亿年前的地质记录中，BIFs 出现得最为丰富。这个时间跨度对应于可以通过光合作用产生自由氧的蓝藻细菌的出现和兴起。氧气会在富含蓝藻细菌的海洋中积累，直到它到达临界点，会氧化海底大量的缺氧或无氧的软泥和其他沉积物，使暴露的部分变成红色。这一过程可能已经在沉积物中循环了数百万年，导致氧化层和缺氧层的交替出现。

关于 BIFs 的形成和时间的许多细节仍不为人所知。尽管如此，广泛且几乎有节奏的氧化与缺氧事件相对快速出现，在大约 25 亿—18 亿年前达到顶峰。此后，随着厚厚的红色岩石层的普遍出现，强烈地暗示了蓝藻细菌是这一重要的地质和大气谜题的主要推手。■

约 30 亿—18 亿年前

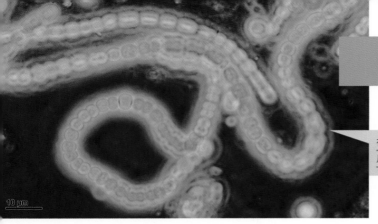

在高分辨率显微镜下，透过绿色滤光片观察到的丝状蓝藻细菌的图像。

 冥古宙（约 45 亿—40 亿年前），地球的海洋（约 40 亿年前），太古宙（约 40 亿—25 亿年前），光合作用（约 34 亿年前），条带状铁建造（约 30 亿—18 亿年前），雪球地球（约 7.2 亿—6.35 亿年前）

约 25 亿年前

太古宙光合生物，尤其是太古宙晚期能够产生氧气的蓝藻细菌的兴起和扩散，对地球大气层和海洋的组成产生了深远的影响。在产氧光合作用有机体出现之前，自由氧（O_2）是大气中的一种微量气体，对地球上大多数生命形式来说，这是一种有毒物质。然而，自蓝藻细菌出现以来，氧气已成为重要的大气成分（目前约占地球大气层的 20%），并出现了全新的好氧生物，它们在氧化环境中能够生存下来并茁壮成长。

地质记录中的证据表明，在大约 25 亿年前，地球的还原大气就开始了（含有丰富的含氢分子，如甲烷和少量氧气）向如今的氧化大气的转化。含氢分子如甲烷量在减少，氧气量在增加。最终，"大氧化"从根本上永久地改变了海洋和陆地的化学作用。一些地质学家甚至将这一变化称为"氧灾难"，因为溶解在海洋中的氧气水平在不断增加，导致大量厌氧生物物种的大规模灭绝。

然而，全球大气中的氧气增加并不是一个突然事件，随着氧气水平的缓慢增加，海底和陆地沉积物通过氧化化学风化作用，会周期性地将氧气从海洋和大气中清除出去。细粒沉积物中的含铁矿物特别容易风化，这些锈蚀现象也在大约 25 亿年前导致了形成条带状铁建造的高峰。在经历了漫长的 20 亿年之后，微生物以及后来加入的植物产生氧气的速度超过了氧化过程中消耗氧气的速度，从而使大气中的氧气丰度更快地上升到目前的水平。大气中氧气增减的详细时间是许多研究以及相互对立的假设关注的主题。

地球大气层中存在如此多的氧气是一个信号，这很容易被外星天文学家解释为地球上生命的证据。实际上，氧气也是天文学家在其他星球上寻找生命体的一个关键标志。■

真核生物

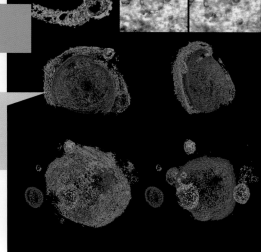

人们在西澳大利亚的皮尔巴拉距今已有 34 亿年历史的冈弗林叠层石地层中发现了始球藻属的微化石遗迹。这些神秘的微生物代表了原核生物和真核生物之间的过渡形式。

太古宙（约 40 亿—25 亿年前），地球上的生命（约 38 亿年前?），光合作用（约 34 亿年前），复杂的多细胞生物（约 10 亿年前），内共生（1966 年）

约 20 亿年前

从大约 38 亿年前生命的起源到整个太古宙，地球上的生命始终由一些简单的单细胞原核生物组成。原核生物是一种单细胞有机体，缺乏细胞核或其他封闭的细胞器。尽管原核生物相对简单，它们仍然能够利用相对复杂的化学反应如光合作用生存和进化。

然而，大约在 20 亿年前，在一个创新的进化步骤中，一些原核生物形成了膜包围的细胞核和其他膜包围的细胞器，成为真核生物，这将成为地球生命史上的一个里程碑。例如，真核细胞的细胞核成为储存繁殖所需的如 DNA 和 RNA 等遗传物质的特殊场所，而真核细胞内分离出来的线粒体成为产生细胞化学能的特殊场所。

真核生物代表着地球上生命之树上的第三个分叉。另外两种生物是细菌和古细菌，它们都是原核生物，在 DNA、RNA 和结构上有很大的差异，因此需要分离出单独的分支。虽然现存的细菌和古细菌自地球历史早期起源以来就在进化方面裹足不前，但真核生物将进化成具有惊人的形态和复杂性的多细胞生物，包括藻类、植物、真菌和动物。比如，你就是一个真核生物！

没有人确切地知道真核细胞是如何产生的，但是有许多相互对立的假说。在一种模型中，大型前体原核细胞内的凹痕自我封闭，形成细胞内的特殊结构。一个相关的观点，认为一些捕食者原核细胞包围其他猎物，可以将猎物纳入它们的结构中，成为专门的细胞器，这一过程称为内共生。例如，叶绿体作为真核细胞内发生光合作用的细胞器，可能是由前体蓝藻细菌的内共生合成进化而来的。另一个涉及内共生的假说，认为前体细菌和太古宙细胞以某种方式融合或者合并（嵌合）变成真核细胞。进化生物学家仍在孜孜以求地寻找答案。■

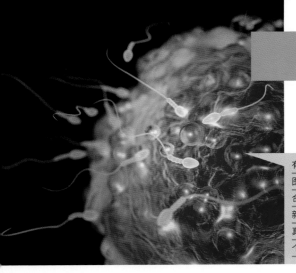

有性生殖将来自双亲的基因信息（如图中所示的雄性精子和雌性卵子）融合在一起，创造出独特的后代。这一新颖的方式是在大约 12 亿年前由早期真核生物开创的。事实证明，这是一个非常有用的进化创新！

 地球上的生命（约 38 亿年前?），真核生物（约 20 亿年前），自然选择（1858—1859 年），内共生（1966 年），农作物基因工程（1982 年）

约12亿年前

真核生物是地球上出现的第一类具有复杂内部结构的单细胞和多细胞生物，拥有了细胞核、线粒体和其他类似的细胞器。在它们出现后的数亿年里，真核细胞通过有丝分裂的生物过程进行无性繁殖。在有丝分裂中，染色体在细胞核内复制，然后细胞分裂成两个子细胞，每个子细胞与母细胞有一个基因上相同的核。通过有丝分裂进行无性生殖是一种有效的生存策略，因为它确保每个生物体都能生育自己的后代。然而，它也有缺点，比如无法阻止后代基因突变的积累。

大约 12 亿年前，真核生物进化出了一套不同的生殖方案。一些生物体利用一种被称为减数分裂的新生物学过程进行有性生殖。在减数分裂中，染色体在细胞核内复制，然后细胞经过两轮分裂：首先，使复制的染色体对可以交换遗传信息；然后，把复制的染色体对分裂成四个新的细胞，称为配子，每个配子包含的染色体数目只有原始母细胞的一半；接着，下一步的关键是来自一个亲本的配子与来自另一个亲本的配子融合——受精。这样，性别就诞生了。

需要寻找伴侣的有性生殖在进化上比可以独自完成的无性生殖更有利，这似乎与直觉相悖。除了效率较低外，有性生殖只允许亲本将一半的遗传物质传递给自己的后代。但是，这可能是性成功的关键之一。也就是说，从亲本中分离染色体提供了一种机制，不仅防止了有害基因突变的积累，而且使有利突变的积累成为可能。

有性生殖也被证明是自然选择的有力推动者——一个种群遗传特征的长期变化，可以增加或减少生存机会。例如，具有竞争优势的有利突变的传播可以大大提高一个物种对不断变化环境的适应力。■

复杂的多细胞生物

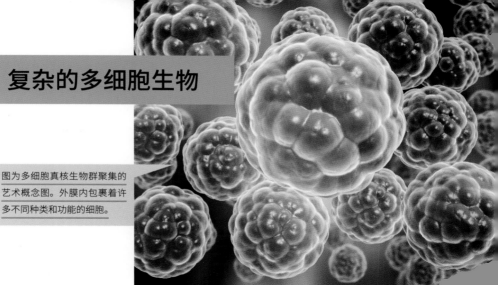

图为多细胞真核生物群聚集的艺术概念图。外膜内包裹着许多不同种类和功能的细胞。

地球上的生命（约 38 亿年前？），真核生物（约 20 亿年前），内共生（1966 年）

在生命首次出现后的大约 30 亿年里，地球上几乎所有的生命都是由单细胞生物体组成的。首先是原核生物，这是没有内部细胞结构的简单单细胞生物，几十亿年后出现了真核生物，它们是更复杂的单细胞生物，具有细胞核和其他专门内部结构。根据生命的地球化学和化石记录，多细胞原核生物和真核生物在生命最初的 30 亿年里似乎鲜有进化。

更复杂和真正的多细胞生物最初面世，是以一种外膜包裹多种不同种类细胞的形式，发生在大约 10 亿年前，但却广泛存在于生命之树的真核生物分支中。一些保存得最好的化石来自中国南方 6.5 亿年前的陡山沱组，包括胚胎状的细胞化石群。它们显示出在同一整体结构中存在许多不同种类细胞的证据。其他证据表明，只有六种不同类别或分支的真核细胞进化成复杂的多细胞结构，即动物、陆地植物、两种藻类和两种真菌。

正如进化生物学家困惑于生命进化过程中原核细胞向真核细胞转变的起源一样，他们也面临着对真核生物中复杂多细胞起源假说的挑战。尽管如此，保存下来的微化石的物理结构的细节，以及古代生物及其更现代的后代基因的进化联系，使得许多假设成为可能。例如，有一种观点认为，复杂的多细胞生物体由同一种生物的单细胞群落融合而成。一个类似的假设认为，复杂的多细胞生物是由具有共生功能的不同物种的单细胞生物融合而成。另一种观点认为，一些单细胞生物发展出多个细胞核，然后进化出不同的特定功能。

古生物学家发现的新的微化石，有时有助于检验这个假说以及其他假说。但事实上，这些古老生物很小、结构简单并且缺乏壳或其他硬体部分，这使得它们在化石中难觅踪迹，寻找它们的起源线索显得异常艰难。■

约 10 亿年前

雪球地球

"雪球地球"的艺术概念图描绘了在一个或多个遥远的过去，我们的星球大部分或全部被冰雪覆盖的场景。

 大氧化（约 25 亿年前），寒武纪生命大爆发（约 5.5 亿年前），末次冰期的结束（约公元前 1 万年），小冰期（约 1500 年），发现冰期（1837 年），温室效应（1896 年）

约7.2亿—6.35亿年前

地球表面平均温度存在大幅度波动，它可以通过冰芯进行测量，由地球轨道参数的变化所驱动。测量结果显示，在过去 100 万年里，冰期大约每 10 万年出现一次。然而，这些事件在历史上都是相对较小的事件，相比之下，在更古老的岩石记录中，至少保存了 5 个潜在的更长期和广泛的寒冷行星环境。

在这些超长的寒冷气候事件中，研究得最透彻、最广为人知的事件可能始于大约 7.2 亿年前，持续了大约 8500 万年的时间，在地质时间尺度上被称为"成冰纪"（Cryogenian，源自希腊"寒冷诞生"）。地质学家认为，在这段时间里，地球可能经历了地球历史上最寒冷和漫长的三个冰期。

这些时期到底有多冷？地质学家们通过绘制全球冰川沉积物的特征图和重建成冰纪时期大陆的位置发现，南北半球的冰川从两极一直延伸到赤道。我们的星球在极端冰河时期出现这样一幅景象：冰冻的海洋和完全被雪覆盖的大陆，被称为"雪球地球"。据推测，一个类似的寒冷的"雪球地球"事件发生在更早的时间，在太古宙晚期大约 24 亿—21 亿年前。

是什么原因导致了全球气温的长期大幅度下降，以及地球是如何从中恢复过来的呢？太古宙的冰川作用发生在大氧化事件之后，许多地质学家推测，氧气含量的增加会导致强温室效应气体如甲烷的分解，从而导致大气和地球表面的急剧降温。但人们对于类似的可能导致成冰纪时期雪球地球事件的潜在直接原因，目前还没有达成一致意见。就全球气候恢复而言，大多数假设都集中在这些相同的、足以使地球重新变暖的大气温室气体的再积累上。然而，对于地球如何从这些最极端的冰冻中恢复的过程细节，古气候学家仍然感到困惑。■

寒武纪生命大爆发

图为寒武纪早期海底的繁荣景象。作为寒武纪大爆炸的一部分，有壳的海洋无脊椎动物、三叶虫、腕足动物和最早的海洋脊椎动物（鱼）如雨后春笋般出现在化石记录中。

 地球上的生命（约 38 亿年前？），叠层石（约 37 亿年前），真核生物（约 20 亿年前），复杂的多细胞生物（约 10 亿年前），恐龙灭绝撞击（约 6500 万年前）

约 5.5 亿年前

在地球上出现的最早的生命形式是简单的原核生物。这种单细胞生物缺乏一种独特的具有膜的细胞核或专业化的内部细胞结构，而这些结构在更复杂的真核生物中是常见的。在地球历史的前 30 亿年里，生命是由这种单细胞生物体主宰的。即使在大约 10 亿年前出现了最早的复杂的多细胞生物，在化石记录中仍然很难找到这些早期"软"生命形式的证据。

然而，在大约 5.5 亿年前，地球进入了通常被称为寒武纪生命大爆发的时期。它戏剧性地标志着寒武纪地质时期的开始，地球上的生命多样性开始急剧增加。具体来说，许多真核生物开始发育硬壳外骨骼和其他身体部位，这些结构可以在生物死亡并沉入海底后保存在沉积物中。因此，化石记录真正开始于寒武纪生命大爆发时期，现代动植物的许多祖先在化石记录中出现得相当早。生物学家推测，外骨骼可能是对其他竞争生物体适应的进化反应，比如眼睛的发育和捕食方面的其他进步。

生物学家除了追寻物种多样性大幅增加的起源，还试图理解化石记录中发现的至少五次相当突然、剧烈的物种大规模灭绝的原因。其中最引人注目的一次发生在大约 2.5 亿年前，即二叠纪和三叠纪地质时期的交界处。在可能只有 100 万年的时间里，大约 70%的陆地物种和 96% 的海洋物种灭绝了，这个时期被非正式地称为"大灭绝"或"大规模灭绝之母"。

是什么原因导致了地球上如此大规模且相对突然的生命灭绝？地质学家认为是气候变化、大规模的撞击事件以及火山喷发。不管是什么原因，地球上从寒武纪生命大爆发时便开启了繁盛的生物多样性之路，在这次大灭绝后又花了 1 亿多年才再次达到二叠纪以前的水平。■

比利牛斯山的根基

西班牙奥尔德萨国家公园内"年轻又古老"的比利牛斯山脉的景色。

> 大陆地壳（约 40 亿年前），板块构造（约 40 亿—30 亿年前?），阿巴拉契亚山脉（约 4.8 亿年前），联合古陆（约 3 亿年前），内华达山脉（约 1.55 亿年前），落基山脉（约 8000 万年前），喜马拉雅山脉（约 7000 万年前），阿尔卑斯山脉（约 6500 万年前）

约5亿年前

地质学家用"造山运动"这个词来描述地壳内的造山时期。地质学家在世界各地发现了大约 100 个独立和不同的造山时代，它们中既包括一些保存最古老的大陆地形，也包括今天仍在形成的一些地球上最高的山峰。

造山的地质过程，即造山运动是由地球岩石圈板块的运动驱动的。具体而言，当一个大陆板块与另一个板块碰撞而向上挤压或起皱时，沿着碰撞板块边界会形成一个或多个山脉。因为所涉及的构造力巨大，所以，其产生的地壳和岩石圈的变形可以延伸到地表可见山脉之下很远的地方。

世界上许多最高、看起来最原始的山脉相对较年轻，因为风、雨、冰川和其他侵蚀过程还没有时间让它们损耗。但是，这些山脉中有许多有着古老的根基，年轻的山脉就是基于此建立起来的。比利牛斯山脉就是一个很好的例子，它跨越了法国、西班牙、葡萄牙和安道尔之间的大部分边界。该山脉还很年轻，大约从 5500 万—2500 万年前，由伊比利亚"微型大陆"与欧洲板块发生碰撞而成，其山顶海拔高度超过 3400 米。不过，比利牛斯山脉的根基，以及由此形成山脉许多隆起的岩石，却是古老的。

具体来说，构成比利牛斯山脉的岩石最初是在大约 5 亿年前形成的，当时有一段更早的造山运动，叫作华力西造山运动。当时，冈瓦纳大陆（最终会分裂成非洲、南美洲、南极洲、澳大利亚和印度次大陆）和劳亚大陆（最终会分裂成北美洲、格陵兰和欧洲）相互碰撞，最终形成了超级大陆——联合古陆。而沿碰撞边界的构造力所产生的极端压力和温度使该区域内的大陆、海洋地壳甚至一些上地幔岩石发生变形、变质和融化。许多具有这样大面积的断裂和褶皱的古代基底岩石，如今都可以在比利牛斯山脉高峰上看到。■

阿巴拉契亚山脉

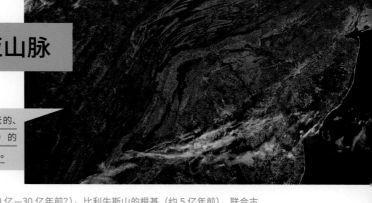

美国东北部阿巴拉契亚山脉古老的、褶皱的、被侵蚀的遗迹（棕色带）的卫星图像。纽约市位于图像右上方。

大陆地壳（约 40 亿年前），板块构造（约 40 亿—30 亿年前?），比利牛斯山的根基（约 5 亿年前），联合古陆（约 3 亿年前），内华达山脉（约 1.55 亿年前），落基山脉（约 8000 万年前），喜马拉雅山脉（约 7000 万年前），阿尔卑斯山脉（约 6500 万年前）

约 4.8 亿年前

在晴天飞越宾夕法尼亚州的航空旅客，或者在田纳西州斯莫基山脉蜿蜒行驶的司机，都会不由自主地注意到他们沿途遇到的看似扭折和弯曲的独特岩石模式。这些茂密的森林以及起伏的丘陵和山脉是阿巴拉契亚山脉仅存的部分。阿巴拉契亚山脉是由大约 4.8 亿年前开始的多次大陆板块碰撞形成的，它的山峰曾一度达到现代阿尔卑斯山脉和落基山脉的高度，后来被侵蚀成了如今并不瞩目、大多低于 2000 米高度的地形。

在阿巴拉契亚山脉形成之前，北美克拉通的这一地区被地质学家称为被动边缘，它是两个板块之间没有相对运动的稳定边界。然而，大约在 4.8 亿年前，板块运动发生了变化，边界被激活为一个汇聚边界——相邻板块相互挤压的地方。由此产生的造山运动被冠以"塔康造山运动"，即一个现已消失很久的致密海洋板块与低密度北美大陆板块的东缘碰撞并开始俯冲或者下沉。

沿海岸线和北美东部前被动边缘海底沉积的岩石和沉积物在板块碰撞下被抬升，产生断裂、褶皱，并发生变质。随着俯冲板块熔化，密度较低的岩浆团涌向地表，火山也开始沿边缘爆发。这一活动持续了大约 4000 万年，直到海洋板块完全被北美板块所吞噬。然后，这一地区变成了被动板块边缘，年轻而高大的山脉开始遭受侵蚀。

阿巴拉契亚山脉的造山运动并未就此结束。在接下来的 2.5 亿年里，类似的造山运动沿着东部板块边缘发生。每一次新的造山运动都将新的大陆和以前的海洋沉积地形推挤并粘连到大陆上，并重新塑造出雄伟的山脉。今天，板块边缘仍然是活动的，我们只能看到那些古老板块碰撞留下的被严重侵蚀的遗迹。■

最早在陆地上站稳脚跟的植物很可能与苔藓非常类似，生长在靠近水的岩石上。

 光合作用（约 34 亿年前），大氧化（约 25 亿年前），真核生物（约 20 亿年前），雪球地球（约 7.2 亿—6.35 亿年前），大野火（1910 年）

约 4.7 亿年前

自从地球有生命以来，在超过 85% 的历史中，几乎所有活着的东西都栖身在水里。也许化石记录中最显著的例外是绿藻。这种古老的光合作用真核生物，似乎进化出了沿着海岸线生存的能力。在那里，它们需要适应偶尔会完全干涸的环境。进化生物学家认为，特殊环境和自身的适应性最终使这些生物体进化成为第一批永久生活在陆地上的植物。

一些最古老的证据表明，最早的陆生植物来自有 4.7 亿年历史的微小的孢子，即植物生殖细胞，其结构类似于现代苔藓状的苔类植物（地钱门植物）的孢子，这种植物如今最常见于潮湿的热带地区。这些最早的陆生植物都属于非维管植物，它们既没有深层的根系，也没有后来陆生植物进化出的维管（导管）组织，因此无法在植物体内输送水和矿物质。

为了对抗干燥的持续威胁，植物演变出了多种进化策略和形式。有些植物只生长在接近水的地方，这样可以尽量避免完全变干。另一些植物则在干涸时大幅度降低新陈代谢的速度，等待下一次接触到水时恢复活力。还有一些植物则发展出专门的结构，如维管组织和气孔（孔隙），以帮助储存水分和防止水分蒸发，同时仍能实现光合作用所需的气体交换。

永久陆生植物的出现和迅速繁殖明显增加了光合作用的废弃物——自由氧（O_2）的积累速度，这对地球的大气和表面产生了深远的影响。其中最引人注目的影响是大气中甲烷被氧气破坏的速度迅速加快，由大气中温室气体引发的温室效应明显减弱，并可能导致多次冰期的发生。氧气迅速增加的另一个重要影响是使野火第一次有了更多的助燃剂。从那时起，野火就成为从古至今许多植物生态和生命周期的重要组成部分。■

集群灭绝

大规模的火山爆发、寒冷的大陆冰川、小行星撞击和海洋化学的变化都是 4.5 亿年前奥陶纪末期和 3.6 亿年前泥盆纪晚期物种大规模灭绝的单一或综合原因，而每一次灭绝都消灭了当时地球上 70% 到 85% 的物种。

复杂的多细胞生物（约 10 亿年前），雪球地球（约 7.2 亿—6.35 亿年前），大灭绝（约 2.52 亿年前），三叠纪大灭绝（约 2 亿年前），德干地盾（约 6600 万年前），恐龙灭绝撞击（约 6500 万年前），亚利桑那撞击（约 5 万年前）

约 4.5 亿年前

化石记录显示，地球上的生命至少经历了五次广泛而相对迅速的生物多样性减少的灾难事件，被称为集群灭绝。第一个被确认的事件发生在大约 4.5 亿年前。在奥陶纪–志留纪或"奥陶纪末期"的大灭绝期间，地球上 70% ~ 85% 的物种灭绝了，这段时间可能只有几百万年甚至更短。这已经被证明是地球历史上第二大灭绝事件，仅次于 2.5 亿年前二叠纪末期的"大灭绝"事件。

在奥陶纪末期大灭绝中，大量海洋生物从地球上消失。例如腕足类、苔藓虫、牙形石和三叶虫中的许多门类在大约 4.5 亿年前突然消失。这场屠杀的规模因生物的生活方式而有很大差别。特别是，居住在浅水区或相对靠近海面的海洋浮游生物区的物种首当其冲，比生活在深水中的物种更容易灭绝。

虽然奥陶纪末期大灭绝的确切原因尚不清楚，但物种灭绝与浅水或富含阳光的水域的生活方式之间的关系强烈表明，物种灭绝的原因是自然气候，并可能与温度以及地表处阳光的急剧变化有关。气候的这种剧烈变化可能是由多种事件引起的。例如，与 6500 万年前恐龙灭绝有关的一次大规模的撞击事件产生的尘埃和野火产生的烟灰，可能会遮蔽阳光，导致气候的急剧变化；大规模的火山爆发也可能产生类似的影响；还有，雪球地球的寒冷和冰川作用也会杀死食物链底部的浮游生物和其他生物。另一种假说是，相对较近的恒星超新星爆发产生的高能伽马射线爆发，杀死了大量生物体，引发了一场集群灭绝。无论原因是什么，这都不会是地球上的生命最后一次面临如此重大的危机。■

鱼石螈的艺术概念图。这是一种长为1.5米的"过渡性"脊椎动物，介于鱼和四足动物之间。进化把它们像鱼一样的尾和鳃与两栖动物的头骨和四肢结合在一起。

寒武纪生命大爆发（约5.5亿年前），最早的陆生植物（约4.7亿年前），爬行动物（约3.2亿年前），哺乳动物（约2.2亿年前），恐龙时代（约2亿—6500万年前）

约3.75亿年前

在5.5亿年前寒武纪生命大爆发期间，复杂的多细胞物种的多样性急剧增加。除了最早发育壳体和其他坚硬身体部位的生物外，最早的脊椎动物也是在这个时期进化而来的，它们是有软骨或脊椎骨和明确的头部和尾部的生物体。最早的脊椎动物是没有颌骨的滤食性动物。这种进化创新很快出现在泥盆纪时期（大约4.2亿—3.6亿年前），当时有颌鱼类首次出现。

在化石记录中，另一个引人注目的进化步骤是最早的四足动物或四肢两栖脊椎动物的出现，它们由泥盆纪的某些肉鳍鱼类进化而来。四足动物成为最早使用原始肢体在海洋中游泳以及在陆地上移动的脊椎动物。发现的最有趣的四足类化石之一是一种名为鱼石螈的脊椎动物，出现在大约3.75亿年前，它被认为是最早在陆地上行走的类鱼生物之一。鱼石螈很可能生活在沼泽或其他浅水环境中，根据它的质量和相当脆弱和粗短的腿，很可能大部分时间生活在水中而不是陆地上。尽管如此，鱼石螈展示的一项重要突破是直接呼吸空气的能力，使用的是肺而不是鳃。

鱼类向四足两栖动物过渡的细节是进化生物学家们激烈争论的话题，他们等待着泥盆纪新化石的发现，希望能发现这种过渡性质的直接证据。不管进化和环境压力如何，肉鳍鱼的一个分支进化出了腿，并能够在离开水后存活。其结果对地球上的生命来说意义深远：在接下来的数千万到数亿年里，四足动物的成功最终将带来两栖动物、爬行动物和哺乳动物这些四足动物亚纲的进化发展。■

乌拉尔山脉

俄罗斯中部萨兰保罗村附近的乌拉尔山脉。高耸而崎岖的山峰使这座地球上最古老的山脉之一显得年轻。

大陆地壳（约 40 亿年前），板块构造（约 40 亿—30 亿年前?），比利牛斯山的根基（约 5 亿年前），阿巴拉契亚山脉（约 4.8 亿年前），联合古陆（约 3 亿年前），落基山脉（约 8000 万年前），喜马拉雅山脉（约 7000 万年前），阿尔卑斯山脉（约 6500 万年前）

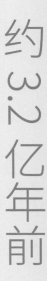

约 3.2 亿年前

和地球上所有其他大陆一样，亚洲是一个超级大陆，它是由太古宙形成的原始古地核或克拉通，与海洋和大陆地壳相碰撞的过程中，一块一块粘贴而成。高的山脉通常形成于板块碰撞的汇聚地带。然而，由于大量的侵蚀以及随后的断裂与喷发，使这些最古老的山脉逐渐被侵蚀，直至恢复它们过去的模样。

然而，古老的乌拉尔山脉却并非如此。这些高耸、参差不齐的山峰从哈萨克斯坦中部一直延伸到俄罗斯西部，在欧、亚两大洲的边界附近，几乎形成了一条南北方向的路径。乌拉尔山脉是地球上现存最古老的山脉之一，形成于一场持续了大约 9000 万年的造山运动中。那段时期被称为乌拉尔造山运动，开始于大约 3.2 亿年前的晚古生代。当时，一个大陆板块的东部边缘与另一个大陆板块的西部边缘相撞，在形成的南北碰撞带中产生巨大的压缩、褶皱和隆起。板块边缘的沉积岩和火山岩在碰撞中产生断裂、褶皱，发生变质、熔融。这两块以前独立的大陆板块被"焊接"在一起，地质学家称之为大陆增生过程。

乌拉尔山脉自古生代以来的演化与当时形成的世界上许多其他山脉的演化有很大的不同，源于亚洲超大陆的长期稳定。随着时间的推移，由于岩石圈板块在全球范围内的运动持续，地球上的大多数超级大陆在最初形成后就开始分裂。然而，最初形成乌拉尔山脉的亚洲地区并没有裂开，使乌拉尔山脉免受其他山脉受到的构造和侵蚀影响。当然，随着时间的推移，更多常见的侵蚀力如风、水和冰川作用于这些山脉，并将其消减到 1500 ～ 1900 米的高度，尽管如此，对于如此古老的山脉来说仍然是令人惊奇的高度。■

根据化石记录，像林蜥这样的早期爬行动物，可能看起来与现代蜥蜴并没有太大的区别。

雪球地球（约 7.2 亿—6.35 亿年前），寒武纪生命大爆发（约 5.5 亿年前），最早的陆生植物（约 4.7 亿年前），最早登陆的动物（约 3.75 亿年前），大灭绝（约 2.52 亿年前），三叠纪大灭绝（约 2 亿年前），德干地盾（约 6600 万年前），恐龙灭绝撞击（约 6500 万年前），亚利桑那撞击（约 5 万年前）

约 3.2 亿年前

大约 3.75 亿年前，能够在陆地上生活的动物开始进化。哪怕是最初暂时的进化，也很快导致了两栖四足脊椎动物亚种的发展。它们可以利用新的生态位来获取食物和安全。在这些新的动物种类中最早出现的是爬行动物。与它们的两栖动物祖先不同，爬行动物发展出了在陆地上产软壳的羊膜（内充液体）卵的能力，从而避免了像其他动物一样需要回到水中繁殖。

已知最早的爬行动物化石是现已灭绝的林蜥（Hylonomus，源自拉丁语的"森林居民"）化石。林蜥是一种长 20 ～ 25 厘米的脊椎动物，生活在宾夕法尼亚地质时期（大约 3.2 亿—3 亿年前），看起来很像一只小型的现代蜥蜴。基于化石发现，林蜥应该以昆虫为食，生活在草木丛生的沿海林地上腐烂的树枝和树叶中。

陆地上的定居生活给早期和现代爬行动物带来了机遇和挑战。例如，早期的爬行动物不必担心陆地上的其他捕食者。然而爬行动物的数量一旦增长到足以填满可用食物的生态位时，它们最终会进化成彼此相食。爬行动物还必须适应陆地上剧烈变化的温度或其他环境条件，这对冷血动物来说是很重要的问题，因为在寒冷的温度下，或者在阳光下取暖时，爬行动物容易变成昏昏欲睡的猎物。

尽管面临这些挑战，爬行动物仍将继续在进化过程中成功地适应陆地上的生活，并最终成为曾在陆地上漫步的最大动物。在林蜥等最早爬行动物的后代中，有鸟臀目和蜥蜴目恐龙、海龟、乌龟、鳄鱼、短吻鳄、蛇、蜥蜴和鸟类等。成千上万的现代爬行动物物种已经被记录，但在过去还有成千上万的爬行动物已经灭绝，它们中的许多是由缓慢的自然选择造成的，还有许多动物如古代恐龙是由于陨石撞击、火山爆发或其他大规模气候变化而引发了戏剧性、突发性的灭绝事件。■

阿特拉斯山脉

阿特拉斯山脉的古老山峰和峡谷，穿过摩洛哥、阿尔及利亚和突尼斯，绵延2500千米。

大陆地壳（约40亿年前），板块构造（约40亿—30亿年前？），比利牛斯山的根基（约5亿年前），阿巴拉契亚山脉（约4.8亿年前），联合古陆（约3亿年前），大西洋（约1.4亿年前），阿尔卑斯山脉（约6500万年前），地中海（约600万—500万年前）

大约3亿年前，板块相对运动造成了非洲北缘和北美东缘之间的碰撞，这也许是非洲经历过的最重要的地质事件之一。在这个被地质学家称为"阿莱干尼造山运动"的事件中，大陆上的隆起导致了地壳的巨大压缩、断裂、变形和隆起，形成了巨大的山脉（相当于今天的阿尔卑斯山脉和落基山脉）。随着大西洋的出现，非洲和北美最终分裂开了，与北美相连的部分山脉最终成为阿巴拉契亚山脉，而留在非洲的部分最终成为阿特拉斯山脉，这是一条贯穿摩洛哥、阿尔及利亚和突尼斯的山脉。

在大西洋出现后，阿特拉斯山脉的古老部分被侵蚀得很厉害。今天，这些山脉被称为小阿特拉斯山脉。离我们最近的大约在7000万—6000万年前，板块相对运动又发生了变化。当非洲大陆北部与欧洲板块西南部（今天西班牙和葡萄牙所在的伊比利亚半岛）发生碰撞时，阿特拉斯山脉的造山运动再次被激活。它又将山脉以及与它们相关的沉积和海底沉积物抬升到了很高的高度，形成了阿特拉斯山脉和其他高大的亚山脉，许多参差不齐的年轻山峰上升到了4000米以上的高度。

尽管有关板块运动的具体时间、方式仍有许多谜题和不确定性因素，但成果卓著：非洲－欧洲大陆的碰撞，在北非造就了阿特拉斯山脉和其他年轻山脉，在欧洲也造就了现代的比利牛斯山脉和阿尔卑斯山脉，并形成了直布罗陀海峡，使现代地中海最终诞生。■

约3亿年前

联合古陆

阿尔弗雷德·魏格纳（Alfred Wegener，1880—1930）

这幅全球艺术概念地图展示了大约 3 亿—2.5 亿年前的联合古陆。图上，北美大陆的东部边缘刚刚开始同非洲大陆的北部边缘分裂开来。

 大陆地壳（约 40 亿年前），太古宙（约 40 亿—25 亿年前），板块构造（约 40 亿—30 亿年前？），大西洋（约 1.4 亿年前），东非裂谷带（约 3000 万年前），大陆漂移学说（1912 年）

约3亿年前

自从最早的大陆核心（克拉通）开始在太古宙形成以来，密度较小、硅含量较高的大陆地壳就一直"漂浮"在密度更大、更富铁的大洋地壳之上。随着时间的推移，地球板块构造的传送带将这些"冰山"一样的大陆岩石圈板块移动到全球各地，偶尔它们也会与海洋地壳板块碰撞，更引人注目的是与其他大陆相撞。

当大陆板块相碰撞时，彼此各不相让，由此产生的较量相当壮观。当大陆板块与海洋板块相撞时，因为后者的密度要大得多，通常会潜没（俯冲）到前者之下。但在大陆与大陆碰撞中，每个板块的强度和密度是相当的，因此，它们倾向于沿着碰撞边界褶皱、屈曲、变形、折叠和隆起巨大的山脉，这一切都是一部慢动作戏，需要数百万年才能展现出来。大多数情况下，当大陆碰撞时，它们最终会黏合在一起，形成一个更大的超级大陆。

这种超级大陆构造大概始于 3 亿多年前。在几千万年间，大陆与大陆之间发生了一系列的碰撞，因而有可能使整个世界的大陆板块紧紧地连在一起，成为一个单一的超级大陆。德国地球物理学家和气象学家阿尔弗雷德·魏格纳是一位大陆漂移理论早期的支持者，将其称为联合古陆（英文名称源自"所有"和"陆地"两个单词）。联合古陆在超过 1.25 亿年的时间里一直是唯一的大陆，当陆内裂谷作用开始将超大陆撕裂成更小的碎片之后，这些碎片很快就变成了我们今天所认识的世界七个主要大陆。

尽管联合古陆已不复存在，但不同来源的证据均揭示出它曾经作为一个单一的、连续的陆地而存在。例如，在世界各地不同大陆上均发现了同一物种和类似年代的化石。现在分隔的大陆上，其地质学的组成、山脉等许多方面却可以互相匹配，说明它们可能曾经彼此相邻。■

大灭绝

板状（桌状）珊瑚化石。二叠纪地质时期结束之前，包括这类生物在内的 96% 的海洋物种都灭绝了。

复杂的多细胞生物（约 10 亿年前），雪球地球（约 7.2 亿—6.35 亿年前），寒武纪生命大爆发（约 5.5 亿年前），集群灭绝（约 4.5 亿年前），三叠纪大灭绝（约 2 亿年前），德干地盾（约 6600 万年前），恐龙灭绝撞击（约 6500 万年前）

地球上的生命经历了至少五次已知的大规模灭绝事件，当时大多数物种突然从地质记录中消失。第一次发生在大约 4.5 亿年前，也就是奥陶纪末期，当时地球上 70%～85% 的物种在短短几百万年甚至更短的时间内灭绝。虽然这是地球生命史上一个深刻而灾难性的里程碑，但与大约 2.52 亿年前二叠纪末期发生的已知最大规模物种灭绝相比，就相形见绌了。二叠纪末期的集群灭绝非常严重，几乎导致了地球上所有生命的终结。因此，它常常被称为"大灭绝"。

大灭绝导致大约 96% 的海洋生物和大约 70% 的陆地脊椎动物灭绝。有些物种似乎在短短的几千到数万年的时间里灭绝了；另一些物种似乎在几百万年的时间里逐渐减少。

关于大灭绝原因的假设可分为两类：一是突然事件，如流星撞击或大规模火山爆发，导致阳光、温度的剧烈变化；另外一些较温和的事件，如海水酸度、海平面或大气氧气丰度的变化，也可能导致剧烈（较慢）气候变化。针对所有五次集群灭绝事件的原因，人们进行了积极探索并提出了各种假说，而导致 6500 万年前白垩纪末期恐龙灭绝的撞击假说只是其中之一。

地球上的生命在 2.52 亿年前几乎完全灭绝。幸运的是，一些物种幸存下来，并继续在新的可利用进化生态位上繁衍生息。然而，生命足足花了数千万年才恢复其原有的生物多样性。■

约 2.52 亿年前

在这幅大带齿兽的艺术复原图上，这只小型的、狂怒的，像鼩鼱一样的早期哺乳动物，被蝎子吓了一跳。大带齿兽最早出现在 2 亿年前的化石记录中。

 寒武纪生命大爆发（约 5.5 亿年前），最早的陆生植物（约 4.7 亿年前），最早登陆的动物（约 3.75 亿年前），爬行动物（约 3.2 亿年前），大灭绝（约 2.52 亿年前），恐龙灭绝撞击（约 6500 万年前）

约 2.2 亿年前

最早的陆生羊膜动物（在陆地上产卵的四足脊椎动物）出现在宾夕法尼亚地质时期，距今约 3.2 亿—3 亿年。它们迅速占领了许多可供生存和繁殖的生态位。然而，自然选择也使早期羊膜物种迅速多样化，而且在其出现后不久，在化石记录中也出现了它们的一个重要分支，介于蜥形纲动物（爬行动物和鸟类的祖先）和合弓纲动物（所有其他种类的陆生脊椎动物）之间。根据化石证据，在接下来的 5000 万年左右的时间里，一种被称为兽孔目（大型四足食肉动物）的特殊合弓纲动物，可能已经成为陆地脊椎动物的主导。在二叠纪晚期，一种叫作犬齿兽的兽孔目动物被证明是一种特别成功的物种。

不过，一切在 2.52 亿年前发生了变化，因为二叠纪末期"大灭绝"消灭了大约 70% 的陆生脊椎动物，大型食肉动物的统治地位告一段落。犬齿兽是在大灭绝中幸存下来的少数几类兽孔目动物之一，此后不久，一种新的夜行食虫类的犬齿兽开始出现：哺乳动物的第一个化石证据被发现于大约 2.2 亿年前形成的地层中。

哺乳动物是拥有脊椎的羊膜动物，有毛发、复杂的中耳骨骼、大脑中的新皮质和其他进化创新；雌性哺乳动物用乳腺分泌的奶汁来哺育幼崽。更大的脑容量，灵敏的嗅觉，小巧的体型以及昼伏夜出的生活方式可能有助于早期哺乳动物的生存，使它们可以在一个由越来越多的大型肉食性动物和植食性动物捕食者主导的三叠纪世界里，寻找特定的、成功的生存和进化生态位。这些肉食性动物和植食性动物的血统也在大灭绝时期幸存下来，包括恐龙和其他食肉爬行动物。

生活在三叠纪至白垩纪时期（约 2.5 亿—6500 万年前）的生物们还不知道，一些更大规模的集群灭绝的丧钟正在敲响。最近的一次大范围的集群灭绝事件很可能是由白垩纪末期的一次大陨石撞击引起的。这些事件将结束远古恐龙的统治地位，尽管它们的血统仍然存在于现代鸟类中，随着开辟新的进化领域，哺乳动物最终成为地球上的主要食肉动物。■

三叠纪大灭绝

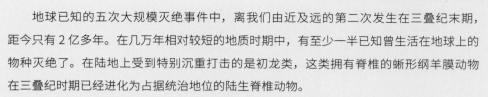

高分辨率显微镜下1毫米大小的牙形石，取自一种像鳗鱼一样的三叠纪无颌类脊椎动物。

寒武纪生命大爆发（约5.5亿年前），最早登陆的动物（约3.75亿年前），联合古陆（约3亿年前），大灭绝（约2.52亿年前），哺乳动物（约2.2亿年前），大西洋（约1.4亿年前），恐龙灭绝撞击（约6500万年前）

地球已知的五次大规模灭绝事件中，离我们由近及远的第二次发生在三叠纪末期，距今只有2亿多年。在几万年相对较短的地质时期中，有至少一半已知曾生活在地球上的物种灭绝了。在陆地上受到特别沉重打击的是初龙类，这类拥有脊椎的蜥形纲羊膜动物在三叠纪时期已经进化为占据统治地位的陆生脊椎动物。

在海洋中，超过三分之一的属（比"种"高一级的分类类别）已经灭绝，包括许多大型两栖动物和所有以牙形石著称、类似于鳗鱼的一类脊椎动物。牙形石的迅速消失令人费解，因为这些牙形石的祖先已经存在了数亿年，并且在灾难更严重的二叠纪大灭绝中幸存下来。这些海洋动物留给世界的大部分都是丰富而锋利的牙齿化石。这是由羟基磷灰石建造的最早的生物结构之一，作为一种富含钙的矿物，羟基磷灰石目前仍是外生骨骼和牙齿的重要组成部分。

导致三叠纪大灭绝的事件或原因，与地球生命史上对其他几次大灭绝事件的解释一样，仍然存在争议。大型小行星撞击事件是解释全球物种突然消失的一个重要原因，但并没有发现证据确凿的撞击坑或为该事件找到其他明显的地质信号。大规模的火山爆发和大量的温室气体排放到大气中被认为是与大规模的地幔上升流有关，这也导致了大约在同一时间的联合古陆的破裂。人们还提出了其他关于气候变化的想法，但是相关的研究进展还比较缓慢。

从这次灾难中幸存下来的初龙类中也包括恐龙的祖先，它们在超过1.3亿年的时间里成为陆地上的主要脊椎动物，从侏罗纪一直持续到白垩纪末期的下一次大灭绝。另一个在三叠纪末灭绝中幸存下来的物种——哺乳动物继续进化的特质和行为，最终使它们在下一次大灾难中幸免于难，而没有像非鸟类恐龙那样灭绝。■

约2亿年前

恐龙作为占据统治地位的陆生脊椎动物，存在的时间超过 1.35 亿年，其体型和多样性都令人震惊。在这幅艺术复原图中，4 米高的植食性恐龙——梁龙在飞翔的翼龙下面的浅水中跋涉。

 最早登陆的动物（约 3.75 亿年前），大灭绝（约 2.52 亿年前），哺乳动物（约 2.2 亿年前），三叠纪大灭绝（约 2 亿年前），最早的鸟类（约 1.6 亿年前），恐龙灭绝撞击（约 6500 万年前）

约 2 亿—6500 万年前

随着二叠纪和三叠纪末期的大规模灭绝，对当时地球上最主要的脊椎动物种类造成了巨大的破坏，新的生态和进化的生存空间被开辟出来，让位给了以前相对较小的生物，还有那些还没有出现的生物种类。远古恐龙所面对的情况就是这样，这类动物与世界上所见过的任何东西都不一样。

恐龙是拥有羊膜和脊椎的爬行动物，最早出现在中三叠世地质时期、约 2.4 亿年前的化石记录中，是一种与它们同时期的初龙类祖先不同的动物。初龙类是三叠纪时期占主导地位的陆地捕食者，但在三叠纪大灭绝结束后，它们中只有少数种类幸存下来，包括恐龙在内。已知最古老的三叠纪恐龙化石表明，它们可能起源于体型相对较小、大小如狗的双足捕食者。当然，它们并不是在很短的时间内就变成巨大的、占主导地位的陆生动物的。

为什么化石记录显示出早侏罗世恐龙进化出了更大规模的体型和令人眼花缭乱的身体样式？一种主要的假设是，由于它们的许多早期族群在三叠纪末期的大灭绝中幸存下来，它们发现自己生活在一个主要的陆地掠食者已经灭绝的世界里，而动植物种群正在迅速高效地恢复。于是在突然之间，恐龙成为侏罗纪世界丰富的食物和猎物资源的头号竞争者。在它们的鼎盛时期，恐龙进化成至少 700 个不同的物种。它们的体型大小从 75 厘米长的翼龙到 40 米长的阿根廷龙不等，其中包括可能是有史以来最恐怖、捕食能力最强的食肉动物之一的雷克斯暴龙。

然而，恐龙时代的结束也相当突然。人们认为，大约在 6500 万年前，当时有一颗巨大的小行星撞击了地球，造成了气候和食物链灾难，毁灭了大部分恐龙和地球上大约 75% 的其他物种。然而，有一类特定的恐龙在白垩纪末期的大灭绝中幸存了下来，直到今天，它们仍然与我们相伴，这就是物种数量超过 1 万的鸟类，它们由长有羽毛的恐龙祖先演化而来。■

最早的鸟类

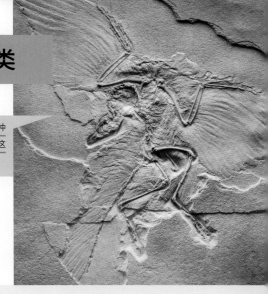

大约 1.6 亿年前的早期始祖鸟的化石印记。这种带羽毛的像鸟一样的恐龙是现代鸟类的祖先。这个典型的标本大约有一只普通乌鸦的大小。

最早登陆的动物（约 3.75 亿年前），大灭绝（约 2.52 亿年前），哺乳动物（约 2.2 亿年前），三叠纪大灭绝（约 2 亿年前），恐龙时代（约 2 亿—6500 万年前），恐龙灭绝撞击（约 6500 万年前）

约 1.6 亿年前

在恐龙时代，大量的肉食性动物和植食性动物物种通过进化填补了之前几次集群灭绝事件留下的空缺生态位。但一般来说，早在三叠纪中期（约 2.4 亿年前）恐龙就已经出现了。当时，带羽毛的恐龙也很快出现在了化石记录中。带羽毛的恐龙一般被认为属于兽脚类恐龙的一个分支，而兽脚类恐龙的特征是中空的骨头和带有三趾的四肢。

许多兽脚类物种在三叠纪末期灭绝事件后存活下来，然后在侏罗纪进化成优势捕食者。对于伶盗龙、雷克斯暴龙等著名兽脚类是否也有羽毛的问题存在很多争议，而且古生物学家们对于某些恐龙为何会进化出羽毛的原因仍然没有定论。也许羽毛提供了极好的隔热材料，以帮助调节体温；也许羽毛提供了有利的伪装来躲避掠食者，或者用来吸引配偶；也许羽毛对不长羽毛的食肉动物来说口感很差。更重要的是，与光秃秃的鳞片状皮肤相比，羽毛最有可能的优势对所有种类的恐龙都有利。

事实上，在分析最古老的有羽毛的类鸟恐龙化石的骨骼和推测肌肉结构时，许多古生物学家都不确定这些动物能否飞起来，比如 1.6 亿年前的始祖鸟这种被称为"初鸟类的恐龙"（英文名的意思是"鸟翼"）。羽毛可以发挥多种功能，而不只是用来飞。

尽管如此，人们在更年轻的化石记录中已经发现了明显会飞的有羽毛的恐龙。这表明被称为鸟类的这种初鸟类的亚群在白垩纪时期急剧多样化，发展出的结构和特征将帮助它们更有效地飞行、狩猎，并受益于它们这种比陆地上的祖先更高的机动性。也许极高的机动性帮助它们从白垩纪末期的大灭绝中幸存了下来，成了远古恐龙中唯一幸存下来的世系。从此，鸟类继续进化成多种多样的物种，可谓是地球上最聪明的动物之一。■

内华达山脉

从冰川点看美国优胜美地山谷的壮丽景色，包括标志性的最高峰——半圆顶。

 大陆地壳（约 40 亿年前），板块构造（约 40 亿—30 亿年前?），比利牛斯山的根基（约 5 亿年前），阿巴拉契亚山脉（约 4.8 亿年前），联合古陆（约 3 亿年前），大西洋（约 1.4 亿年前），落基山脉（约 8000 万年前），喜马拉雅山脉（约 7000 万年前），国家公园（1872 年），岛弧（1949 年），盆岭构造（1982 年）

约 1.55 亿年前

尽管并不明显，但地球上最强烈的火山活动的确大多发生在地下深处。在地幔和岩石圈上部的高温下，随时可变形的热塑性岩石可以在巨大的对流中流动，而且在许多地方，这些岩石也可以被熔化。这种在地下流动的熔融岩石被称为岩浆，而露出地面的则称为熔岩。巨量的岩浆可以聚集在巨大的地下洞穴中，这些洞穴被称为岩浆房。从那里开始，岩浆可以沿着裂缝或断层流动，侵入其他岩层，有时使线性区域或成群的浅色岩石成为横切深色岩石，人们把这种侵入地壳的火成岩体称为深成岩体。

当北美板块东部边缘在白垩纪向被动陆缘过渡时，西部边缘正变得更加活跃。具体来说，大约在 1.55 亿年前，一个叫作法拉隆板块的高密度海洋板块开始俯冲到这块大陆之下。板块前缘的最终深度下沉和熔融，产生了大量的地下岩浆。这些岩浆聚集在北美西部边缘、现在的美国加利福尼亚东部地表下巨大的大致南北走向的岩浆房中。由于熔融玄武岩质的法拉隆板块（与熔融的周边大陆地壳混合）的分离结晶作用，在这些岩浆房中形成的大部分火成岩的硅含量高，形成的花岗岩含量也高。这些现在已经凝固的岩浆房的集合被称为内华达岩基，它们曾经被深埋于地下，而现在却位于海平面以上的地表，作为内华达山脉的一部分遭受剧烈的侵蚀。

那么岩浆房是怎么变成山的呢？大约 2000 万年前，北美西部地区的构造环境再次发生变化，大陆的最西部开始伸展成今天仍能看到的典型盆岭构造地质特征。地幔的火山加热有助于内华达岩基区域的抬升，而冰川和河流侵蚀了山脉和基底层的沉积物，最终使大量的花岗岩深成岩体暴露在地表。由此产生的地质景观令人惊叹，尤其是在优胜美地国家公园这样壮观的地方。■

大西洋

大西洋上的朝霞与孤鸥齐飞之景。大西洋形成于 1.4 亿年前联合古陆的一个裂谷,将现在的北美和非洲的构造板块分开。

大陆地壳(约 40 亿年前),太古宙(约 40 亿—25 亿年前),板块构造(约 40 亿—30 亿年前?),阿特拉斯山脉(约 3 亿年前),联合古陆(约 3 亿年前),三叠纪大灭绝(约 2 亿年前),喜马拉雅山脉(约 7000 万年前),海底测绘(1957 年),磁极倒转(1963 年),海底扩张(1973 年)

地球几十个主要岩石圈板块相对运动的历史重建,是基于动植物化石记录和造山地质记录。重建的历史告诉我们,自太古宙以来,地球的大陆板块可能已经聚集在一起形成单一的超级大陆很多次了。最后一个也是最著名的超级大陆叫作联合古陆,大约在 3 亿年前开始形成。

然而,地球的岩石圈板块是在不断变动的,所以联合古陆持续的时间并不长,只有大约 1 亿年,没过多久,使它聚集在一起的同样的内部力量又开始分裂它。在联合古陆开始分裂的同时,大规模地幔上涌引发的大规模火山爆发不是一种巧合,而同一时间发生的灾难性的三叠纪末期集群灭绝事件也不是一种巧合。联合古陆的解体是一个全球性的、颠覆性的事件。

在联合古陆地壳中产生了一个裂谷带,并将北美和非洲板块、非洲和南美洲板块以及北美和欧亚板块分开,结果是形成了一个很深的盆地,全球其他地方的海水都可以流入其中。大西洋就这样诞生了。最初引发联合古陆解体的地幔柱开始喷出大量的火山岩,在美洲板块和非洲 – 欧亚板块之间的扩张盆地内形成了一条新的山脉。这个大西洋中脊成为一个大致南北走向的离散型板块边界,把两侧新生的大洋板块火山岩分别推向东方和西方。直到今天,这些火山活动和板块运动仍在持续。

大西洋中脊是地球上最大山脉链的一部分,它从冰岛附近的北极地区延伸到南极洲附近的南极地区。在人类历史的大部分时间里,这些火山活动频繁的山脉并不为人所知。20 世纪 50—70 年代,人们利用声呐等现代航海技术才最终绘制出标示出这些山脉的海底地图,并最终发现了板块构造。■

约 1.4 亿年前

上图：大约 1.25 亿年前的辽宁古果化石，这是地球上已知最早的开花植物之一。

下图：一只蜜蜂在收集百日草的花粉。

 性的起源（约 12 亿年前），最早的陆生植物（约 4.7 亿年前），最早登陆的动物（约 3.75 亿年前），最早的鸟类（约 1.6 亿年前），农作物基因工程（1982 年）

约 1.3 亿年前

想象一个没有花的世界。从花店里壮观的花束，到人行道裂缝里低矮的水仙花，我们都把它们视为理所当然。尽管现在看上去花无处不在，但其实我们星球上大部分的历史都是无花的。花新出现不久，至少是相对较新的物种。大约 4.7 亿年前，陆地植物开始大量繁殖，主要是简单的非维管束类苔藓状植物，如苔类植物，随后不久就出现了维管束植物，它们可以用根抽吸水分并将其储存在茎和其他结构中，从而使其能够在远离海岸的地方生存。

早期的海洋植物通过释放含有其遗传物质的孢子来繁殖，这些孢子会被水流所裹挟，并有望遇到其他类似的孢子，然后受精，并在其他地方生长。因为孢子可能会干枯，所以它们在陆地上的繁殖效率较低。因此，一些陆地植物进化出花粉和种子，以便在更恶劣的天气条件下或在潜在的长时间干旱期间保护它们的遗传物质。但是植物为什么要开花呢？动物也许可以告诉我们答案。早在 3.5 亿年前，许多早期植物就已经与昆虫等动物形成了共生关系。例如，像针叶树类的裸子植物中产生种子的花粉粒必须从特殊的花粉球果转移到其他植物的胚珠球果中才能受精。靠风传播随机性太大，而昆虫可以帮助植物大大提高受精率。

这种共生关系在白垩纪最早的开花植物——被子植物出现时得到了充分的利用。花是被子植物的生殖器官，它们鲜艳的颜色和精致的结构似乎是专门用来吸引昆虫、鸟类和其他授粉者的，通过授粉者的传播，植物彼此获得所需的遗传物质。更值得注意的是，花朵的颜色和图案只会吸引特定种类的传粉者，从而确保花粉从一棵植物传播到同一物种的另一棵植物。这种物种特有的授粉方式可以帮助开花植物更快地进化和适应不断变化的环境，使之成为当今世界上最多样化和分布最广的陆生植物群。■

落基山脉

落基山脉的暴风雨。阿尔伯特·比尔施塔特（Albert Bierstadt）1866 年画作中的罗莎莉山，描绘了这条相对年轻的山脉引人瞩目的地质和气象特征。

大陆地壳（约 40 亿年前），板块构造（约 40 亿—30 亿年前?），阿巴拉契亚山脉（约 4.8 亿年前），联合古陆（约 3 亿年前），内华达山脉（约 1.55 亿年前），大西洋（约 1.4 亿年前），喜马拉雅山脉（约 7000 万年前），盆岭构造（1982 年），黄石超级火山（约 10 万年后）

构成稳定大陆克拉通核心的区域可以追溯到太古宙早期地壳形成的最早时期。一旦它们的边缘经过数十亿年的累积，成长为真正的大陆大小，这些中心区域通常被认为是地质上"安静"的区域。因此，在如此远离稳定的大陆内部边缘的地方，看到相对年轻的大规模造山活动的证据可能是不寻常的。然而，事实明摆在那里，远离北美板块的西部边界——落基山脉。它们是怎样改变那里的呢？

构成落基山脉古老根基的原始岩石是由古老的大陆地壳和浅层海底沉积物组成的。大约 3 亿年前，大陆板块碰撞形成联合古陆，这些岩石因而破碎、变形、变质、熔化和抬升。然而，在那之后的几亿年间，那些古老的落基山脉大部分被侵蚀殆尽，而所有令人兴奋的新造山运动都发生在遥远的板块西侧。

但在更远的西部发生的地质事件最终确实对当地产生了影响。具体来说，法拉隆大洋板块在北美板块西部边缘以一个较低的角度下沉、俯冲，导致其构造和火山作用影响到了距离较远的内陆地区。大约 8000 万年前，来自海洋板块的摩擦和挤压应力随之向下滑动并向上推动大陆，开始在老落基山脉地区造成巨大的断层和隆起。在 2000 万年的造山过程中，又一次出现了巨大的山峰，从现在的加拿大不列颠哥伦比亚省北部一直延伸到美国新墨西哥州。当大陆隆起时，新生的落基山脉的最高山峰可能已经超过 6000 米高，就像今天的喜马拉雅山脉一样高。

在过去的 6000 万年里，落基山脉周围地区作为北美克拉通的一部分又变得相对平静了，随着风、水和冰川的侵蚀，落基山脉的高度虽然已降低了 30% 左右，但仍旧保留着可观的高度。■

约 8000 万年前

2004 年，国际空间站上的宇航员于西藏高原上空朝南所拍摄喜马拉雅山脉的景色，珠穆朗玛峰位于图片中央。

大陆地壳（约 40 亿年前），板块构造（约 40 亿—30 亿年前?），比利牛斯山的根基（约 5 亿年前），阿巴拉契亚山脉（约 4.8 亿年前），诺基山脉（约 8000 万年前）

约 7000 万年前

纵观地球历史，岩石圈几十个主要构造板块之间的碰撞一直是火山活动、造山运动和大陆生长的主要动因。特别是世界上大多数主要的造山带均是由大陆间的碰撞造成的，挤压、折叠和揉皱的地壳形成了壮观的山脉，就像古代的阿巴拉契亚山脉、乌拉尔山脉和阿特拉斯山脉，以及现代的落基山脉、阿尔卑斯山脉和比利牛斯山脉一样。

当海洋地壳与大陆地壳碰撞时，前者几乎总是俯冲到后者之下。这是因为海洋地壳是由密度较大的富铁玄武质火山岩构成，而大陆地壳是由密度较小的富硅火山岩和沉积岩构成。俯冲导致大洋板块的熔融，通常会形成很深的海沟、高耸的火山和大陆的部分隆起。但以板块碰撞的标准来看，这种相互作用还是相对温和的。大陆之间的碰撞则更像是一场规模相当的巨大碰撞，两个地壳板块势均力敌，都不会被压在对方之下。其结果是，碰撞地区的地壳受到巨大的挤压和抬升，尤其是在正面碰撞时。瞧，世界上最高的山脉形成啦！

事实上，这正是尼泊尔及其周边地区正在发生的事情。相对较小的印度大陆板块在大约 1.4 亿年前从联合古陆这一超级大陆分裂出来，又在大约 7000 万年前开始与欧亚大陆板块发生正面碰撞。两个大陆在大约 2000 万—1000 万年前开始充分交织在一起，直到今天，它们还在继续相互挤压和碰撞。

其结果是，形成了一个特别高、年轻、崭新的山脉——喜马拉雅山脉，它包括了 50座超过 7200 米的高峰，其中就有世界第一高峰珠穆朗玛峰（海拔 8848.86 米，中国和尼泊尔 2020 年共同宣布）。建造这些山脉的特殊机制被称为地壳块体的逆冲断裂–汇聚作用，用于描述这些块体不断向上推，并堆叠在一起。这些力量是如此的强大，以至于它们把曾经的海底沉积物从海平面以下的地方抬升到了世界之巅。■

德干地盾

印度南部西高止山脉中被层层叠叠的火山岩环绕的田园风光，这是被称为德干地盾的大火成岩省的一部分。

晚期大撞击（约41亿年前），雪球地球（约7.2亿—6.35亿年前），大灭绝（约2.52亿年前），三叠纪大灭绝（约2亿年前），恐龙灭绝撞击（约6500万年前），亚利桑那撞击（约5万年前）

许多18世纪和19世纪的地质学家被分成两派：渐进论者认为，地球地质、生物和气候的变化是在几千年到上亿年间逐渐发生的，例如通过缓慢的板块运动或多个世代的自然选择；灾变论者认为，这些变化是在短暂的时间内快速发生的，是与风暴、火山爆发、地震、基因突变或撞击事件相关的灾难性活动。一直以来，两个阵营之间的争论都非常激烈。然而，今天现代地质学家意识到重大变化实际上既有渐变也有灾变。

火山爆发就是灾难性事件，它们可以对地貌和气候造成相对突然而剧烈的变化。一个引人注目的例子是印度小型大陆板块的大规模熔岩爆发。作为地球的历史上规模最大的火山活动事件之一，该板块当时正在穿越现在的印度洋，向喜马拉雅地区漂移，并与欧亚板块发生碰撞。在不到5万年的时间里，熔岩流喷涌而出，最终覆盖了半个微大陆，厚度超过了2000米。

这些体积庞大的熔岩覆盖的地区被称为德干地盾。因为厚厚的层状熔岩流呈阶梯状且位于印度次大陆的南方，所以德干地盾的英文名称就由梵语"南方"和斯堪的纳维亚语中表示阶梯含义的"特拉帕"两个词组合而成。关于德干地盾的起源，一个主要的假说是，印度板块在通过印度洋时，被印度洋下方炽热的地幔柱穿透，使得大量的岩浆能够上升到地表。

火山除了喷发出熔岩外，还释放出大量的温室气体。因此，另一种假说将德干地盾火山喷发与此后不久的白垩纪末期、约6500万年前发生的大规模灭绝联系起来。虽然这一观点与解释古代恐龙和许多其他物种灭绝的撞击及其随后引发短期气候变化的假说相冲突，但本着解决渐进主义–灾变主义争论的精神，许多地质学家和古生物学家现在更愿意接受这样一种观点，即这两场几乎同时发生的灾难性事件，共同将地球上的生命推向了大规模灭绝的边缘。■

约6600万年前

峰峦起伏而且年轻的阿尔卑斯山脉高耸在意大利境内壮观的高山湖泊之上的夏日风景。

大陆地壳（约 40 亿年前），板块构造（约 40 亿—30 亿年前?），比利牛斯山的根基（约 5 亿年前），乌拉尔山脉（约 3.2 亿年前），阿特拉斯山脉（约 3 亿年前），联合古陆（约 3 亿年前），喜马拉雅山脉（约 7000 万年前），发现冰期（1837 年），环保主义的诞生（1845 年）

约 6500 万年前

大约 2 亿—1.5 亿年前，泛大陆的分裂形成了大西洋中脊这一东西向扩展的板块边界，并最终导致了非洲大陆和欧亚大陆板块大约始于 6500 万年前的碰撞。自从板块构造出现以来，所有主要的大陆与大陆的碰撞都产生了一些引人瞩目的山脉，其中包括阿尔卑斯山。

在非洲和欧亚大陆碰撞之前，它们之间存在着一个巨大幽深的盆地，那里孕育着如今已不复存在的特提斯海。像任何一个发育良好的海盆一样，特提斯海在其底部聚集了大量的石灰岩和泥岩沉积物，以及沿其海岸分布的含盐矿床蒸发岩。随着时间的流逝，非洲和欧亚大陆板块移动，所有这些岩石和矿物都被挤压、折叠、变质和抬升。最终，特提斯海完全被挤干了，以前的海洋沉积下来的沉积物被抬升并积聚在一起，形成了阿尔卑斯山脉，就像餐桌上一块桌布被推得皱巴巴一样。事实上，构成阿尔卑斯山脉的逆冲地块被地质学家称为"推覆体"，正是法语中"桌布"的意思。

在欧洲，沿着大约 1200 千米长的阿尔卑斯山脉进行的造山过程历经数千万年的起起落落。由变质的沉积岩和火山岩组成的推覆体在不断碰撞的大陆的挤压力下形成和混合。阿尔卑斯山的大部分岩层从地质上看非常混乱，很难厘清。例如，瑞士著名的马特洪峰的底部由变质的古老欧亚大陆地壳组成，而顶端则由来自非洲板块的古老岩石构成，夹在底部和山顶之间的则是来自非洲和欧亚大陆的挤压褶皱沉积物，过去曾在特提斯海沉积。

塑造阿尔卑斯山脉的造山事件或造山运动至今仍在继续，据估计，其抬升速度在每年 1 毫米到 1 厘米之间。与此同时，雨、雪和冰川侵蚀山脉的速度也大致相同。■

恐龙灭绝撞击

一颗巨大的小行星撞击地球的艺术概念图，标志着大约 6500 万年前地质历史上白垩纪的终结和古近纪（早第三纪）时期的开始。

 地核形成（约 45.4 亿年前），晚期大撞击（约 41 亿年前），寒武纪生命大爆发（约 5.5 亿年前），大灭绝（约 2.52 亿年前），亚利桑那撞击（约 5 万年前），通古斯爆炸（1908 年），灭绝撞击假说（1980 年）

直到有确凿的证据表明，在大约 6500 万年前的白垩纪与第三纪之交，一颗巨大的小行星撞击地球，可能导致了恐龙和许多其他物种的灭绝，人们才充分认识到撞击在灾难性地改变地球气候和生物圈方面所起的作用。这个证据的关键是在全球发现了一层薄薄的富含稀有元素铱的沉积物。铱是铂族元素中的一种重金属，常与岩石和矿物中的铁结合。在地球形成的过程中，地球上大部分的重金属都沉入了地幔和地核的深处，因此在地壳中分布着一个全球范围内的富含铱的矿床是一种异常现象。地质学家推测，铱来自一颗巨大的含金属小行星，它撞击地球并汽化，不仅极大地改变了气候，还对大多数动植物物种造成了严重破坏。

撞击会把汽化的岩石和灰尘带入大气中，并引发大规模的火灾，使天空布满烟尘和烟雾、常年遮天蔽日，从而降低全球地表温度。虽然对地球生命的影响没有 2.52 亿年前二叠纪-三叠纪大灭绝期间那么大，但像古代恐龙这样最终依靠阳光和光合作用来维持食物链基础的物种仍然大量死亡。然而，哺乳动物和鸟类等物种因为能够钻洞或以昆虫、腐肉或其他非植物食物链主食为生，所以并没有因为这次事件而灭绝。

古代恐龙是被小行星撞击灭绝的，其他大型撞击事件也可能导致地球历史上其他时期的物种大灭绝，这个假说不断地被验证。其他的地质和气候影响，如大气中氧气的剧烈变化、海平面的大幅变化、火山岩石和气体的大规模喷发，也在地球的历史上不断发生，甚至有时与灭绝级别的撞击事件发生的时间差不多。因此，多种事件共同促成了导致地球上主要集群灭绝事件发生的环境条件。■

约 6500 万年前

伦敦自然博物馆的游客正在观看 4700 万年前的一具骨架。它是迄今为止发现的最完整的灵长类化石之一，正式名称为"达尔文麦塞尔猴"，昵称"艾达"。这只动物大约有一只长着长尾巴的小猫那么大。

最早登陆的动物（约 3.75 亿年前），哺乳动物（约 2.2 亿年前），最早的人科动物（约 1000 万年前），智人出现（约 20 万年前），《迷雾中的大猩猩》（1983 年），黑猩猩（1988 年）

约 6000 万年前

尽管经历了至少两次大规模的物种灭绝，早期的哺乳动物仍然需要发展出行为策略和有利的进化适应，以帮助它们在一个由更大更强的捕食者主宰的世界中生存下来。一些哺乳动物进化出了挖洞的能力，从此以后过着隐秘的生活，不被大多数捕食者发现。其他动物，如现代灵长类动物的祖先，则学会了爬树。

灵长类是有手、类似于手的脚以及眼睛位于前方的哺乳动物。它们的体型从 30 克的小狐猴到重达 200 千克的大猩猩，自然也包括许多介于两者之间的物种，如狒猴、眼镜猴、类人猿，当然还有人类。大多数灵长类动物都是熟练的树栖动物，但人类是个例外。树栖生活方式导致灵长类进化更多地依赖视觉而非大多数哺乳动物的主要感官——嗅觉，此外，更敏锐的立体视觉、颜色感知和适合抓握的对生拇指也是灵长类非常有利的适应能力。

灵长类动物最早的证据可以追溯到大约 6000 万—5000 万年前，当时的动物中就有达尔文麦塞尔猴。这些现已灭绝的动物看起来与现代的狐猴很相似，但它们的爪子和牙齿却有着明显的不同。灵长类动物的谱系究竟是如何，以及为什么与其他哺乳动物相分离，一直是人们激烈研究和争论的话题。例如，一些遗传证据表明，少量的早期灵长类或灵长类祖先可能在地理上与它们的主要种群分离，被迫在不同的生态环境中重新确立自己的位置。

最早的类人猿化石可以追溯到大约 4000 万年前，它们已经迅速地从人们假设认定的起源地亚洲扩散到非洲、欧洲甚至南北美洲的热带环境中，并以某种方式跨越了比今天更窄但仍然很宽的大西洋。

有些灵长类动物独居，有些则成对生活，还有一些生活在大型社会结构中。灵长类动物从婴儿到成年的发育速度比其他体型相似的哺乳动物要慢得多，但寿命也更长。对许多现代灵长类动物行为的研究也揭示了它们的高智商以及发明和使用工具的悠久历程。■

南极洲

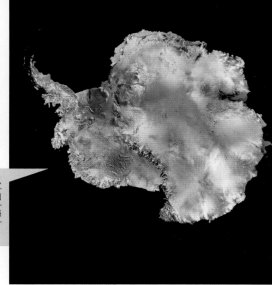

通过卫星合成的南极洲大陆图，以南极为中心。大陆本身被冰、雪和冰川覆盖，而海冰覆盖了主要的海湾和河湾。

 大陆地壳（约 40 亿年前），板块构造（约 40 亿—30 亿年前?），联合古陆（约 3 亿年前），大陆漂移学说（1912 年），航空探索（1926 年），国际地球物理年（1957—1958 年），东方湖（2012 年）

我们往往认为南极洲是一个寒冷而遥远的地方，是一个位于世界尽头的荒凉岛屿。实际上，南极洲是一个成熟的大陆。随着时间的推移，它经历了地球上所有大陆中最剧烈的变化。冰雪，覆盖着一个充满历史的世界。

最终成为南极洲的大陆地壳源自最初的六个古老的低密度克拉通中的一个。这些克拉通在元古宙晚期（约 7.5 亿—6 亿年前）合并形成冈瓦纳超级大陆，使之成为地球上数亿年来最大的一块陆地。后来，冈瓦纳又与地球上的另一块大陆劳亚古陆（由北美和欧亚板块组成）合并，形成了新的联合古陆。最终，大约从 1.75 亿年前开始，联合古陆开始一个接一个地分裂成更小的组成板块，成为我们今天所认识的各个大陆。联合古陆解体的最后一步是澳大利亚和南极洲的分离，始于大约 3500 万年前，澳大利亚向北移动，南极洲向南移动。

作为第三小的大洲，南极洲比欧洲大，比南美洲小，大约占地球陆地面积的 9%。随着南极洲越来越靠近南极，冰川和冰盖开始形成，其面积随着年平均气温的下降而增大。这块大陆最终也被环绕极地的洋流所包围。大约从 1500 万年前开始，在环绕大陆不断流动的寒冷海水的帮助下，深层的冰冻状态得以保持，冰、雪和冰川得到巩固和扩张，直到完全覆盖陆地。

当南极洲还属于冈瓦纳的一部分时，它位于热带到中纬度地区。然而，今天这块大陆的大部分地质和生物秘密都埋藏在几千米深的冰层之下。虽然野外工作和钻探已经揭示出它的一些火山、构造和沉积历史，但要全面了解这片大陆的历史，可能还得等待它最终迁移到更温暖的地方。■

约 3500 万年前

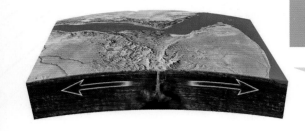

图示为东非裂谷地区将地壳拉开的板块构造运动。图左是尼罗河，图右是非洲之角和索马里。在短短的 1000 万年里，一个新的海洋盆地将在这里形成，把非洲分成两个独立的板块。

大陆地壳（约 40 亿年前），板块构造（约 40 亿—30 亿年前?），联合古陆（约 3 亿年前），大西洋（约 1.4 亿年前），喜马拉雅山脉（约 7000 年前），阿尔卑斯山脉（约 6500 万年前），东非裂谷带（约 3000 万年前），大陆漂移学说（1912 年）

约 3000 万年前

联合古陆在大约 2 亿—1.75 亿年前开始分裂，其原因是大陆地壳被撕裂，形成更小的块体。之后这些块体在大规模的岩石圈板块运动作用下发生移动。计算机模型支持这样的假设：地幔上升流，即从深部地幔到浅部地幔的热的、具有浮力的岩浆柱的上升，是裂谷作用背后的罪魁祸首。根据这个模型，上升的地幔柱使上覆的地壳隆起、扭曲并部分熔融，导致地壳减薄。当热的地幔柱在接近地表的地方释放热量时，它的边缘冷却并开始下沉，沿着下沉的地幔柱横向地拖拽着上覆的地壳。

大陆裂谷导致了联合古陆的分裂，形成了一块又一块的大陆，这一过程持续了大约 1.5 亿年。因为这一切都发生在一个球体星球上，所以，哪怕大陆分开很长一段时间，也会在新的地方开始相互碰撞形成另一个超级大陆。最近的一期碰撞导致了喜马拉雅山脉和阿尔卑斯山脉的形成。即使是像这样的碰撞，如果再加上地下深层炙热的地幔柱的持续作用，同样可以使大陆地壳再次减薄、削弱，并形成新的裂谷。

这是对 3000 万年前非洲大陆东部边缘开始发生的地质现象的一种假说。不管原因是什么，随着地壳减薄削弱，长约 6000 千米的裂谷开始形成，从埃塞俄比亚一直延伸到莫桑比克。伴随裂谷而来的是频繁的地震和火山爆发，证明了巨大的热量和能量正在推动非洲板块的分裂。

东非裂谷带是当今地球上最大的地震活跃裂谷系统，地壳的扩张速度为每年 6～7 毫米。如果照此发展，在大约 1000 万年后，非洲将分裂成两个新的板块，即地质学家所谓的东部索马里板块和西部努比亚板块，在它们之间将形成一个新的海洋盆地。■

高级 C_4 光合作用

叶子是植物进行光合作用的主要场所。

 光合作用（约 34 亿年前），大氧化（约 25 亿年前），最早的陆生植物（约 4.7 亿年前），花（约 1.3 亿年前）

光合作用大约在 34 亿年前出现，它可以将阳光转化为细胞新陈代谢所需的能量，是生命最早的进化创新之一。其本质是，大气中的二氧化碳（CO_2）和水（H_2O）在阳光下发生反应，生成葡萄糖（$C_6H_{12}O_6$）和副产品游离氧（O_2）。然后细胞将葡萄糖加工成燃料。这个过程被称为 C_3 碳固定。厚厚的、缺乏氧气的早期大气和火山爆发提供的二氧化碳为早期生命形式利用充足的阳光作为燃料来源创造了最佳条件。

大约 4.7 亿年前，最早的陆地植物的出现和迅速繁殖开始使得大气中的二氧化碳含量明显减少，C_3 碳固定的效率也越来越低。即使放在现在，这种情况对简单的单细胞光合生物来说，也没什么影响，因为它们的能量需求有限，而且 95% 以上依赖 C_3 碳固定的现代植物都生长在光照充足、温度适中和地下水丰富的地区。然而，植物要在光照更强、更热、更干燥的环境中生长，就需要更高的光合效率。因为无论大气中的二氧化碳水平如何降低，它们的能量需求都必须得到满足。

在大约 4.7 亿—3 亿年前，大气中的二氧化碳水平持续下降，这给一些植物提供了巨大的压力，迫使它们成为更有效的光合作用者。大约在 3000 万—2000 万年前，许多植物通过演化出一种利用太阳能的新方案——高级 C_4 光合作用，完美解决了上述问题。这些植物在叶片中进化出了专门的光合细胞，能更有效地捕获和浓缩二氧化碳和水，并最终输送到叶绿体细胞中。随着时间的推移，虽然叶子外面大气中的二氧化碳含量减少了，但在这种情况下，叶绿体细胞内仍然可以通过使用更多的二氧化碳来实现较高速率的"正常" C_3 光合作用。

在干旱、热浪或低二氧化碳条件下，C_4 植物比 C_3 植物更有优势。虽然它们在今天的植物物种中所占的比例不到 5%，但它们却占了大气中二氧化碳固定总量的近 25%，这使它们成为生物吸收二氧化碳的关键，否则二氧化碳的增加会加剧目前的气候变暖。■

约 3000 万—2000 万年前

美国俄勒冈州喀斯喀特火山群山体由南向北的鸟瞰图。最前面是三姐妹火山，后面是华盛顿火山、杰斐逊火山、胡德火山和亚当斯火山。

 板块构造（约40亿—30亿年前?），内华达山脉（约1.55亿年前），喜马拉雅山脉（约7000万年前），安第斯山脉（约1000万年前），岛弧（1949年），圣海伦斯火山喷发（1980年），火山爆发指数（1982年）

约 3000 万—1000 万年前

　　世界活火山和地震带的地图实质上就是世界上几十个大构造板块边界的地图。这些边界是一些最有趣的地质现象发生的地区。当两个大陆板块碰撞时，它们相互挤压形成了山脉。然而，当一个大洋板块和一个大陆板块碰撞时，它们之间的相互作用却截然不同。密度更大的大洋板块通常会滑到大陆板块下面并越陷越深。当下沉板块的前缘开始熔融时，较轻的岩浆和气体向上移动并与上面的大陆地壳混合，使地壳像一个穹顶一样向上凸起。当岩浆和气体冲出地表时，就会造成猛烈的火山喷发。

　　北美大陆板块与西北太平洋沿岸的板块碰撞后就产生了这样的后果。具体来说，之前古法拉隆大洋板块的三个剩余碎片相对于北美板块一直被往东推移，在这个过程中，它们俯冲到大陆之下，沿着一条被称为喀斯喀特火山弧的平缓弯曲路径，引发了大范围的地震和火山爆发。但这三个碎片的遗迹非常少，因为它们以前的大部分区域已经在俯冲过程中被摧毁。

　　这些大洋板块俯冲对太平洋西北部的地表地质影响是深远的。最引人注目的是20座主要的火山山体和4000多个火山口，它们沿着一条大致与海岸平行的弧线延伸1100千米，而距离海岸不到160千米。这些是喀斯喀特火山群，它们出现在与俯冲有关的更大范围内，被称为喀斯喀特山脉。世界上这一地区的十几个海拔超过3000米的火山被称为层状火山或复合火山，由火山灰和熔岩层构成的锥形山脉，通常喷发时具有高度爆炸性。除了维苏威火山和富士山之外，喀斯喀特山脉的美国圣海伦斯火山也在全球赫赫有名。■

夏威夷群岛

约翰·图佐·威尔逊（John Tuzo Wilson，1908—1993）

美国国家航空航天局公布的夏威夷岛链卫星图，从东南的夏威夷大岛到西北的尼豪岛和考爱岛。整个位于海平面以上的小岛屿和环礁向西北方向延伸超过 1000 千米。

 德干地盾（约 6600 万年前），东非裂谷带（约 3000 万年前），黄石超级火山（约 10 万年后），洛伊火山（约 10 万—20 万年后）

约 2800 万年前

地幔通过巨大的对流循环释放内部热量。炙热的可变形或熔融状态的岩石上升到地表，在那里冷却，浮力减弱，然后下沉。地质学家给那些炙热的、上升的岩浆流接近地表或接近地表裂缝的地方起了一个特别的名字：热点地区。热点地区是指偏僻的却存在火山爆发的地方。因为相比之下，其他更常见的火山爆发是沿着高度活跃的会聚或发散板块边界。从古至今著名的热点火山包括德干地盾、黄石破火山口、冰岛和夏威夷群岛。

夏威夷大岛及其邻近岛屿和海底山脉（海山）排成了两段长条，一段是一个长 2400 千米的大岛屿和海山链，从大岛一直延伸到西北；另一段是一个长 1600 千米的海山群岛，其南北走向更为明显，一直延伸到阿拉斯加的阿留申群岛。这些岛屿的线性排列，包括转为向北排列时的急转弯，为地质学家提供了线索：也许在太平洋中部有一个热点，随着时间的推移，太平洋板块一直缓慢地在其上移动。

关于夏威夷链形成的热点假说的第二个重要线索来自这些岛屿上火山岩的年代。在大岛上，基拉韦厄火山和冒纳罗亚火山仍在不断喷发，使这座岛屿继续成长至今。但其西侧的毛伊岛的岩石已经有 100 万年的历史了。从那里继续向西，莫洛凯岛、瓦胡岛和考爱岛的岩石分别有 200 万年、300 万年和 500 万年的历史。加拿大地质学家约翰·图佐·威尔逊在 1963 年首次发现了这一规律：年代较早的岛屿和朝向西北方向的海山岩石意味着，太平洋板块正在相对静止的夏威夷热点上空缓慢地向西北方向移动。最古老的裸露的岛屿，是小小的库雷环礁，大约有 2800 万年的历史，它标志着夏威夷群岛第一次出现在海平面上的时间。■

阿根廷火地岛安第斯山脉南部的卡瓦哈尔山谷鸟瞰图。

 板块构造（约 40 亿—30 亿年前？），内华达山脉（约 1.55 亿年前），喀斯喀特火山群（约 3000 万—1000 万年前），岛弧（1949 年），海底扩张（1973 年）

约 1000 万年前

大陆地壳下最长的连续构造板块碰撞带之一发生在南美洲板块的西部边缘。在超过 9000 万年的时间里，在海底扩张中心形成的新的海洋地壳就像被放在了传送带上、一直运行不止，并撞向南美洲。碰撞经历了许多不同的期次和方向。大约从 1000 万年前开始，前法拉隆板块的纳斯卡板块开始碰撞到南美洲西部，形成了现代安第斯山脉的山峰和火山。

就像北美前法拉隆板块碎片俯冲带形成的喀斯喀特火山群一样，南美洲纳斯卡板块俯冲导致了大规模的造山运动和火山爆发。安第斯火山带从北到南沿哥伦比亚、厄瓜多尔、秘鲁、玻利维亚、智利和阿根廷的环带延伸，这一区域甚至包括了曾与南美洲相连的南极洲的火山。数百座活火山和死火山沿着这一地带密集出现。

安第斯山脉在研究岩石组成、矿物学和形成条件的岩石学家、地质学家心中占有特殊的地位。由于大洋板块沿南美板块的西部边界俯冲的历史较长，大陆地壳明显增厚，因此岩浆从海洋板块上升穿过覆盖的大陆地壳时，熔融和吸收了大量的硅和碱性元素，这些元素在大陆地壳中比在海洋地壳中更常见。最终，来到地表的火山灰和熔岩的化学成分明显不同于洋中脊玄武岩。为了纪念它们所处的山脉，岩石学家称这种成分的岩石为安山岩。

安第斯山脉的活火山形成了环太平洋火山带的东南部分，与以喀斯喀特火山群为代表的中美洲和北美洲的太平洋海岸共同构成了一个强烈地震和火山活动的半环形区域，并穿过阿留申群岛，再回到日本、东南亚和新西兰，最终形成一个环。环太平洋火山带是地球上最大的连续地质构造之一。■

最早的人科动物

生活在非洲刚果民主共和国自然栖息地里的倭黑猩猩是一种类似于黑猩猩的人科动物物种。

哺乳动物（约 2.2 亿年前），灵长类（约 6000 万年前），智人出现（约 20 万年前），《迷雾中的大猩猩》（1983 年），黑猩猩（1988 年），稀树草原（2013 年）

尽管"人科动物"（hominid）一词最初专指人类和我们已经灭绝的近亲，但现在被广泛指代整个所谓的"类人猿"家族，包括大猩猩、猩猩、黑猩猩、现代人和他们已经灭绝的祖先。根据化石记录，人科动物的起源可以追溯到大约 1000 万年前。在中新世的大部分时间（约 2200 万—300 万年前），灵长类动物适应了多种多样的树栖生活方式和生态位，特别是在广阔的热带环境中，这在当时的赤道和中纬度地区是很常见的。然而，在中新世末期（约 1000 万—800 万年前），化石和地质记录显示，热带地区开始大幅缩小，取而代之的是更温和的稀树草原生态区。当植物和其他动物开始适应这种以及其他新环境时，灵长类动物被迫从树上下来寻找食物。

人科动物通常是大型的、没有尾巴的灵长类动物。雄性通常比雌性体型大，大多数物种是四足动物，少数是两足动物。它们都有对生拇指，可以用手打猎或采集水果或其他食物，在某些情况下，还会制作工具。人科动物雌性的妊娠期是 8～9 个月，通常一次只生一个孩子。所有的人科动物婴儿出生时都是羸弱无助的，在婴儿期和青春期都需要大量的照顾。根据物种的不同，人科动物通常在 8～15 岁达到性成熟。

人科动物的基因家族究竟是什么时候从其他灵长类动物中分离出来的，目前还不清楚。尽管如此，现有的证据加上现存人科动物物种间的基因差异，表明在过去的 1000 万年里，猩猩、大猩猩、黑猩猩先后从人科动物共同祖先的分支中分化出来，剩下的人科动物最终形成了人类。以黑猩猩和人类为例，98.4% 的 DNA 相同，证明了这两种人科动物之间密切和相对较近的联系。■

约 1000 万年前

撒哈拉沙漠壮观的沙丘。撒哈拉沙漠是地球上最大的非极地沙漠。

 板块构造（约 40 亿—30 亿年前?），联合古陆（约 3 亿年前），阿特拉斯山脉（约 3 亿年前），喜马拉雅山脉（约 7000 万年前），阿尔卑斯山脉（约 6500 万年前），热带雨林 / 云雾林（1973 年），温带雨林（1976 年），苔原（1992 年），北方森林（1992 年），草原和浓密常绿阔叶灌丛（2004 年），温带落叶林（2011 年），稀树草原（2013 年）

约 700 万年前

描述地球的地理、生物和气候多样性的一种方法是将地表分为大约 10 种主要的生态群落类型或生物群落。许多生物群落可以根据年平均温度和降雨量范围来区分。沙漠是生物群落中最干燥的，同时也可能出现在地球上从最冷到最热的地方。最冷的沙漠出现在北极和南极的高纬度地区，那里的空气和海洋环流模式阻碍了来自热带的潮湿空气。相比之下，地球上最热的沙漠靠近赤道或沿着赤道分布，因为那里强烈的阳光和山脉阻止了降雨。

地球上最大的"热"沙漠是撒哈拉沙漠，它覆盖了非洲北部大陆的大部分地区。撒哈拉沙漠的面积堪比中国或美国的陆地国土面积，是世界上最大的非极地沙漠。撒哈拉在夏季的平均温度超过 40℃，历史上有记录的最高温度达 58℃。在广袤的沙漠中部地区，平均年降雨量极低，每年不足 10 毫米。即使是沙漠的"湿润"地区，每年的降水量也只有 250 毫米。

由于板块构造运动，像非洲这样的世界主要大陆板块历经沧海桑田的变迁，其位置发生了巨大的变化。例如，在大约 700 万年前的中新世晚期，形成阿尔卑斯山脉的非洲板块和欧洲板块的碰撞导致了大陆之间曾经的特提斯海大洋盆地的关闭。没有了海洋的影响，曾经繁茂的热带平原和北非的山脉开始干涸，撒哈拉沙漠诞生了。

今天，和地球上大多数沙漠环境一样，风是撒哈拉沙漠地质变化的主要因素，它不断地吹打，逐渐把富含石英的大陆岩石和以前的海洋沉积物分解成巨大的沙海，覆盖着现在的这片土地。■

科罗拉多大峡谷

从大峡谷亚瓦帕观景点看到的景色，包含了可供详细研究的近 20 亿年的地球地质记录。

板块构造（约 40 亿—30 亿年前？），内华达山脉（约 1.55 亿年前），落基山脉（约 8000 万年前），探索大峡谷（1869 年）

在地球表面流动的液态水是地质变化的主要力量。斗转星移，海浪会侵蚀海岸，河流和小溪会在最坚硬的大陆基岩上刻下深深的沟壑。特别是，如果岩石被抬升，更容易受到河流侵蚀，峡谷的形成就会进一步加速。这正是发生在地球上最壮观的地质结构之一——美国科罗拉多大峡谷内的情况。

科罗拉多河大峡谷的主要部分长约 480 千米，宽约 32 千米，主要位于美国亚利桑那州，少部分位于内华达州、犹他州、科罗拉多州和怀俄明州。峡谷最深处向下延伸了将近 1860 米，汹涌的河流就在峡谷下方 1000 多米的地方流淌。大峡谷最著名的景色是它丰富多彩的沉积岩、火山岩和变质岩层，以及暴露在峡谷壁上近 20 亿年的地球地质历史。

地质学家们对大峡谷何时形成有相当多的争论。部分峡谷系统似乎早在白垩纪晚期，即 7000 万—6500 万年前就形成了，而整个区域隆起的一部分，形成了现代的落基山脉和科罗拉多高原。地质学家根据岩石和化石年龄以及其他线索得出的普遍共识是，较老的峡谷网络与较新的、较深的峡谷网络融合在一起，而后者是大约 600 万或 500 万年前，距今更近的侵蚀作用形成的。大峡谷应当是一个相对年轻的地貌。

几千年来，人们一直生活在大峡谷周围，尤其是在大峡谷内。他们把河流附近气候较为温和地区的水、植被和动物作为生存的资源，将生存环境扩大至峡谷外严酷的沙漠环境。现代文明也利用峡谷的资源，常用于发电、旅游和生态、地质研究。■

约 600 万—500 万年前

非洲和南欧的碰撞将地中海盆地从大西洋中分离出来,这是根据地球物理数据描绘的地中海盆地分离之前的艺术概念图。

 大陆地壳(约 40 亿年前),板块构造(约 40 亿—30 亿年前?),比利牛斯山的根基(约 5 亿年前),联合古陆(约 3 亿年前),阿特拉斯山脉(约 3 亿年前),大西洋(约 1.4 亿年前),阿尔卑斯山脉(约 6500 万年前),撒哈拉沙漠(约 700 万年前),里海和黑海(约 550 万年前)

约 600 万—500 万年前

非洲大陆和欧亚大陆板块的碰撞始于大约 7000 万—6000 万年前,它们的碰撞封闭形成了原本存在于大陆之间的一个大洋盆地。这个盆地被现在已经消失的特提斯海所填满,它是大洋板块的一部分,该大洋板块在非洲和欧亚板块的碰撞下俯冲和熔融。这次碰撞导致了剧烈的区域性火山活动,产生了一个横跨北非和南欧的造山带。

大约 600 万年前,非洲和欧亚大陆的碰撞似乎把特提斯海的残余部分与大西洋的其余部分分开,开始了一个几十万年干涸的时代。内陆海水的蒸发导致了特提斯盆地最初和新形成的大部分区域变成了广泛分布的巨厚盐层。在一些地方,盐层厚度超过 3 千米。非洲和欧亚大陆之间盆地的"盐危机"在 60 多万年的时间里几乎使古地中海干涸。

然而,这场危机在大约 530 万年前戛然而止。当时,大西洋和地中海盆地之间的"天然大坝"即现在的直布罗陀海峡遭到灾难性的破坏。海水以千倍于今天亚马逊河流量的规模灌入盆地,使盆地部分区域的水面每天升高多达 10 米。这样的洪水只持续了几个月,现代地中海的大部分地区就被灌满了海水。

几百万年前的化石证据记录显示,地中海沿岸地区开始由湿润的亚热带气候条件向如今更干燥的地中海气候转变。该地区的针叶树(如黎巴嫩国旗上的雪松)和其他能适应炎热干燥的夏季条件的植物变得茂密。不过,从那时起形成的地中海地区的生态,已经在人类数千年的影响下被彻底改变。■

里海和黑海

2003 年，由美国国家航空航天局特拉卫星上的中分辨率成像光谱仪传感器拍摄的里海卫星影像。

 板块构造（约 40 亿—30 亿年前？），比利牛斯山的根基（约 5 亿年前），阿特拉斯山脉（约 3 亿年前），联合古陆（约 3 亿年前），大西洋（约 1.4 亿年前），阿尔卑斯山脉（约 6500 万年前），地中海（约 600 万—500 万年前），五大湖（约公元前 8000 年）

联合古陆的分裂，包括约 1.4 亿年前大西洋的出现，最终引发了一系列的板块碰撞，并一直持续到今天。这些碰撞塑造了地球的现代地理。其中，非洲和欧亚大陆板块的碰撞，关闭了一个巨大的古海洋盆地——特提斯海，形成了山脉，并最终造就了现代地中海。

板块碰撞也促使高加索山脉和其他山脉的隆起，它们从欧洲东南部一直延伸到亚洲。最终，特提斯盆地的其他区域被挤占，形成了地球上最大的内陆湖泊——里海和黑海。

里海和黑海与现代地中海形成于同一时期，但因为里海与全球海洋系统的其他部分没有直接联系，而黑海只有当其水位特别高时才偶尔有联系，所以它们都主要受周围山脉和平原流出的河流和小溪的淡水影响。然而，因为它们重新溶解了 50 多万年前古老的特提斯海蒸发时留下的大量盐沉积，所以它们是咸的，其盐度仅为海水的三分之一。

里海和黑海一起储存了世界上大部分的湖泊淡水。这些封闭盆地的最深部分在海平面以下 1000 ～ 2200 米。尽管上层的水溶解了大气中的氧气，但是由于上下层间没有混合，其深部的海水仍处于缺氧状态。因此，在这些内陆海沿岸，由数千年来人类居住和商业活动产生的沉船、史前定居点和其他古代工艺品均保存得非常好，使这里成为深海考古探索和研究的热点。■

约 550 万年前

加拉帕戈斯群岛

查尔斯·达尔文（Charles Darwin，1809—1882）

主图：一只加拉帕戈斯群岛的土著居民——蓝脚鲣鸟。
左上小图：美国国家航空航天局特拉卫星 2002 年拍摄的加拉帕戈斯群岛的真彩色影像。

 板块构造（约 40 亿—30 亿年前？），夏威夷群岛（约 2800 万年前），自然选择（1858—1859 年）

约 500 万年前

地球上的地震和火山活动大部分集中在主要构造板块之间的汇聚（碰撞）边界。然而，在远离边界的板块内部的一些特殊区域也曾经历了广泛的火山和地震活动。这些特殊区域被称作热点，是大量熔融的岩浆物质靠近地表的地方。其中最著名的是夏威夷热点地区。另一个著名热点地区位于赤道附近、厄瓜多尔的西边——加拉帕戈斯群岛，在过去的 500 万年里这里一直在产生大量的火山熔岩和新的热带岛屿。

加拉帕戈斯热点的一个特别之处在于，它离南美洲大陆板块海岸附近的三个板块的分界点非常近。在加拉帕戈斯群岛形成的区域附近，可可、纳斯卡和太平洋板块都在彼此分离，产生了大洋中脊扩张中心，那里的海洋地壳特别新而且薄。岛屿下方的地幔热点穿过了那里的薄板块，将一些火山熔岩冲到了地表，其结果是在海底形成了一个广阔的高原。持续至今的火山喷发建造了大约 20 个岛屿，其中一些岛屿高出海平面达 1500 米。

加拉帕戈斯群岛独特的地理位置和与世隔绝的环境造就了这里独特的生态位。例如，各种各样的鸟类和爬行动物从它们早期的大陆祖先进化而来，以适应岛上特殊的气候和食物供应环境。与世隔绝的特殊环境在帮助这些物种适应这种特殊环境方面起到重要作用，博物学家查尔斯·达尔文是最早认识到这一点的人之一。他关于加拉帕戈斯群岛上的雀类和其他动物的研究对自然选择进化论的发展至关重要。■

石器时代

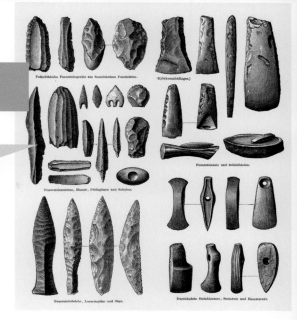

19 世纪晚期的德国版画所绘制的典型的石器时代工具。

灵长类（约 6000 万年前），智人出现（约 20 万年前），最早的矿山（约 4 万年前），青铜时代（约公元前 3300—公元前 1200 年），巨石阵（约公元前 3000 年），铁器时代（约公元前 1200—公元前 500 年），稀树草原（2013 年）

历史学家、人类学家和其他研究人类文明史的人经常把我们的时代称为太空时代。一般来说，人类文化和历史学家把史前时代的人类和其后的古人从历史上大致分为三个技术和社会时期，由远及近依次称为石器时代、青铜时代和铁器时代。

石器时代在这些史前时期中持续时间最长，大约从 340 万年前开始，因为在埃塞俄比亚进行的考古发现了最古老的用石头和骨头制作的工具与器具碎片。虽然石器时代可能会让人联想到居住在洞穴里、捕猎长毛猛犸象、穿兽皮的家庭和部落，但考古学家发现，绝大多数石器时代的人其实生活在广阔的稀树草原环境中。在此期间，他们从非洲南部扩展到北部，穿过尼罗河流域，然后向东进入亚洲。而草原不再适合树栖的生活方式，这是促使许多灵长类物种脱离森林的束缚发生进化的因素之一。

草原上的生活对古人来说是非常有利的，他们可以利用现成的自然材料来制造高科技工具，如利用岩石、木头、骨头等来制作矛、刀、燧石、杠杆、臼和杵，这些工具极大地促进了狩猎和食物采集。人类文化学家很快指出，把这个时代的人称为"原始"是对"石器时代"又一个非常不恰当的阐释。和我们所认为的恰恰相反，石器时代的工具制造者、猎人和采集者可以非常熟练地使用他们现有的技术。他们不仅掌握了专门的工具制作，而且掌握了如何使用火以及早期的水上交通工具，甚至创造了引人瞩目的用土方或巨石建造的宗教或天文建筑。

从大约 6000 年前开始，一些人类社会发展出了熔化铜、锡和其他金属矿石的能力，迎来了青铜时代和铁器时代。然而，直到今天，仍有一些部落社会在继续使用石器时代的技术。■

约 340 万—公元前 3300 年

缓慢蒸发的死海沿岸布满了盐壳层。

联合古陆（约 3 亿年前），大西洋（约 1.4 亿年前），东非裂谷带（约 3000 万年前），地中海（约 600 万—500 万年前），里海和黑海（约 550 万年前），死亡谷（约公元前 200 万年）

约 300 万年前

　　大陆板块的分裂在地壳中形成了巨大的山谷和裂缝，而东非大裂谷的影响远不止非洲板块。从非洲、阿拉伯、印度和欧亚板块相互作用的复杂地带一直延伸到东非大裂谷地带的北部，并从红海延伸到中东和更远的地方。

　　阿拉伯半岛的部分地区，特别是包括今天的以色列、约旦和沙特阿拉伯在内的地区，向西是非洲板块和欧亚板块之间的持续挤压，向南是非洲板块主裂谷带的延伸，最终产生了一个由大致南北走向山谷组成的区域，整个范围从南部的亚喀巴海一直延伸到北部的加利利海。作为这些伸展山谷的其中之一，死海是地球上海拔最低的湖，而不是真正的"海"。

　　目前，死海的水面在海平面以下约 430 米，死海的最深处在水面以下约 300 米。死海的水量和美国西部的塔霍湖差不多。但与地球上大多数内陆湖泊或海洋相比，死海的盐度极高，约为 34%，几乎是海水的 10 倍，很少有动植物能在死海及其周围存活。

　　死海为什么变得这么咸？一个主流的假说是，在过去的数千万年里，阿拉伯半岛经历了多次上升和下降的循环周期，偶尔会被海水淹没。该地区在大约 300 万年前经历了最后一次大的隆起，将盆地与地中海的其余部分隔开，形成了一个真正的大内海，即死海的前身。随着这些水的蒸发，这里形成了大量的盐沉积，导致剩下的水的盐浓度急剧增加。这个正在缩小的湖自然而然得到了一个不幸但相对准确的"死亡"绰号。■

死亡谷

美国死亡谷国家公园内的沙丘和干旱的山脉。

内华达山脉（约 1.55 亿年前），落基山脉（约 8000 万年前），喀斯喀特火山群（约 3000 万—1000 万年前），安第斯山脉（约 1000 万年前），死海（约 300 万年前），盆岭构造（1982 年）

约 200 万年前

北美西部法拉隆构造板块熔融后的残余部分质量较轻，不断上升的岩浆团向上推动并使覆盖在上面的大陆板块隆起。特别是在北美板块的西南部，从美国内华达北部到墨西哥西北部，延伸而来的拉伸力形成了几乎垂直的深的正断层裂缝，它们大致呈南北向排列。在过去的几百万年里，相邻的正断层之间的地块已经下陷，形成了深谷，在两侧形成了平行高山脊，地质学家分别称其为地堑和地垒。美国西南部大部分地区的地堑和地垒呈起伏状、半规则的重复模式，从而定义了一个被称为盆岭构造的区域。

这个盆岭构造中最深的地堑位于拉斯维加斯以西，是一个长 225 千米，宽 8 ~ 24 千米的地块，被称为死亡谷。该地块下降了如此之多，以至于尽管被周围山脉的大量沉积物填满了谷底，死亡谷仍然是北美海拔最低的地方，低于海平面 90 米。大量的化石和地质证据如大量的盐和硼砂矿床表明，在现在的莫哈韦沙漠曾经有大量以河流、湖泊和小的内陆海存在的地表水，但是持续的区域抬升和变化的气候条件已经把这些水"赶"走了。结果，壮观的岩石沉积物和丰富多彩的矿藏形成了，它们从崎岖、贫瘠的山区侵蚀而来，堆积在这个广阔而相对平坦的谷底。

莫哈韦沙漠西部的多个山脉有效地吸收了空气中的水蒸气，北部和东部山区的降雪减少导致河流和地下水流量减少，使得死亡谷成为世界上最干旱的地方之一，这里年平均降水量只有 50 毫米，最高地表温度可以达到 57℃。■

在乌干达，渔民们沿着维多利亚湖岸边划船去工作。

东非裂谷带（约 3000 万年前），死海（约 300 万年前），死亡谷（约 200 万年前），末次冰期的结束（约公元前 1 万年），五大湖（约公元前 8000 年），控制尼罗河（1902 年）

约40万年前

根据定义，像东非裂谷带这样的裂谷是大陆地壳被撕裂的区域。大陆板块的裂谷作用体现在大陆地壳的一系列的断层或裂缝带，分布在垂直于裂谷打开方向的线性区域。就像在死亡谷和其他的北美板块盆岭构造地区一样，在东非，位于平行的、几乎垂直的正断层之间的地块可以沿着这些断层向下滑落，形成了被称为地堑的盆地或山谷。

由于东非裂谷带大部分地区的潮湿、热带气候，非洲最大的淡水湖维多利亚湖就形成于这些地堑区域中。维多利亚湖地处肯尼亚、坦桑尼亚和乌干达三国交界，是世界上最大的热带湖泊。维多利亚湖形成的一个主要假说是，大约 40 万年前开始的持续裂谷作用，导致霍斯特山脊的地块相对隆起，阻挡了原先在平原上自由流动的河流，使得相邻的下降地堑大量积水成湖。如今，维多利亚湖的湖水只能通过一条河流进行外泄，那就是尼罗河干流。

大量的化石和地质证据表明，维多利亚湖自形成以来已经完全干涸了好几次，很可能是由于在冰期的高峰期融雪和降水的减少。随着两个冰期之间气候变暖，湖泊又重新填满了水，而最近的一次是在 1.1 万年前的末次冰期结束后。在相对较短的地质时期内，维多利亚湖以惊人的速度重新出现了丰富多样的鱼类、爬行动物、哺乳动物、植物和其他在热带环境中繁衍生息的物种。不幸的是，和世界上许多内陆湖泊一样，过度捕捞和对湖泊生态系统糟糕的环境管理如污染、过度开发等问题导致了很多物种的人为灭绝，以及许多外来入侵物种的扩散。■

智人出现

著名的法国西南部拉斯科洞窟壁画（局部），描绘了史前的马和其他一些符号，有考古学家认为这些符号可能是夜空中的星星和星座。

农业的出现（约公元前1万年），末次冰期的结束（约公元前1万年），工业革命（约1830年），控制尼罗河（1902年），不断增多的二氧化碳（2013年）

智人是地球上比较新的物种。根据在非洲出土的全球最古老的考古发现，最早的化石记录可追溯到大约20万年前。化石证据表明，智人曾与人类的近亲——尼安德特人共存过一段时间，而尼安德特人存在的证据在大约3万年前就从记录中消失了。

智人是一群执着的人，他们擅长凭借工具、语言、长时间的记忆和来之不易的经验生存。我们的历史和进化反映了一种求知欲和对更多无形的灵魂滋养的渴望，这也可以解释为什么音乐、舞蹈和艺术从一开始就显而易见地成为人类经验中如此重要的一部分。的确，参观法国多尔多涅地区旧石器时代的岩画会让人感到惊讶，我们的祖先竟然能在为生存而不断奋斗的过程中抽出时间进行艺术创作。而且，他们不只是画动物、植物和其他世俗的东西。许多考古学家现在认为，这些点、线、甚至动物的形象是代表星座或夜空的其他特征。如果是这样，那么这些不仅是地球上最古老的绘画，而且是世界上最早的天文学家绘制的古老天象图。

现代人类的诞生与各种科学的发明一道，对地球的历史产生了深远的影响。末次冰期结束后，农业的发展以及随之而来的城市的形成和发展，又导致了植物的大规模重新分布或迁移，甚至在一些地方，地表的地质和地形也发生了重大变化。近代工业革命，特别是内燃机的发展，造成了人类引起的大气成分的变化（特别是二氧化碳大量增加），以及地球表面平均温度的迅速升高。一个地区接着一个地区的气候条件的变化，以及由于陆地上冰川消融而导致的海平面缓慢上升，将对未来许多代的智人产生影响。■

约20万年前

桑人（布须曼人）在南非北开普地区穿越沙丘。

最早的人科动物（约 1000 万年前），石器时代（约 340 万—公元前 3300 年），智人出现（约 20 万年前）

约7万年前

人类学家并不清楚智人和我们的祖先部落或文明开始采用游牧、狩猎和采集生活方式的时间，但有各种各样的假设表明，这种转变与石器时代的气候变化有关。气候变化使东非等地区的草原比热带环境更适宜人类生存。在那里，人们发现了许多早期人类的化石。因此，研究人类历史的一种方法就是研究任何现存的氏族或文明，他们可能仍然保留着我们遥远祖先的一些传统和生活方式。

其中一个群体被称为桑人，他们以前被称为"卡拉哈里布希曼人"，尽管他们中只有一小部分生活在卡拉哈里沙漠。这个松散的文明由大约 10 万原住民组成，分布在占非洲大陆南部三分之一的五个国家。考古学家对已发现的 7 万多年来的石器和岩画等桑人手工艺品进行研究，发现非洲南部的桑人一直以游牧、狩猎和采集为生。近年来，各种各样的政府现代化项目迫使桑人开启了一种定居的农业生活方式。尽管如此，桑人悠久的文化和传统受到了认真对待，他们以及他们的基因为人类学家提供了关于人类社会早期进化的宝贵信息。

尽管该地区不同的桑人社会和文化之间存在差异，但总的来说，桑人比大多数工业时代的人类更能适应植物、动物和天气的季节循环，这也许并不令人惊讶。男性桑人主要从事狩猎活动，女性主要从事食物采集，但分工仍有交叉的现象。的确，妇女在桑人社会中的地位似乎比"现代"社会中女性的地位更高，体现在决策和所有权问题等方面。协商达成一致意见似乎是他们社会的一个关键组成部分，在其传统中存在着明显的平等和平均主义精神。他们在音乐、舞蹈、艺术和游戏方面也有着丰富而深厚的历史积淀。■

亚利桑那撞击

从环形山的斜上方俯瞰，美国亚利桑那州沙漠中宽约 1.2 千米的天坑，大约形成于 5 万年前，由每秒移动速度超过 10 千米的富含铁的小行星撞击造成的。

晚期大撞击（约 41 亿年前），恐龙灭绝撞击（约 6500 万年前），美国地质调查局（1879 年），寻找陨石（1906 年），通古斯爆炸（1908 年），了解陨石坑（1960 年），都灵危险指数（1999 年）

我们只需要看看地球的邻居——月球那布满陨石坑的古老表面，就能知道地球在其历史上也一直受到小行星和彗星的撞击。在太阳系历史的早期，所有的行星和它们的卫星都经历了比现在更剧烈的撞击。随着时间的推移，这些早期形成的小行星、彗星和星子通过碰撞相互毁灭，使得灾难性撞击事件的数量急剧减少。

尽管如此，太阳系中仍有许多早期行星形成时遗留下来的碎片，从数量相对较少的大型小行星到数不清的尘埃颗粒，每天有几十吨这样的碎片和尘埃撞击地球。我们称那些稍大一点的碎片为"流星"，因为它们在我们的大气中因摩擦而燃烧发亮。较为罕见的是，稍大一些但仍然相对较小、直径通常在几米到几十米之间的物体，它们在撞击地球后，在大气中产生了壮观的火球和冲击波爆炸。更为罕见的是，更大的物体以极快的速度撞击地球，并且直到抵达地面也没有燃烧殆尽，形成了一个巨大的撞击坑，甚至会扰乱地球的气候和生态。

最近一次大到足以在地球上形成一个相当大的陨石坑的撞击事件发生在大约 5 万年前，位于美国亚利桑那州的弗拉格斯塔夫以东。一颗直径约 50 米由铁和镍组成的小行星以 16 km/s 的速度撞向科罗拉多高原，由此产生的爆炸当量相当于 1000 万吨 TNT 炸药，相当于第二次世界大战中使用的原子弹当量的 500 倍，并在地面上形成了一个直径约为 1200 米、深度约为 170 米的大洞。这个陨石坑被称为巴林杰陨石坑或迪亚波罗峡谷陨石坑，一直在被慢慢地侵蚀，但由于当地气候在此后的大部分时间里长期保持干旱，使它成为地球上保存最完好、研究最充分的撞击结构之一。■

约5万年前

在斯威士兰王国，一个小池塘和阶梯式悬崖标注着恩圭尼亚矿（俗称狮穴）的位置，这里是已知最早的铁矿之一，可追溯到4万多年前。

桑人（约7万年前），青铜时代（约公元前3300—公元前1200年），磁铁矿（约公元前2000年），铁器时代（约公元前1200—公元前500年）

约
4
万
年
前

经济地质学是为了经济或工业目的而对地球表面和地下物质进行勘探、开采和利用的学科。经济地质学始于已知最古老的采矿活动，可以追溯到4万多年前，而最古老的证据是在非洲东南部斯威士兰的红色山丘上发现的。20世纪60年代，考古学家在那里发现了史前人类使用石器工具挖掘出的小洞穴。矿井里出土的一些工具证明了人们曾经采用石头在山坡上挖、砸、掘、锤等方式挖到13米深的地方来获取物质。

那么，他们在开采什么呢？这些小山是红色的，因为储藏有丰富的氧化铁矿物，特别是被称为赤铁矿的细粒、明亮的红色矿物（有时也称作红色赭石）。这些矿物在潮湿的热带环境中，由深色含铁火山岩经氧化和风化作用形成。但在一开始考古学家和人类学家感到困惑，这些山的表面就富含赤铁矿，为什么还要挖到这么深的地下来获取在地表更容易挖掘到的东西呢？他们最终发现了原因：在洞穴深处，矿工们发现并获取到一小袋特殊的粗粒赤铁矿，这种赤铁矿被称为镜状赤铁矿，有时也称为镜铁矿。黑色、有光泽、像镜子一样的镜铁矿显然受到了早期氏族首领和萨满的珍视，因为它可以被磨成小片，贴在他们的身上，使他们在典礼和宗教仪式上像金子一样闪闪发光。那些能发现并获取闪光物质的人由此成为社会的重要成员。

发现这些洞穴的地区现在被称为恩圭尼亚矿，至今仍然是世界上最古老的矿山。后来，红色赭石是这里主要的采掘矿石，不仅被该地区的桑人用作岩石绘画和其他艺术用的颜料，而且被广泛交易和出口到非洲各地，作为铁矿石进行冶炼。■

拉布雷亚沥青坑

在这幅 1913 年的教科书插图中，一只剑齿虎和两只可怕的狼在拉布雷亚沥青坑里争夺一具哥伦比亚猛犸象尸体。

 板块构造（约 40 亿—30 亿年前?），
旧金山地震（1906 年）

约 3.8 万年前

石油和天然气是有机物在地下高温高压环境下，经过数百万年的时间形成的。大多数石油和天然气矿床形成于地下深处，通过人工钻探或者在板块构造作用下被抬升到接近地表的位置，经济地质学家和油气公司已经能够将这些物质提炼为化石燃料。然而，有时由于某些特定地区的地质历史中的各种作用，这些深埋的石油沉积物会被带到地球表面，石油逐渐渗出并开始流动。

美国洛杉矶市区的拉布雷亚沥青坑（拉布雷亚的西班牙语含义为"沥青"）是世界上最著名和研究最充分的石油渗漏点之一。地下黏稠的黑色沥青已经从那里渗出好几万年了。印第安人用沥青作为独木舟的防水胶；在 19 世纪，加利福尼亚的定居者用沥青作为他们家的屋顶密封胶。但在拉布雷亚，沥青最主要的"用途"是作为动物骨骼的防腐剂。这些动物不小心被困在硬化的沥青里，并在死亡后变成化石。事实上，拉布雷亚的大多数沥青坑是人类在 20 世纪早期挖掘出来的，目的是获取成千上万保存完好的古代猛犸象、野牛、马、树懒、狼、狮子、剑齿虎、鸟类和许多较小动物的标本。

从拉布雷亚沥青坑提取的最古老的标本大约有 4 万年的历史，而沥青本身可能有 1000 万年或更久的历史。当时，拉布雷亚地区是深海海底的一部分。大陆上的河流和小溪将大量的有机碎屑带进海洋，作为沉积物沉积下来。经过数百万年，在一些地方堆积了超过 1000 米厚的沉积物，它们压实了沙子，把有机物变成了石油。随后，太平洋、法拉伦和北美构造板块之间的复杂相互作用将一些沥青砂抬升到地表，在那里，一些石油以液体的形式渗出。■

一幅埃及壁画（局部），描绘了人们与驯化动物的互动。

农业的出现（约公元前 1 万年），末次冰期的结束（约公元前 1 万年），农作物基因工程（1982 年）

约 3 万年前

我们中的大多数人认为许多驯化的动物物种与我们生活在一起，为我们工作，或提供食物资源是自然而然的。但是，曾经有一段时间，驯化的物种或者至少是它们的非驯化祖先物种都生活在野外，与人类并没有如此密切的关系。美国国家科学院将动物驯化定义为"动物与人类之间建立一种相互关系，这种关系对动物的照料和繁殖产生影响"。重要的是，驯化不同于驯养：驯化是通过选择性育种对一个物种成员进行基因改造，而驯养是对一个野生物种的一个或多个个体进行行为改变。

化石、古 DNA 和其他考古证据表明，狗是最早的驯化动物。它们大约在 3 万多年前，也就是在末次冰期的冰室期被驯化。狼本质上是野生的狗，关于史前人类驯化狼的原因和方式有很多假说。也许它们帮助猎人捕获猎物，也许它们帮助人们抵御其他捕食者，也许我们的祖先就像我们今天一样，对毛茸茸的皮毛和耷拉的耳朵天生好感。生态学家将这种互惠互利的模式称为驯化共生。

大约 1 万年前，随着农业的出现，人类对耕作土壤、运输产品的需要，以及对日益增长的定居人群的支持，大多数现代牲畜开始被驯化。这些牲畜包括山羊、绵羊、猪、牛、家禽和许多其他为获取食物资源而饲养的物种，生态学家称之为猎物驯化。最后一种方式，即定向驯化，是在动物不一定是共生动物或猎物的情况下进行的，但它们仍可用于人类社会的工作、运输或其他目的，例如马、驴和骆驼。

有些动物根本无法驯化，至少在数量上还不足以对人类社会产生普遍的作用。例如，非洲没有一种大型动物可以被驯化，比如斑马和瞪羚。这限制了非洲社会在历史上发展出以农业和畜牧业为基础生活方式的能力。■

农业的出现

 伊朗德纳附近扎格罗斯山脉"新月沃土"内的一个郁郁葱葱的山谷。

动物驯化（约 3 万年前），末次冰期的结束（约公元前 1 万年），人口增长（1798 年），工业革命（约 1830 年），控制尼罗河（1902 年），动物大迁徙（1979 年），农作物基因工程（1982 年）

大约在 12 000 年前，末次冰期结束后，随着气候变暖，大部分的冰雪消退，人类文明也开始发生巨大的变化。也许最重要的是，一些部落的人发现游牧的生活方式无法继续维持他们群体的食物需求，特别是在某些特殊的地理区域。例如，在地中海以东的大部分地区，尼罗河、底格里斯河和幼发拉底河等主要河流的洪水开始以规则的、可预测的方式为周围的洪泛区带来新的水源和沉积物。可食用的野生谷物蓬勃生长，动物开始遵循可预见的迁徙路线。无怪乎这个地区被称为"新月沃土"。

之前的游牧民族在这些郁郁葱葱的河谷里定居下来，依靠稳定的降雨、洪水以及迁徙来满足他们的食物需求。不难想象，在这样的环境中，一些开拓者们决定播下种子，从而能够更方便更集中地收获谷物、水果和蔬菜，这就是最早的农场。可靠且常年充足的食物来源支撑着这些地区不断增长的人口，为照料更大的农场提供了劳动力，促进了种植不同作物或养殖不同牲畜的群体之间的贸易，并最终促成了最早的永久性集中式建筑和政治结构用于组织与管理大型群体，这就是最早的城市。新月沃土常被称为"文明的摇篮"。的确，苏美尔人在公元前 4500—公元前 1900 年在新月沃土定居，塑造出了地球上最早的文明。

在接下来的几个世纪里，类似的场景在世界各地上演，中国、印度尼西亚、撒哈拉以南非洲和美洲都出现了农业生活方式和农业社会。这些向农业社会的转变可能不像早期新月沃土社会那样明显地受到气候变化的推动。所以人类学家们还在继续讨论气候之外的其他因素在农业生活方式和农作物种植中的重要性，比如人口压力、动植物驯化甚至社会压力。■

约公元前 1 万年

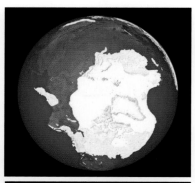

大约 2 万年前的末次冰室期北半球冰层覆盖模型（上）与现代北半球冰层覆盖模型（下）的对比。

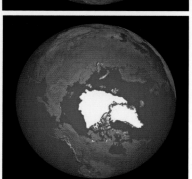

雪球地球（约 7.2 亿—6.35 亿年前），动物驯化（约 3 万年前），农业的出现（约公元前 1 万年），工业革命（约 1830 年），发现冰期（1837 年），不断增多的二氧化碳（2013 年）

　　根据定义，冰室期是地球表面和大气的平均温度长达数百万年或更长的下降期，这导致了大陆冰川和极地冰盖的增长。然而，地质、化石、冰芯和海洋沉积物记录显示，在一个单独的冰室期内有许多独立的，持续时间从数万年到数十万年的全球平均温度变冷和变暖的时期，被称为"冰期"和"间冰期"。地球历史上的冰室期由几十个甚至几百个较短的冰期和间冰期循环组成。在 20 世纪 40 年代早期，天文学和气候学家米卢廷·米兰科维奇发现，驱动这些较短周期气候变化的因素包括地球倾斜角度的缓慢变化（黄赤交角）和绕太阳旋转的地球轨道形状（偏心率），它们都会影响抵达地球表面的太阳热量。为了纪念他在这一领域的开拓性研究，这些天文变化被称为米兰科维奇循环。

　　我们都生活在第四纪冰室期中最近的间冰期。这一地球最近的一次冰室期似乎开始于大约 260 万年前，而我们现在的间冰期，地质学家称之为全新世，开始于大约 1.2 万年前，与现代文明的黎明相吻合。第四纪冰室期已经历了 60 多个冰期和间冰期循环，这些循环不仅是由天文力量所致，还受到二氧化碳等温室气体的长期变化、洋流以及板块构造运动等因素的影响。这也许并不明显，但是严格来说，我们仍然生活在冰室期，因为在过去几百万年里，南极和格陵兰的冰川和冰盖的持续存在证明了这一点。然而，随着气候以前所未有的速度持续变暖，我们可能正在接近第四纪冰室期的终结。■

白令陆桥

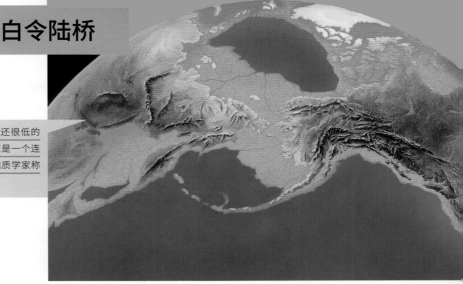

大约在 1.1 万年前，海平面还很低的时候，阿拉斯加和西伯利亚是一个连续的狭长地带的一部分，地质学家称为"白令陆桥"。

 智人出现（约 20 万年前），农业的出现（约公元前 1 万年），末次冰期的结束（约公元前 1 万年）

虽然地球上大多数大陆块都在海平面以上，但许多大陆的很大一部分也延伸到海平面以下，例如从北美东海岸延伸到水下的大陆架。大陆架的平均宽度约为 80 千米，平均低于海平面约 152 米，但并不是所有的大陆边缘都有大陆架。

从历史上看，非常浅的大陆架意味着，当海平面显著下降时，之前位于水下的大陆架可以变成海平面以上的陆地。这正是在 2.5 万—1.5 万年前的末次冰期时，地球上其中一个最大的大陆架地区所发生的情况。位于北冰洋的西伯利亚大陆架，沿着欧亚大陆的北缘延伸 1450 千米，最终在堪察加半岛和阿拉斯加以北的欧亚-北美边界，与东部的楚科奇和白令海峡的大陆架合并。在末次冰期，由于大陆冰川的积存，海平面下降超过 50 米，楚科奇和白令海峡的大陆架暴露出来，在欧亚大陆和北美之间形成了一座"大陆桥"。地质学家称这座曾经的大陆桥为"白令陆桥"，因为它现在正位于白令海峡的下方。

考古学家普遍认为，现代人类起源于非洲和中东，并从那里向外辐射到欧洲和亚洲。然而，在末次冰期之前，由于西面是大西洋，东面是太平洋和白令海，人类没有简单的方法到达南北美洲。而一旦白令海峡水位下降，从欧亚大陆走到北美就成为可能，人类迁徙的新时代就此开始。

当大陆冰川在全新世开始融化时，海平面上升淹没了白令陆桥。虽然仍有可能在结冰期间通过，但其关闭最终导致了欧亚大陆和美洲土著人口的隔离和遗传分化。■

约公元前 9000 年

美国国家海洋和大气管理局气象卫星拍摄的东北部影像拼接图，展示了五大湖（从左至右）：苏必利尔湖、密歇根湖、休伦湖、伊利湖和安大略湖。

里海和黑海（约 550 万年前），死海（约 300 万年前），维多利亚湖（约 40 万年前），末次冰期的结束（约公元前 1 万年），白令陆桥（约公元前 9000 年）

　　湖泊是世界上大部分淡水的重要储库。世界上最大的淡水湖是西伯利亚的贝加尔湖，面积与美国面积相对较小的马里兰州差不多，其淡水储量占世界总量的 20%。还有相当多的淡水储存在北美的五个相互连接的大型淡水湖中，这些湖统称为"五大湖"。休伦湖、安大略湖、密歇根湖、伊利湖和苏必利尔湖是世界面积最大的淡水湖群，面积相当于美国宾夕法尼亚州和俄亥俄州面积的总和，蓄水量居世界第二。

　　许多地质学家认为，五大湖是沿着北美板块的两个古断裂相关的大陆薄弱带形成的。第一个是大约 10 亿年前形成的陆内断裂，第二个是大约 5.7 亿年前形成的圣劳伦斯断裂。这两段裂谷都没有大到足以把北美大陆分裂成不同的大陆，但它们确实造成了断层和深谷，使这里更容易受到侵蚀。事实上，由于反复的冰川作用，许多山谷都被拓宽和加深了。随着大陆冰川在 1.2 万年前开始消退，它们的融水开始填满这些盆地。大约 1 万年前，北美最后一次大规模冰川作用的遗迹形成了我们今天看到的五大湖。

　　五大湖本质上是内陆海，这里有翻滚的波浪、强劲的水流和湖风。它们覆盖了足够大的区域，对周围的天气和气候有明显影响，尤其是下风向地区。其中最著名的是冬季"湖泊效应"暴风雪。寒冷的盛行西风经过湖泊，吸收了较热的湖泊蒸发出来的水蒸气。而当水蒸气越过东部较冷的土地时，就会凝结成雪，然后在集中的地带落下大量的雪，每天降雪量可达 1～2 米。■

酿制啤酒和葡萄酒

路易斯·巴斯德（Louis Pasteur，1822—1895）

中国东汉时期（大约 25—220 年）的一块描绘酿酒的汉画像石。

地球上的生命（约 38 亿年前?），光合作用（约 34 亿年前），大氧化（约 25 亿年前），真核生物（约 20 亿年前），农业的出现（约公元前 1 万年），末次冰期的结束（约公元前 1 万年），金字塔（约公元前 2500 年）

约公元前 7000 年

发酵是微生物将葡萄糖等糖类转化为酒精等有机分子和气体的自然代谢过程。细胞内的发酵不仅可以追溯到 30 多亿年前的厌氧或无氧呼吸时代，它也发生在单细胞真核生物和更复杂的多细胞生物中，它们在地球上后来的富氧环境中不断进化和繁荣。

不难想象，新石器时代晚期的一些农民等，在观察到腐烂的水果或储藏的谷物发出嘶嘶声时，可能想知道发生了什么，并进行了进一步的调查。许多文化中都流传着这样的传说：最早发现的酒精由发酵产生，一般来说，少量饮用酒精是安全的，也可能是一种享受。撇开传说不谈，大约 10000—9000 年前，人们开始手动控制发酵过程，有意地生产酒精。

例如，啤酒是人类历史上最古老的饮料之一。人类发酵大麦等谷物的证据可以追溯到最早的农业社会时期。很显然，美索不达米亚和埃及十分珍视啤酒，将啤酒用作工人的部分报酬，包括那些参与建造吉萨大金字塔的工人。酿葡萄酒似乎也在同一时期发展起来，从地中海到中国，新石器时代的大片地区都在开展有组织地种植葡萄酿酒。与此同时，陶器等储存液体技术的发展进步在啤酒和葡萄酒的生产过程中起到了关键作用。

然而，直到近代人们才搞清楚酒精生产中的发酵过程。路易斯·巴斯德等先驱化学家发现发酵是由活跃的微生物引起的。通过对 19 世纪 60 年代法国酿酒厂发酵过程的详细研究，他发现了牛奶、葡萄酒等食品和饮料的发酵过程，最终发明了巴氏灭菌法，极大地延长了食物保质期。在这个过程中，巴斯德和其他 19 世纪后期的科学家一道从根本上开创了现代生物化学领域。■

肥料

美国加利福尼亚州布莱斯附近正在施肥的田地。

石器时代（约 340 万—公元前 3300 年），动物驯化（约 3 万年前），末次冰期的结束（约公元前 1 万年），农业的出现（约公元前 1 万年），人口增长（1798 年）

约公元前 6000 年

在末次冰期结束后，随着气候变暖，定居地、乡镇和城市开始出现，人们着手构建更多以农业为基础的定居生活方式。不断增长的人口需要更多的粮食供应，这意味着早期农民也必须尽快掌握如何最大限度地提高他们的农作物产量和土地利用的效率。在追求农业效率的过程中，肥料的使用是一个重要的手段，这些肥料包括任何能促进植物生长的物质，特别有助于为植物提供稳定的氮、磷和钾的元素。

虽然许多石器时代晚期的农民偶尔也会迁徙，例如，通过砍伐和焚烧森林暂时在一个地区种植，然后再换个地方种植，但有农民似乎已经意识到在固定土地稳定和长期耕作的价值，因此需要随着时间的推移为土地补充营养。根据对保存的新石器时代农场遗址进行的化学和同位素分析，使用牛粪作为肥料的证据可追溯到 8000 多年前。人们已经发现了大量的考古证据，展示出从古至今古埃及、古巴比伦、古罗马等社会如何对使用粪肥或矿物质提高土壤肥力开展管理和改善的过程。

然而，对化肥的科学研究直到 19 世纪才真正开始，当时人们发明了化学固氮法来制作合成肥料，把氮从大气中提取出来，使其以氨或硝酸盐的形式被植物利用。今天，化肥的开发和使用是一个价值数百亿美元的全球产业，每年使用的氮肥超过 1 亿吨。据估计，目前 30% ～ 50% 的农作物产量只能靠使用合成肥料来实现。当然，我们面临的挑战是，一方面为维持世界人口的不断增长需要继续使用肥料，另一方面，许多合成肥料对环境有潜在的破坏性影响，其中包括水污染和土壤酸化。加大减量增效的施肥宣传和采用可持续的耕作方法无疑是其中关键。■

青铜时代

一组发现于英格兰青铜时代中期的工具（斧子、凿子）和首饰品（戒指、项链和吊坠），可追溯到公元前1300—公元前1150年。

石器时代（约340万—公元前3300年），铁器时代（约公元前1200—公元前500年）

人类学家将史前人类历史分为三个技术社会时期，青铜时代位于中间。冶炼技术的发展通常被看作青铜时代的开始，人类通过高温加热矿石来提取金属，就像青铜的冶炼。青铜是一种坚硬的金属合金，主要由含量85%以上的铜制成，也含有少量的砷、锡、铝等其他金属。还有一种主要用铜和锌制成的质地较软的青铜合金叫作黄铜。用铜锡青铜制成的物品比用石头、铜或黄铜制成的物品更坚硬、更耐用，因此，能锻造青铜的文明在工具和武器方面与它们的竞争对手相比，有明显的技术优势。

事实上，世界上已知最早的一些王朝的兴起至少最初是基于这种技术优势。例如，埃及的第一和第二王朝，包括上埃及和下埃及的统一，大致与该地区最早使用青铜时代的工具和武器相一致。同时期出现的例子还有南欧、美索不达米亚和中国的青铜生产帝国。这些地区之间的贸易有助于加强和巩固这些帝国。一些人类学家甚至认为，青铜时代的文字发明之所以出现在这些帝国，是由于青铜武器给这些文明的学者和领袖带来了安全感，从而使文字的发明成为可能。

生产高质量的、坚硬的青铜盔甲、头盔、武器和其他工具，不仅需要获得大量的含铜矿石，而且需要额外发掘和冶炼锡矿石。但含铜和含锡的岩石通常不会在同一地点被发现，因此，扩大金属矿石的全球贸易网络就显得更加重要了。

如今，全球每年有大量铜和锡从矿山中被提炼出来，用于制造青铜。由于它表现出的硬度和耐久性（俗语为防锈），青铜仍然被广泛地应用于各种工业和艺术领域，包括制造电路、滚珠轴承、船舶螺旋桨、乐器、镜子、雕塑和硬币等。■

约公元前3300—公元前1200年

主图：合成颜料在皇室陶器或艺术品中被高度珍视，就像这幅在丹德拉古埃及神庙的内墙上的象形文字的画。

图中小图：埃及蓝的样品是已知最早的人造合成颜料之一。

智人出现（约 20 万年前），最早的矿山（约 4 万年前），农业的出现（约公元前 1 万年），青铜时代（约公元前 3300—公元前 1200 年），磁铁矿（约公元前 2000 年）

约公元前 3200 年

颜料是一种只需少量就能使其他材料颜色发生明显变化的材料。从史前时代起，人们就把自然形成的颜料，如富含氧化铁的细粉状土壤（赭石）或磁性岩石磨成的黑色粉末（磁铁矿），广泛用于洞穴绘画、人体艺术、陶器着色和其他用途。人类从天然的混合物中开发出最早的合成颜料只是时间问题。

在最古老的合成颜料中，有一种叫作埃及蓝，它是由沙子（二氧化硅）、石灰石（碳酸钙）、铜和碳酸钾组成的混合物。这种材料在高温下加热会产生一种鲜艳的蓝色粉末，其颜色与许多稀有的蓝色宝石如绿松石和天青石类似。古埃及人应该在 5000 多年前就已经完善了这种合成蓝色颜料的配方。

因为需要基础设施和贸易来获取原料和燃料，埃及蓝在古埃及的精英阶层中受到追捧，被广泛用作法老及皇室成员的坟墓、棺材和艺术品的着色剂。埃及人还创造了其他的合成材料来着色或渲染他们的艺术和纪念碑，包括被称为费昂斯的蓝绿色玻璃材料，它被广泛用于护身符和其他形式的珠宝。从地中海到中国的其他文明似乎已经创造并使用了像埃及蓝这样的合成颜料，尽管考古学家们还在争论这些材料是在其他地方各自发明的还是仅仅从古埃及进口的。

合成颜料和其他材料的生产证明了青铜时代文明对化学和材料科学的深刻理解。制造埃及蓝和埃及红等材料的方法，以及同时期的青铜和黄铜制造工业，预示着大约 1700 年后常规制造合成玻璃所需技术的发展。当然，今天的合成材料和玻璃工业是上百亿美元的全球产业，助推了引人瞩目的技术创新和进步。■

现存最古老的树

图为生长在美国加利福尼亚州怀特山脉族长林里的狐尾松，该树种是地球上现存最古老的树之一。

 最早的陆生植物（约 4.7 亿年前），花（约 1.3 亿年前），森林砍伐（约 1855—1870 年），放射性（1896 年），热带雨林 / 云雾林（1973 年），温带雨林（1976 年），北方森林（1992年），温带落叶林（2011 年）

根据化石证据，地球上的树木最早出现在距今大约 4 亿—3.8 亿年前的泥盆纪中期。因为一些已知的最早的树种，如针叶树，是裸子植物产生种子的早期实例，需要与其他植物进行花粉的物理交换来授精。所以，树木是植物繁殖方式进化飞跃的一部分。这种繁殖方式不同于早期的陆地植物，如通过孢子繁殖的蕨类，种子植物需要活着的传粉者如昆虫以及自然界授粉过程如风和火的帮助。有花植物由产生种子的裸子植物的一个分支演化而来，被称为被子植物，它们的种子包裹在果实中。在大约 1 亿年前的白垩纪中期，开花结果植物的树木形态逐渐进化，最终，与针叶树一道将覆盖大陆上广阔的温带和热带森林。

在没有其他压力因素的情况下，一棵树的平均寿命是 100～200 年。而人们发现有些种类的树更顽强，它们可以存活数千年。这些物种包括坚韧的狐尾松（又名刺果松），其中已知最古老的单株树木（根据树木年轮和放射性碳年代测定），是位于美国加利福尼亚中部怀特山脉包括玛士撒拉在内的一些树木，它们已经存活了大约 5000 年了。其他现存的古树还有巨杉、红杉、杜松和柏树。

一些树木甚至整个森林都是树根系统相互连接的巨大群落的一部分，这些树根系统代表一个单一的生命体。虽然从这些群落的表面表现形式，也就是单独的树木来看，可能已存在几百年甚至少数有几千年，但人们发现一些无性的树木群落的地下根系非常古老。目前已知的最古老的树种包括温带和寒带的橡树、云杉和松树，据估计，其根系有大约 1 万年的树龄。还有一种分布在美国犹他州的杨树，在那里有一片著名的杨树群落，据估计，它们根系的年龄从 8 万年到令人难以置信的 100 万年不等。■

约公元前 3000 年

鸟瞰英国英格兰南部的史前巨石阵。

 石器时代（约 340 万—公元前 3300 年），青铜时代（约公元前 3300—公元前 1200 年），金字塔（约公元前 2500 年）

约公元前 3000 年

虽然古人已经对天空有了清楚的认识，但直到青铜时代（约公元前 3300—公元前 1200 年）才开始出现大规模的、以天文学为主题的纪念碑。其中最著名的是位于英格兰南部的史前巨石阵，但它只是世界上众多具有文化、宗教以及天文重要性的古代石圈、土冢和其他土方结构之一。

巨石阵的建造令人震撼，尤其难以猜想 25 吨重的楣石是如何放在 4 米高、50 吨重的立柱石上的。现代实验和模拟表明，使用新石器时代和青铜时代的工具和方法来建造这样的建筑是可能的，既不需要魔法，也不靠有建筑天赋的外星人。尽管如此，建造这种前所未有的结构一定已经接近当时技术的极限。

它也是一个引人瞩目的史前天文学壮举。通过对该遗址的各种石头、洞、坑、小路和山脊的某些方向进行详细考察，一些考古学家认为这些证据可以证明巨石阵是一个天文观测台。它在某种程度上被设计成一个巨大的日晷，用来指示季节的变换，并测算冬至和夏至的具体日期。尽管关于如何把这座纪念碑用作天文台的细节，一直是人们积极研究和争论的话题，但考古学家和天文学家一致认为，该结构的基本排列方式是根据太阳和月球的路径设计的。

其他类似的史前天文观测站还有很多，比如爱尔兰的纽格兰奇墓和苏格兰的梅斯豪坟冢，它们按照各自的方式排列，只有冬至当日的太阳才会使墓室充满阳光；再比如位于葡萄牙，与太阳对齐的三石牌坊和通道土丘以及西班牙米诺卡岛上堆叠的陶拉石。建造这些非凡的纪念碑的文明可以追溯到 5000 年前，但现在没有找到关于他们自己或他们传统和信仰的文字记录。只有这些石头留下的永久记录向后人展示着他们对天文知识的高度重视。■

香料贸易

印度喀拉拉邦市场上常见的异国香料。

↳ 农业的出现（约公元前 1 万年），肥料（约公元前 6000 年），青铜时代（约公元前 3300—公元前 1200 年）

在青铜时代，各个文明对产自世界各地的铜、锡、锌、铁等自然资源的需求发展起来，这促进了在欧洲、非洲和亚洲的不同文明之间建立起最早的真正的全球贸易体系。然而，商品贸易不仅局限于矿物和矿石，更加有利可图的是贸易网络的发展，因为这些贸易网络主要集中于令人垂涎的奢侈品，如皮草、乌木、珍珠和香料。

欧洲、非洲和亚洲之间的香料贸易，如肉桂、生姜、豆蔻、姜黄、肉豆蔻和胡椒等，沿着两条截然不同的路线进行，一条主要是陆路，即"丝绸之路"，另一条主要是海运。香料贸易将东西方不同的文明联系在一起，创造了持续性的正面和负面的政治、经济、宗教以及文化互动，并显示了沿途重要城市和港口的战略重要性，比如中国的西安、印度的喀拉拉邦和乌兹别克斯坦的撒马尔罕。这些城市和港口不仅成为商贾会聚的重要中心，而且成为学者、艺术家和宗教领袖的重要聚集地。争夺当时的这些现代文明中心的战争并不罕见。

香料贸易的海上管制，可以避免许多陆地香料贸易经常发生的地盘战争和沙漠、高山等恶劣环境的挑战，并且推动了船舶和航海技术的进步，显著增加了政府和私人捐助者在寻找新贸易路线方面的投资。例如，大约从 1600—1900 年，是欧洲所谓的"发现时代"，其主要动力就是寻找从西欧港口到印度尼西亚香料群岛和东南亚其他地区的更短、更安全的海上贸易路线。美洲阻碍了向西航行的那些人，但是促成了新的香料交易路线的建立。通过红海或者好望角附近向东航行，这有助于增加如英国、葡萄牙和荷兰等相对较小的国家的经济和政治影响力，导致了由这些国家和其他香料贸易国家主导的殖民主义时代饮鸩止渴式的扩张。■

约公元前 3000 年

埃及吉萨的大金字塔、法老的墓地和指向北天极的天文指针，被当时的人认为是指引通往天堂的入口。它们是此后4000年中世界上最大的人造建筑。

巨石阵（约公元前3000年），控制尼罗河（1902年）

约公元前2500年

吉萨的金字塔群是古埃及文明超凡技术力量的象征。它们也显示了设计师的非凡技术，这在4500年前的埃及社会和宗教中占有重要地位。

因为地球的自转轴像陀螺一样缓慢地进动，所以在公元前2500年，北极星并不在现今北天极的位置。事实上，就像今天我们南天极附近的天空一样，那时候北天极附近并没有明亮的星星。对于法老、占星家和平民来说，夜晚的天空似乎围绕着一个漩涡状的黑洞旋转，这个黑洞被认为是通向天堂的入口。在古埃及，这个入口位于北方地平线上大约30°，所以金字塔被小心地朝向北方，有一个小竖井从法老的主墓室通向外面，直接指向极地入口的中心。如果计划是在来世与众神会合，为什么不走正门呢？

古埃及的占星家在相当复杂的历法系统的发展中也扮演了重要的角色，这个系统在金字塔建造时就已确立。新年第一天从夏至开始，日出之前，人们第一次看到天空中最亮的星星是天狼星，埃及人称之为索普代特。人们将一年分为12个月，每个月30天，在最后加上5天的礼拜或聚会，共365天。他们还通过仔细观察和记录不同日期的星星位置知道了每四年需要增加一天，即闰日，以使他们的历法与天空的运动同步。为了确定主要宗教节日的时间，以及为每年尼罗河的洪水到来做好准备，他们还追踪了许多明亮的星星在黎明前升起的时间。

金字塔的形状本身甚至可能代表了古埃及宇宙观的一个方面，因为一些神话声称，创造之神阿托姆就生活在一个金字塔里，而这个金字塔和陆地一起从原始的海洋中浮现出来。■

磁铁矿

老普林尼（Pliny the Elder, 23—79）

一种含有磁性矿物的磁石手标本，小钉子被岩石的强磁性吸在表面。

板块构造（约 40 亿—30 亿年前?），条带状铁建造（约 30 亿—18 亿年前），亚利桑那撞击（约 5 万年前），最早的矿山（约 4 万年前），青铜时代（约公元前 3300—公元前 1200 年），铁器时代（约公元前 1200—公元前 500 年），磁极倒转（1963 年），磁导航（1975 年）

根据 1 世纪由罗马博物学家老普林尼编纂的百科全书，传说大约 4000 年前，一位来自希腊北部马格尼西亚州的牧羊人马格努斯注意到在某些地方放羊时，他鞋上的钉子和手杖上的铁会神秘地粘在地上。这个奇特的现象是一种叫磁石的岩石导致的。

磁铁矿是一种化学分子式为 Fe_3O_4 的含铁氧化物。它具有铁磁性，这意味着它会被其他磁性材料吸引，并且它本身可以被磁化成为永磁体。早期的水手和航海家使用针形的磁石来制作最早的指南针，因为他们意识到放在水面漂浮的稻草上的针会自动排成南北走向。许多铁陨石是有磁性的，它们不仅因含铁量高，而且因其能够吸引其他铁块的"神奇"能力而受人珍视。活的有机体也能产生磁铁矿，一些细菌和一些动物，比如鸟类，能通过感应地磁北极的方向来帮助导航。

磁铁矿是典型陆相玄武岩中常见的矿物，从大洋中脊和地幔热点喷发而出。当熔岩冷却时，玄武岩中的磁铁矿颗粒排列方向与地球磁场相一致，记录下磁场的方向和磁极。现代古地磁地质学家利用这一特征来了解地球磁场过去的历史，20 世纪 60 年代在海底沉积物中观察到的磁性模式是促成现代板块构造理论诞生的关键证据。

磁铁之所以具有磁性，是因为构成这种矿物的 Fe^{2+} 和 Fe^{3+} 原子中微小的正极和负极区域或磁矩并没有完全相互抵消，从而形成了净磁力。这种结构域的存在，以及通过施加适当的磁场可以将它们翻转 180° 的特点，被用来开发基于磁铁矿的磁带记录技术。时至今日，这种矿物仍被广泛应用于其他制造业、医疗、科学仪器和处理工艺中。■

约公元前 2000 年

铁器时代

大约公元前 550 年的四支
伊特鲁里亚铁矛。

 石器时代（约 340 万—公元前 3300 年），
青铜时代（约公元前 3300—公元前 1200
年），工业革命（约 1830 年）

约公元前 1200—公元前 500 年

人类学家将史前人类历史分为三个技术社会时期，距今最近的那个时期被称为铁器时代。从青铜时代到铁器时代的过渡通常以铁加工生产武器和工具为标志，特别是广泛地使用碳钢。冶炼矿石来提取铁比提取铜和锡要困难得多，需要专门的高温熔炉和各种合金的精密混合物，以获得高强度和防锈的性能。因此，钢制武器和工具与青铜相比，具有更高的硬度和耐用性，其发明和广泛使用给那些能够制造它们的人带来了巨大的技术优势。

最早的炼铁工艺是在熔炉中熔炼铁矿石和木炭的混合物，同时用风箱将空气吹入混合炉中。在足够高的温度下，木炭中的碳有助于将矿石中铁的氧化物转化为矿渣和金属铁的混合物，人们可以进一步手工刨去矿渣并留下熟铁。青铜器时代晚期的铁匠们发现，在木炭床上进一步加热熟铁，然后将熔体迅速冷却或淬火，就能生产出更坚硬、更耐用的合金钢。

考古证据证明了最早在公元前 1200 年左右，在古代近东的美索不达米亚、古埃及、伊朗、阿拉伯半岛和周边地区，就已经出现了大规模生产的钢铁工具和武器。钢铁冶炼技术可能已经从那里蔓延到地中海，并最终进入亚洲和欧洲。北欧的常规钢铁生产似乎开始于公元前 500 年左右，标志着被称为铁器时代的史前时期接近结束。并非巧合的是，与此同时，关于个人和全球文明的常规、可靠的历史记录开始出现。

与我们祖先生产的钢合金相比，技术上的重大进步使现代钢合金具有了更高的强度和耐久性。事实上，一些学者已经把自工业革命以来大量出现的摩天大楼、桥梁和其他钢铁结构作为新铁器时代的证据。■

渡槽

位于西班牙塞戈维亚的一条保存完好的古罗马渡槽，始建于 1 世纪末到 2 世纪初。

农业的出现（约公元前 1 万年），土木工程（约 1500 年），人口增长（1798 年）

农业和定居的农业社会的出现，不可避免地推动了城市的发展。人口众多的中心地区需要大量的食物和水来维持运营。然而，随着人口的持续增长，当地这些资源的供应可能无法满足，这意味着不得不依靠进口食物和水来维持城市的发展。

与进口食品相比，将水引入城市或农业社区会带来额外的特殊工程和对后勤的挑战。在许多沙漠或平原环境中，人们开凿运河将河水引到定居点，这类运河甚至在史前时代就有了。然而，在地形崎岖的地区，开凿运河可能不切实际或难于登天。因此，在地形需要的地方，人们可以通过引水渠即渡槽来连接运河和其他水道。根据一些考古证据，这个想法可能早在 4000 年前就出现了。历史学家所知道的早期最著名的渡槽可能是一条位于美索不达米亚的、80 千米长的灰岩渡槽，大约 2800 年前由亚述帝国所建造，其中包括一座高约 10 米、长约 300 米的跨越山谷的水桥。这一不朽工程成就的遗迹至今仍在伊拉克北部的杰尔万附近。

几个世纪后，罗马人改进了这些古老的设计，并部署了一个由数百条运河和沟渠组成的庞大系统，为帝国各地的农场、城镇和城市供水。到 3 世纪时，仅罗马就有 11 个渡槽，帮助维持了一百多万人口的生活。引进的水助长了奢侈的富水生活方式，如为富人和贵族提供喷泉和公共浴室；而同样重要的是，有些被用来驱动水磨，有些则被用来冲洗下水道和排水沟，从而维持了更高的公共卫生标准。

许多罗马渡槽的部分被保留至今，还有一些仍在使用。更普遍地说，渡槽的设计和建造方法在古罗马及其后的建筑中被广泛模仿，高架水桥的概念甚至在运河和水闸系统遇到地形障碍时仍然奏效。■

约公元前 800 年

上图：约 1730 年，荷兰版画家丹尼尔·斯托芬达尔绘制的现代世界地图。

下图：一块来自公元前 6 世纪的古巴伦泥板，上面是最早的世界地图之一。

农业的出现（约公元前 1 万年），末次冰期的结束（约公元前 1 万年），青铜时代（约公元前 3300—公元前 1200 年），香料贸易（约公元前 3000 年），铁器时代（约公元前 1200—公元前 500 年），地球是圆的（约公元前 500 年），地球的大小（约公元前 250 年），全球定位系统（1973 年）

约公元前 600 年

自从人们想知道"我们在哪里？"以来，地图就一直是人类历史的重要组成部分。随着最后一次冰河期结束，最早的移民点、城市和社会开始发展，这些不断增长的文明区域之间的贸易变得更加重要和广泛。尤为重要的是那些支持新的青铜时代和铁器时代技术所需材料的贸易，如冶炼青铜或钢铁。商人或水手自然想知道他们货物进出正确的市场的最佳路径。

用于城市规划或标记短途贸易路线的地方地图或区域地图至少可以追溯到 4500 多年前。然而，创建整个已知世界地图的概念要新得多。约公元前 600 年的古巴比伦人是最早尝试绘制全球地图的人之一。他们以圆形的形式描绘他们的世界，已知的土地被水环绕。他们的世界地图很重要，不仅因为古老，还因为它揭示了地图制图学可以包括特定制图者的故意或隐含的偏见。在这种情况下，古巴比伦人即使知道他们的邻居埃及和波斯，也选择在他们描述的世界地图中将其忽略。

更真实的世界球面地图将依赖于地球大小以及不同地方之间实际距离的知识。公元前 500 年左右，古希腊天文学家和数学家毕达哥拉斯最早做出令人信服的论证，认为地球是个球体。大约 250 年后，古埃及天文学家和数学家埃拉托色尼做出对地球大小的首次准确估计，从根本上发明了地理学。从那开始，一代又一代的探险家、商人和入侵者完成实际距离的测量，填补着海岸线、山脉、河流和发现的新大陆的细节。到 18 世纪后期，世界陆地和海洋的基本形状已经确定。今天，卫星技术能够在全球范围内精确绘制出我们这个动态星球上的任一范围自然或人为变化的局部地图。■

地球是圆的

毕达哥拉斯（Pythagoras，大约公元前 570—公元前 495 年）

左图："地球是球体"的一个证据是发生月食时地球投在月球上的弧形阴影，就像 2008 年在希腊观测到的这个一样。

右图：绘有古希腊哲学家和数学家毕达哥拉斯的版画。他是最早提出地球是一个球体的科学家之一。

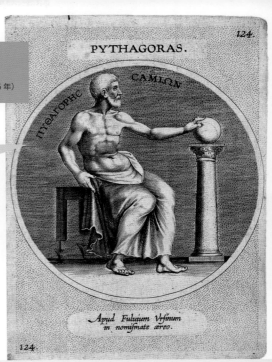

PYTHAGORAS.

124.

最早的世界地图（约公元前 600 年），地球的大小（约公元前 250 年），脱离地球引力（1968 年）

我们理所当然地认为：地球是一个美丽的、蓝色的球体，漂浮在黑暗的空间中。但是，如果没有现代能够进入太空回看地球的条件，那么就必须有人让全世界相信这个想法：虽然所有人看到的都是平的，但是地球实际上可能是圆的而不是平的，就像地球上的任何人所看到的那样。在很多人看来，曾经执着地做这件事的人就是毕达哥拉斯。作为一位公元前 6 世纪的古希腊哲学家、数学家和业余天文学家，他也因几何学中的毕达哥拉斯定理而闻名。

毕达哥拉斯和他的追随者提出的地球是球体的观点是通过间接的证据，基于各种各样的观测。例如，据从古希腊往南航行的水手报告说，他们越往南航行，天空中能看到的南方星座就越高。再比如，据从赤道以南的非洲海岸出发前往目的地的探险队报告说，太阳光是从北方照射过来的，而不是像在古希腊那样从南方照射过来。另一个重要的证据来自对月食的观察：相对于太阳来说，当满月直接从地球后面经过形成月食时，地球投在月球上的弧形阴影清晰可见。

关于毕达哥拉斯是否真的"发现"了地球是球形的，或者他是否只是早期希腊文明受过教育的人中最直言不讳、最著名的倡导者，仍存在争议。但不管怎样，再过 250 年左右，埃拉托色尼的实验将会证明这个命题；约 2500 年后，在阿波罗 8 号登月任务中，第一批离开地球轨道的宇航员，将与全世界分享我们美丽的、球状的蓝色弹珠飘浮在太空中的照片。■

约公元前 500 年

马达加斯加

马达加斯加莫伦达瓦附近，当地人走在所谓的"猴面包树大道"上。

 大西洋（约 1.4 亿年前），灵长类（约 6000 万年前），南极洲（约 3500 万年前），东非裂谷带（约 3000 万年前），智人出现（约 20 万年前），桑人（约 7 万年前），末次冰期的结束（约公元前 1 万年），香料贸易（约公元前 3000 年）

约公元前 500 年

虽然关于人类迁移确切日期和迁移模式的具体细节是目前考古学和人类学研究的主题，但学者们仍然很清楚，史前人类非常迅速地遍布世界各地，特别是在约 1.2 万年前末次冰期结束以来，几乎涉足他们所能找到的每一个宜居的环境。化石和工具证明，人类最后定居的大块陆地是非洲东海岸外的马达加斯加岛。

马达加斯加岛是世界第四大岛屿，面积略小于法国。考古证据表明，早在 4000 年前，人们就到达过这个岛屿，他们可能是早期的水手和商人。尽管这些细节仍需研究，但似乎直到大约 2500 年前，人们才在岛上定居。他们在那里发现了种类繁多的动植物，包括许多大型动物物种，如河马、巨型狐猴、像猫鼬一样的巨型马岛长尾狸猫，以及象鸟等这类不会飞的巨型鸟类。

马达加斯加与非洲大陆的隔离始于大约 2 亿—1.5 亿年前联合古陆的分裂，估计在大约 9000 万年前成为独立的大陆微板块从印度分离出来。从那时起，进化和长期的热带环境条件塑造了岛上特有的巨型动物种群。然而，人类的定居极大地改变了马达加斯加的生态。为了支持农业和不断增长、总量近 2500 万的人口，大量的原生森林被砍伐，动物的栖息地遭到破坏。人类的掠夺也是导致许多大型动物物种灭绝的一个主要因素，包括 100 多个已知的狐猴物种和亚种的灭绝，导致体型较小的物种大量繁殖进入这些生态位。

如今，保护马达加斯加一些独特的生物多样性是该国政府的首要任务，而生态旅游成为主要的经济驱动力。虽然已经灭绝的物种无法恢复，但保护岛上现存的独特动植物种群的努力得到了世界各地保护组织的广泛支持。∎

石英

泰奥弗拉斯托斯（Theophrastus，约公元前 371—公元前 287 年）

来自中国西藏的一簇漂亮的石英晶体标本。

 大陆地壳（约 40 亿年前），板块构造（约 40 亿—30 亿年前?），内华达山脉（约 1.55 亿年前），最早的矿山（约 4 万年前），磁铁矿（约公元前 2000 年），长石（1747 年），橄榄石（1789 年）

石英（SiO_2）是地球上最常见的矿物之一。它是地球大陆地壳中第二常见的矿物，仅次于长石，也是花岗岩、砂岩和页岩等沉积岩、变质岩中最常见的成分。地球上的海滩沙子几乎都是石英，这是因为富含石英的岩石可以被机械地分裂成越来越小的碎片，但石英本身能够经受住风化，很难被化学分解。

因为受到其他元素的轻微污染，石英有多种颜色，但纯净的石英是透明的。同时，石英还具备多种晶体形态或特征。对于纯石英晶体，最常见的形态是带有锥体尖端的六棱柱，它们和其他美丽的宝石状的形态经常出现在岩石中，比如晶洞，晶体可以在空无一物的空间中野蛮生长。根据历史学家的说法，古希腊博物学家和哲学家泰奥弗拉斯托斯等早期科学家们认为，石英是矿物版的超级寒冰，至少它们看起来相似。

大多数石英形成于地下岩浆房，是岩浆冷却时分步结晶的结果。随着岩浆温度下降，硅含量较低的矿物如橄榄石首先被析出，然后是硅含量较高的矿物。这一过程导致三种情形，第一类是富含石英的浓缩熔体最后结晶出来，形成岩浆房顶部富含石英的盖层，第二类是形成富含石英的矿脉，填满周围先前冷却的岩石的裂缝，第三类是前两类兼有。对石英的进一步压缩和加热会产生像石英岩和变质花岗岩这样的变质岩，这些岩石具有很强的抗侵蚀性，因此常常构成像美国加利福尼亚中部的内华达山脉这样的裸露的隆起山脉的主要部分。

石英有多种用途。一些宝石以及最古老的装饰玻璃状器皿主要是由各种石英制成的。在工业上，石英晶体在受到机械压力时，会以特定的频率振动，这一特征使得石英晶体对手表和其他电子产品至关重要，"硅谷"之名也由此而来，在这里，石英晶体基本上被用作微小的谐振器。今天，人工合成的石英晶体可以达到很高的纯度，只有珠宝商和收藏家才对天然晶体的纯度孜孜以求。■

约公元前 300 年

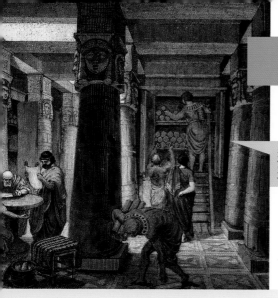

这幅 19 世纪的版画展示了一位艺术家
对古埃及亚历山大图书馆大厅的想象。

 金字塔（约公元前 2500 年），最早的世界地图（约公元前
600 年），地球的大小（约公元前 250 年）

约公元前 300 年

公元前 3000 年左右，在美索不达米亚地区出现了文字，世界其他文明也在不同时期出现了各自的文字，这意味着包括人物、地点和事件等历史记录可以最终被保存下来。事实上，"史前"和其后时代之间的界限通常是根据文字记录开始被保存的时间来界定的。当然，在文字记录得到保存之后，按照逻辑，下一步就是找出一个可以存储它们的地方供以后查阅。图书馆的概念就此诞生了。

考古学家在苏美尔发现了最早图书馆的证据——收藏有楔形文字的泥板，可以追溯到公元前 2600 年。黏土被证明是保存书面记录的极好材料，因为它很容易从俯拾即是的原材料如泥土和灰岩中获取，还可以通过在窑中烧制而变得坚硬和抗侵蚀。类似的记录保存在古埃及的纸莎草卷轴上，这是一种较难制作的材料，但也是一种更好的书写媒介。

古代世界最著名的图书馆是亚历山大图书馆，它建于公元前 300 年左右，是世界上所有科学、工程、文化和历史知识的宝库。来自世界各地的书籍、泥板和卷轴被购买、借来甚至偷盗来后，一小群抄写员把它们的内容抄写到纸莎草纸上，成为图书馆的永久收藏。这座图书馆有力地展示了古埃及在世界上的力量，接待了来自世界各地的政要和访问学者。尽管存在很多不确定性，但历史学家估计，在全盛时期，该图书馆可能存储了 4 万～ 40 万卷卷轴。

不幸的是，在公元前 1 世纪—公元 3 世纪，罗马帝国占领古埃及，并在多次围攻中洗劫和烧毁了图书馆，造成大部分卷轴丢失。这种无法挽回的古代知识损失是历史上最大的学术悲剧之一。虽然这座图书馆的一些内容在当时的其他主要图书馆里以副本的形式有所保留，但我们永远不会真正知道亚历山大图书馆被毁时丢失了哪些故事、诗歌、神话、科学和工程见解以及其他文化信息。■

以太阳为中心的宇宙

阿利斯塔克（Aristarchus，约公元前 310—公元前 230 年）

这是公元前 3 世纪阿利斯塔克关于太阳、地球和月球相对大小的原始计算的一部分，这些内容支持了他当时关于以太阳为中心的宇宙的激进观点。

 地球是圆的（约公元前 500 年），地球的大小（约公元前 250 年），行星运动定律（1619 年），万有引力（1687 年）

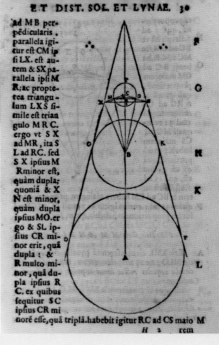

"地球是宇宙中心"的概念体现了柏拉图和亚里士多德等古希腊哲学家、数学家对宇宙的思考。每个人都能看到太阳、月亮和星星绕着地球转。学者们还补充了其他一些被认为是无可辩驳的证据：月球运行的阶段与其绕地球运行的阶段一致。如果地球绕地轴自转，为什么没有东西被抛离地面？没有一颗恒星显示出任何可观察到的视差，或相对于其他恒星的位置移动，这些视差可以判断出地球是否在自己的轨道上运行。

然而，也有怀疑和不相信的人。最早有记录的是来自古希腊萨摩斯岛的天文学家和数学家阿利斯塔克，他对太阳和月亮进行了仔细的肉眼观察，并尝试在以地球为中心的背景下解释它们。他的方法受到人类视力的限制，但他仍然能够从几何计算中推断出太阳距离地球的距离至少比月球远 20 倍（实际值是 400 倍）。然后他推断，由于太阳和月球在天空中有相同的视角直径，太阳的直径必须至少是月球直径的 20 倍，是地球直径的 7 倍。因此，根据他的推理，太阳的体积是地球体积的 300 多倍（实际值约为 100 万倍）。在他看来，这样一个巨大的太阳不会绕着地球这样一个相对较小的行星转。很自然地，他提出了地球和其他行星围绕太阳公转，而恒星离太阳太远，无法观测到视差的观点。阿利斯塔克认识到的宇宙比之前任何人描述的都要大得多。

像大多数革命性的想法一样，阿利斯塔克的宇宙以太阳为中心的观点遭到了大多数同行的嘲笑；250 年后，这个想法被罗马帝国时期古埃及天文学家托勒密的地心说和著作彻底粉碎。虽然阿利斯塔克播下了怀疑的关键种子，但直到 16 世纪哥白尼和开普勒才正式将地心说观点打败。■

约公元前 280 年

在画家贝尔纳多·斯特罗奇（Bernardo Strozzi）1635 年画的一幅画中，埃拉托色尼（左）在教一个学生如何从同时投射在不同地方的影子的长度来估算地球的大小。

最早的世界地图（约公元前 600 年），地球是圆的（约公元前 500 年），亚历山大图书馆（约公元前 300 年），以太阳为中心的宇宙（约公元前 280 年）

约公元前 250 年

早在公元前 6 世纪毕达哥拉斯的时代，希腊人就普遍接受了地球是圆的这一事实，但人们对地球实际大小的估计差异很大。柏拉图估计地球周长约 7 万千米，直径约为 2.2 万千米，而阿基米德估计地球周长约为 5.5 万千米，直径约为 1.75 万千米。为了做出更准确的判断，数学家、天文学家、亚历山大图书馆第三任馆长埃拉托色尼设计了一个简单的实验，类似于把地球当作一个巨大的日晷。

埃拉托色尼知道，在夏至的中午，在埃及南部城市塞尼，太阳几乎正好在头顶，所以地面上的柱子不会投下任何影子；在他所在的城市——埃及北部的亚历山大，地面上的柱子会投下最短的影子。他做了一些测量，确定太阳在亚历山大港的天顶以南 7° 多一点。这相当于一个圆周长的 1/50，所以他推测地球的周长是亚历山大港和赛伊尼之间距离的 50 倍。亚历山大和赛伊尼之间的距离约为 5000 斯特迪亚（古埃及和古希腊长度计量单位），他估计地球的周长约为 25 万斯特迪亚。假设 1 个斯特迪亚大约是 160 米，这就得到了地球周长约 4 万千米，考虑到测量中涉及的各种不确定性和假设，这基本上就是正确答案。

埃拉托色尼被公认为"地理学之父"。事实上，正是他创造了地理学这个词。因此，他能够成为第一个准确测定地球大小的人，这似乎也是合理的。他的方法也是一个绝佳的例子，展示了一个简单、适时的实验的力量。阿基米德曾打趣说："给我一个支点，我就能撬动地球。"对此，埃拉托色尼也可以轻松回应："给我几根棍子和一些影子，我就能测量地球。"■

庞贝城

俄罗斯艺术家卡尔·布里乌洛夫 (Karl Briullov) 于 1833 年创作的画作《庞贝城的最后一天》(*The Last Day of Pompeii*)，描绘了公元 79 年夏天火山喷发出大量火山灰的恐怖地质现象和人们的恐惧。

板块构造（约 40 亿—30 亿年前?），地中海（约 600 万—500 万年前），于埃纳普蒂纳火山喷发（1600 年），喀拉喀托火山喷发（1883 年），圣海伦斯火山喷发（1980 年），皮纳图博火山喷发（1991 年）

79年

火山排放热量、气体、熔岩以及火山灰，从根本上改变了一个地方的地质。在一些地方，比如地中海，文明和板块构造运动的聚合导致了数百万人生活在活火山喷发区。有时火山喷发相对温和或遥远，例如，历史上西西里岛的埃特纳火山或克里特岛北部的圣托里尼火山。然而，在历史上的其他案例中，火山活动发生在主要的人口中心。

一个著名的例子发生在意大利那不勒斯附近。在罗马帝国的鼎盛时期，成千上万的人居住在维苏威火山的山坡上，或者在火山附近。维苏威火山是欧洲最活跃的火山之一。但过去有记录的维苏威火山喷发很罕见，而且通常并不剧烈。然而，在公元 79 年的夏天，这一切都改变了。当维苏威火山猛烈喷发时，喷出的大量的气体和火山烟柱高达 30 千米，高温气体和火山灰像雨点一样落在周围的城市和村庄。庞贝和赫库兰尼姆的城市被云层中掉落的炙热的火山碎屑烧毁，并被几十米深的火山灰掩埋。据估计，在持续两天的火山喷发中，有 2 万多人死亡。

火山不断对世界各地的人们构成自然灾害。例如，现在有 400 多万人居住在维苏威火山附近，而它在 1944 年刚刚爆发过一次猛烈的火山喷发。为什么他们仍会选择住在活火山附近？其中一个原因是火山灰可以变成高度肥沃的土壤，从古至今一直被农民所利用。无论如何，全世界有数百万人处于潜在的危险之中，地质学家积极监测火山和前兆地震活动，比如熔岩或气体开始向地表移动，或者山脉在即将爆发的压力下开始隆起。在许多情况下，充分的预警可以帮助疏散人员和挽救生命，例如针对 1980 年美国西北部的圣海伦斯火山爆发前的预警。■

描绘英国探险家詹姆斯·库克（James Cook）船长在南太平洋航行见闻的画作，画于 1770 年左右。图中的波利尼西亚双独木舟，也被称作提帕鲁阿。

白令陆桥（约公元前 9000 年），香料贸易（约公元前 3000 年），马达加斯加（约公元前 500 年），金星凌日（1769 年）

约 700—1200 年

从史前时代起，人们就一直在往新的地方迁移，或追踪猎物，或寻找新的土地耕种，或躲避迫害，或探索。在整个人类历史上，不管是什么原因，人口从他们的本土家园迁出是稀松平常的。最具传奇色彩和最具戏剧性的迁徙之一，是人类从东南亚迁徙到南太平洋数百个岛屿和环礁上的过程。这是一场长达 5000 年的人类迁徙，通常称为"波利尼西亚移民"。

科学家采用考古学、遗传学、文化和语言学的线索复原了一系列的航行和环境。这些航行和环境导致了人类在南太平洋的定居。最初的移民似乎是从今天的中国台湾和印度尼西亚周围地区开始。经过几千年，首先进入紧靠澳大利亚北部和东北部的岛屿即美拉尼西亚，然后进入美拉尼西亚北部和菲律宾东部的岛屿即密克罗尼西亚。尽管在细节上有很多争论和未知，在接下来的几千年里，后续的航行最终到达了所谓的"波利尼西亚三角"，即新西兰、夏威夷、复活节岛三点连线，于 700—1200 年在最东边也建立了定居点。

南太平洋上星罗棋布的众多小岛有不间断的人类定居，证明了这些社会中拥有技术娴熟、经验丰富的造船者、航海家和水手。许多新聚居地可能一次就有数百人定居下来，远远不是几艘船就能办到的，这表明在规划和后勤方面的协调工作会非常复杂。通过地球化学方法对考古文物的来源进行追踪，发现岛屿社会之间的贸易似乎一直很活跃。往往是饥荒或干旱破坏了脆弱的岛屿生态系统，从而引发个别岛屿内部战斗和主要岛屿群之间的战争。

从 18 世纪开始，西方对南太平洋的开发和殖民扩张最终将极大地破坏或摧毁南太平洋岛屿上的传统王国和许多其他土著政治结构。今天，在不断全球化的世界中，波利尼西亚移民者的后代努力维持着文化和社会遗产以及他们的经济活力。■

玛雅天文学

《德累斯顿法典》是现存的三部玛雅人著作之一，其第49页的内容描述了维纳斯和月亮女神伊克斯切尔的出现和消失的部分循环。

 金字塔（约公元前2500年），
行星运动定律（1619年）

史前和中世纪（5—15世纪）的天文学被欧洲、阿拉伯、波斯和亚洲的学者深入研究和实践。此外，早在公元前2000年，玛雅文明、奥尔梅克文明、托尔特克文明、密西西比文明和其他相关文明就已经在中美洲形成了丰富的天文学传统。然而，这些早期文明留下的书面记录很少，部分归咎于在后来的被欧洲征服过程中，许多文明消失或被摧毁。

玛雅文明从公元前2000年开始到公元900年达到顶峰。对于玛雅文明来说，只有四本现存的书籍可以用来评估这个曾经占主导地位的中美洲文化的科学知识水平。其中有一本书，是在与欧洲人接触前不久的玛雅历史晚期写成的，名叫《德累斯顿法典》（Dresden Codex），书名源自它目前所存放的地方。书中提供了引人注目和发人深省的证据，表明玛雅天文学已经达到了与古希腊人、阿拉伯人和其他早期社会相当的进步和复杂程度。

《德累斯顿法典》部分是历史，部分是神话，但它主要是一系列详细的天文表，用于绘制和预测太阳、月球、金星以及其他已知行星的运动。在破译了象形文字和数字符号之后，考古天文学家确定了共有74页的图表记录着金星（每584天重复一次起降的模式）和月球（每25 377天重复857次满月）的周期。因为玛雅人认识到各种重复的月食周期比更早时期的巴比伦人和希腊人精确得多，所以这些图表也可以用来预测月食。很显然，他们还可以非常准确地预测月球和行星的排列或会合。要对天空中这些周期现象有如此精确的认识，必然需要经过几个世纪的认真细致的观察和复杂精密的裸眼仪器。一旦玛雅人发现了这些周期性的规律，这些表基本上就可以永远用来预测天空。

玛雅人用这些信息做什么？虽然许多事情仍然是一个谜，但是历史学家已经确定了许多潜在的宗教、农业、社会甚至军事事件和传统，而这些事件和传统都与他们的天文历法系统有关。■

约1000年

中国长城

位于北京东北部金山岭附近的一段中国长城。

巨石阵（约公元前 3000 年），香料贸易（约公元前 3000 年），金字塔（约公元前 2500 年），渡槽（约公元前 800 年），土木工程（约 1500 年），水能（1994 年）

约 1370—1640 年

　　自史前时代以来，人类一直在改变地球的表面。砍伐森林、耕作土地以及挖掘灌溉沟渠是几个实用的低技术含量的例子。其他可能不那么实用但仍然引人注目的古代高科技例子包括像巨石阵和吉萨大金字塔这样的泥土和石头纪念碑，以及美索不达米亚和罗马帝国复杂的渡槽。迄今为止，这种大型古代建筑和土木工程项目中最宏伟、最实用的例子是中国的长城，它从东往西沿着农耕文明和游牧文明的分界线绵延了 8850 千米。

　　考古学家将最早的长城段追溯到公元前 7 世纪。那道相对原始的城墙其中部分甚至只是用泥土和碎石筑成的防御工事，是在公元前 3 世纪由第一个统一中国的皇帝秦始皇修建的。从本质上说，从那以后整个城墙历经多次更新和重建。中国的现代长城大部分是明朝修建的，而明朝从 14 世纪末到 17 世纪中期统治着中国。一些长城段建在崎岖的山区地形上，典型的长城段有 8 米高，5 米宽。考虑到当时在这种规模的工程中可用的土木工程工具和技术有限，这确实是一项非凡的历史性工程成就。

　　长城的主要目的是防御，巨大的、装备精良的防御工事可以防止来自北方的游牧入侵者进入这个国家。然而，长城的几个主要分支也作为一系列的移民控制和海关贸易控制站，它们位于东欧与中国内陆和沿海市场之间的丝绸之路上。现在，长城不仅是游客们的主要旅游目的地，也通常被历史学家认为是世界古代史上最伟大的军事防御工程。■

美洲原住民的创世神话故事

易洛魁人创世神话故事认为，世界起源于一只大海龟背上。

↳ 金字塔（约公元前 2500 年），玛雅天文学（约 1000 年），许多地球（1600 年）

我们倾向于认为对宇宙起源和演化的科学研究（即宇宙学）是一门现代学科。但早在科学出现之前，人们就已经在思考宇宙学，试图回答存在的核心问题：我们从何而来？未来会怎样？我们是孤独的吗？

人类学家已经发现，许多早期人类社会通过歌曲、舞蹈、艺术以及口头创作的故事来表达和分享他们宇宙学的概念，试图理解他们所观察到的生命、地球、天空和其他一切事物的奥秘，并将自己置于宇宙更广阔的背景中。这些故事中最详细和最受人尊敬的是那些在各种美洲土著社会的部落中口头流传的故事。

例如，在纽约北部易洛魁人的一个神话故事中，地球一开始完全是海洋，而陆地是由青蛙和其他动物在一只大海龟背上堆积泥巴而形成的。于是天空世界的神灵创造了人类来这片土地生活和守护。植物、动物和全能的神灵渗透在许多其他美洲原住民的创世神话故事中，与这些社会对自然世界的普遍崇敬精神相一致。

从某种意义上说，现代的假设认为可观测的宇宙是在 138 亿年前的一次巨大的能量膨胀中产生的，我们称之为大爆炸，这也是一个创世故事。当我们使用现代技术和科学方法研究宇宙的起源和随后的演化时，大爆炸的故事在许多方面与先祖社会的创世神话故事相呼应。例如，许多现代科学认为发生在我们的宇宙创世期间甚至"之前"的事情，因为可能会被科学证明是不可测试的，至少对于我们目前所了解的任何一种物理学来说是如此，所以最终只会成为信仰和信念的问题。■

约 1400 年

西班牙艺术家弗朗西斯科·德·戈雅（Francisco de Goya）创作于 18 世纪 80 年代末的《暴风雪》（*The Snowstorm*）。当时持续几个世纪气温偏低，这段时间通常被非正式地称为"小冰期"

 雪球地球（约 7.2 亿—6.35 亿年前），末次冰期的结束（约公元前 1 万年），工业革命（约 1830 年），发现冰期（1837 年），不断增多的二氧化碳（2013 年）

约 1500 年

天气是指温度、湿度、风和其他环境参数的逐日和逐地变化。相比之下，气候是天气的长期平均值，通常以几十年到几百年的时间来衡量，并可能在全球范围内进行描述。冰期等气候变化的证据来源多样，包括化石记录、冰芯、树木年轮，或者在过去几个世纪直接测量温度的记录和其他气象数据。事实上，这种直接的测量加上一些零星的历史记载，显示出北半球的大部分地区，在 14—19 世纪的大部分时间与 20 世纪中叶的平均气温相比，年平均气温显著下降，冰川作用显著增强。尽管原因尚不确定，但这种气候变化可能与太阳能量输出的微小变化以及火山喷发产生并进入大气的火山灰和尘埃的冷却作用有关。

这段时间通常被非正式地称为"小冰期"。历史记载表明，与前几个世纪相比，在这一时期，欧洲和北美的冬天明显更冷，包括河流结冰、冰川运动对山村的破坏，以及由于大面积海冰而导致的港口和正常航线的大面积关闭。这段时间的气候数据显示，全球平均气温仅下降了 0.5 ～ 1.0℃。虽说这是一个很小的变化，但足以造成重大的气候、经济和人类影响。例如，更寒冷、更漫长的冬天导致了更短的生长季节和大范围的饥荒、干旱，以及整个欧洲的生命损失。欧洲探险家和早期移民者也记录了北美类似的极端条件和食物短缺。

也可能是巧合，气候数据中小冰期的结束大致相当于 19 世纪中期工业革命的开始。从那时起至今，全球平均气温上升了约 1℃，比 20 世纪中期的平均气温高约 0.5℃，山地冰川和极地冰盖急剧退缩。随着未来几十年甚至几百年气候持续变暖，我们应该准备好迎接一个与我们工业革命前的祖先所处的截然不同的环境。■

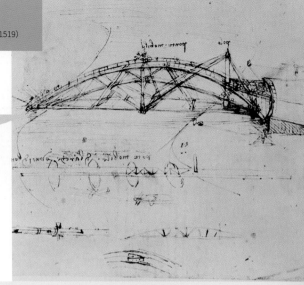

土木工程
列奥纳多·达·芬奇（Leonardo da Vinci，1452—1519）

达·芬奇在 1480 年左右绘制的一幅用于军事用途的轻型可移动抛物线式吊桥设计图。

巨石阵（约公元前 3000 年），金字塔（约公元前 2500 年），渡槽（约公元前 800 年），中国长城（约 1370—1640 年），水能（1994 年）

工程师是解决问题的能手，因此他们的专业技能在人类社会中一直备受推崇。想要解决社会亟待他们解决的问题，例如，农业灌溉系统、建筑物、道路、桥梁的建设，工程师们还必须博学多才，熟悉物理学、数学、材料科学、地球科学甚至项目管理的许多基本原理。在古代世界，拥有这类技能的人显然不少，巨石阵、埃及金字塔、帕特农神庙、罗马渡槽系统、玛雅帝国的城市、中国的长城以及其他许多工程成就都证明了这一点。

15—16 世纪意大利文艺复兴时期的博学家列奥纳多·达·芬奇是人类历史上最著名的工程师之一。众所周知，他不仅是工程师，还是发明家、艺术家、数学家、科学家、历史学家、建筑师和音乐家等。作为一名工程师，他的工作集中在军事和民用领域，解决比如保卫城市、设计新武器和建造桥梁等实际问题。他是一位多产的发明家，对各种机器充满了想象力，尤其是对飞行机器的迷恋，即使不切实际。也许令他沮丧的是，他想象中的许多机器比如直升机在他有生之年在技术上是不可行的。像许多最优秀的工程师一样，他独特的创造超越了他那个时代的技术。

为了发展一种技术先进、可持续的全球文明，土木工程已成为一个重要且受到高度尊重的专业领域。与达·芬奇一样，当今的工程师必须通晓各方面的知识，但也必须能够专注于解决日益专业化子领域中的问题。除了建筑和交通，现代工程师还专注并致力于材料科学、热控制、软件、电子、电力系统、环境问题、法医学、城市规划、水资源管理、安全、通信、机械和其他几十个专业领域。工程师在一个需要解决大量问题的社会里会继续受到高度重视。■

约 1500 年

绘于 1589 年的一幅太平洋地图，描绘了斐迪南德·麦哲伦的船维多利亚号于 1520 年进入南太平洋。

 香料贸易（约公元前 3000 年），波利尼西亚移民（约 700—1200 年）

1519 年

早期的水手和造船者在航海、贸易和战争方面显示出非凡的威力，这些都可以追溯到史前时代。在许多方面，地中海、西欧、斯堪的纳维亚和其他沿海地区之所以取得古代社会的成功和知识的进步，是基于他们可靠的运输货物和人员的能力。许多海员也是探险者，可以帮助绘制和整理新发现的陆地。

15 世纪末到 16 世纪中叶是欧洲人探索的所谓黄金时代，在很大程度上是由于他们渴望找到通往东南亚香料群岛更短、更安全的路线。1492 年，哥伦布的探险队从欧洲向西出发前往亚洲，但却遇到了一个叫作北美洲的障碍。1498 年和 1502 年，他继续向南航行，但是又遇到了南美洲和中美洲阻碍其继续向西航行的努力。

直到 1520 年，船员们才最终通过这些障碍，成为第一批航行到南太平洋的欧洲人。这次航行由国王查理五世资助，于 1519 年从西班牙出发，由五艘船只组成，葡萄牙探险家斐迪南德·麦哲伦指挥。其中三艘最终到达了麦哲伦所说的环绕南美洲南端的平静的太平洋，两艘到达了菲律宾，但最后只有一艘维多利亚号在 1522 年回到了西班牙，刚刚好用时三年。

这次航行对西班牙王室来说不仅是历史性的，也是非常成功的，但这一成功是以巨大的生命代价换来的。在最初出发的 270 名船员中，有 232 人在途中死亡，包括麦哲伦自己也在与菲律宾当地人的冲突中丧生。向西航行到亚洲需要很长的距离，包括穿越浩瀚的太平洋，这让后来的投资者和探险者明白，香料贸易的首选路线确实是向东。但欧洲的西行者们很快就会把重点更多地放在对早期探险者"发现"的新大陆的开发和殖民，以及他们所能提供的财富和荣耀上。■

亚马孙河

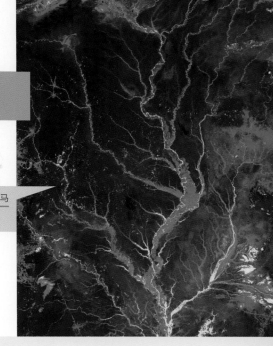

美国国家航空航天局卫星拍摄的亚马孙河及其众多支流的遥感影像。

大西洋（约 1.4 亿年前），安第斯山脉（约 1000 万年前），森林砍伐（约 1855—1870 年），热带雨林 / 云雾林（1973 年）

1541 年

河流是淡水、雨水和融雪从陆地流入海洋的主要渠道。地球上 80 余条长度超过 1600 千米的大江大河流过大陆，每秒钟向世界海洋排放的总水量超过 100 万立方米。其中，近 20% 的排放来自同一条河流，那就是南美洲的亚马孙河。亚马孙河是地球上第二长的河流，但它的流量是世界第一，占世界河流流量的 20%。

16 世纪初，第一批乘船进入亚马孙河的欧洲探险家发现了数百万沿河而生的土著居民。亚马孙河流经南美洲大部分地区，巴西、哥伦比亚、厄瓜多尔、秘鲁和玻利维亚的支流（最早由西班牙探险家在 1541 年记录）为这条河的干流提供了水源。亚马孙河携带这么多水的部分原因是它流经了世界上最密集、降雨量最高的热带雨林。

地质学家推测，在大西洋形成之前，南美洲的亚马孙河和非洲的刚果河在冈瓦纳超大陆内部形成了一个大的流域盆地，亚马孙河向西流，刚果河向东流。在超级大陆分裂后，亚马孙河很可能在南美洲继续向西流。直到大约 2000 万—1000 万年前，安第斯山脉开始被沿该大陆西部边缘的大洋－大陆板块碰撞而抬升，流向海洋的水流被阻断，在今天的巴西形成了一个巨大的内陆海。尽管亚马孙流域仍有大量洪水发生，但随着时间的推移，气候条件发生了变化，导致内陆海的大部分海水通过巨大的支流网络向东流出，也就是现在的亚马孙河。

亚马孙河流经并维持着世界上面积最大、生物种类最丰富的热带雨林。据估计，世界上现存的雨林确实有一半以上在亚马孙盆地。■

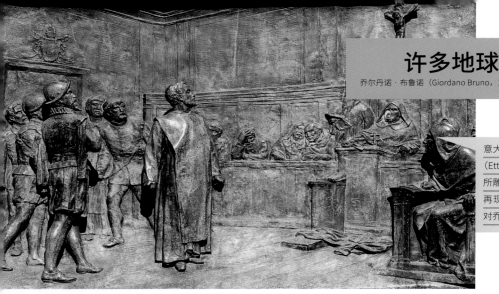

意大利雕塑家埃托雷·法拉利（Ettore Ferrari，1845—1929）所雕刻的青铜浮雕局部。浮雕再现了 1600 年罗马宗教法庭对乔尔丹诺·布鲁诺的审判。

 行星运动定律（1619 年），类地行星（1995 年）

1543 年，波兰天文学家尼古拉·哥白尼开创性地提出了以太阳为中心的日心说，但他的 16 世纪同行们并没有普遍接受这一观点。虽然地球不是宇宙中心的观点与 16 世纪罗马天主教会的《圣经》不一致，但具有讽刺意味的是，作为教会正统的哥白尼从未成为有关他的观点的争议焦点。然而，像伽利略这样的人很快就继承了这一争议。

哥白尼主义最早也是最积极的其中一名倡导者，他是 16 世纪末的意大利哲学家、天文学家和多米尼加修士乔尔丹诺·布鲁诺。对科学、宗教和自然哲学的一些非正统和有争议的观点来说，布鲁诺似乎是一个直言不讳的倡导者。虽然布鲁诺并不以任何特别的观察、技能或发现而闻名，但他最终相信了一种非地心说的形式，甚至比哥白尼所信奉的还要极端得多。

布鲁诺在他 1584 年的著作《论无限的宇宙和世界》中假设，地球只是无数个有人类居住的行星中的一个，这些行星围绕着无数恒星运转，这些恒星就像我们的太阳一样。对教会来说，提倡这样一个多元化的世界是有些异端的。更火上浇油的是，布鲁诺对基督教神学的中心教义进行了傲慢的贬低，比如上帝不在他无限的宇宙中的中心，使其完全成为异端。他躲过了宗教法庭长达 15 年之久的迫害，但依旧摆脱不了逮捕、审判、定罪的结局，最终于 1600 年被烧死在罗马的火刑柱上。

人们很容易把布鲁诺浪漫化，把他简单地说成是一位科学殉道者，为真理而斗争，反对教条主义，尤其是因为他关于宇宙学和世界多样性的一些观点被证明是正确的。但是，在他之前的一些人，就跟他同时代的其他人一样，即使与教会持有不同的观点，却没有遭受同样悲惨的命运。其中最著名的是伽利略，他只是因为自己的日心说宇宙观而被软禁起来。与其说布鲁诺的死是与他的哥白尼主义有关，不如说是与他的对抗风格有关，与他针对权威和所谓常识直言不讳的批评有关。■

于埃纳普蒂纳火山喷发

位于秘鲁南部的于埃纳普蒂纳火山口，代表了南美洲历史上最大的火山喷发留下的相对不显眼的遗迹。

板块构造（约 40 亿—30 亿年前？），喀斯喀特火山群（约 3000 万—1000 万年前），庞贝城（79 年），喀拉喀托火山喷发（1883 年），圣海伦斯火山喷发（1980 年），火山爆发指数（1982 年），皮纳图博火山喷发（1991 年），黄石超级火山（约 10 万年后）

1600 年

说到火山，其外表可能具有欺骗性。一些地质历史上最大、最具破坏性的火山，也就是所谓的"超级火山"，在今天已不像维苏威火山或喀斯喀特山脉的火山那样高大、典型了，相反，它们变成了不显眼的、宽阔的圆形洼地。这些被侵蚀的火山口是过去黄石国家公园附近的超级火山或俄勒冈州火山口湖的遗迹，这些休眠的地质巨人可能在未来再次苏醒。

真正巨大的火山喷发是罕见的。地球上最近一次孤立的极端喷发是 1991 年的皮纳图博火山喷发。南美洲的安第斯山脉曾发生过一次大规模的地质极端喷发，即 1600 年秘鲁南部的于埃纳普蒂纳火山喷发。

火山附近城市的居民开始报告说，他们感觉到了地震，并看到山顶上出现了小型的蒸汽喷发。在这次喷发四五天后的 2 月 19 日上午，真正的喷发开始了。一股巨大的火山灰和烟雾（公元 79 年维苏威火山爆发的记录者将其命名为普林尼型喷发）喷向平流层，影响全球气候长达数十年。火山爆发后不久，火山灰开始覆盖周围的地形。火山灰和火山碎屑岩落入附近的河流中，形成了快速流动的火山泥流。这股由水、淤泥和火山碎屑混合而成的泥浆将河岸上的森林、田野和城镇变成了废墟，一直延伸到大约 120 千米以外的海洋。12 个村庄被火山灰掩埋，估计有 1500 人在最初的火山喷发和随后一个月的间歇性喷发中丧生。

在过去的 700 多年里，安第斯山脉发生了 5 次大规模的火山喷发，而于埃纳普蒂纳火山喷发只是最近的一次。在这个高度活跃的碰撞板块边界上还会有其他火山吗？答案是肯定的。科学家能提供足够的警告来帮助拯救生命和财产吗？根据之前发生在那里和世界其他地方的超级火山爆发的目击者描述，这是很有可能的。但这意味着必须继续努力，并将火山监测当成是一项优先任务。■

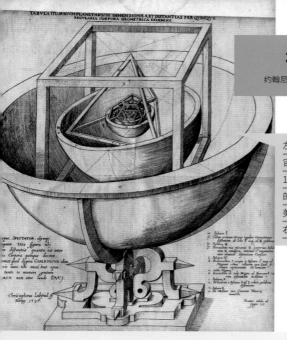

左图：约翰尼斯·开普勒在他的著作《宇宙之谜》（*Mysterium Cosmographicum*，1596）中，通过将已知行星的轨道与所谓的完美固体的形状进行匹配，努力寻找完美的神圣轨道。

右图：开普勒 1610 年的肖像画，作者不详。

 万有引力（1687 年），金星凌日（1769 年），类地行星（1995 年）

1619 年

虽然今天的天文学家存在大量的重叠研究内容，但是通常可归纳为两类：要么是侧重从望远镜或太空任务中收集数据的观测家，要么是侧重着眼于建立模型或理论来解释现有观测现象的理论家。从古代到中世纪，大多数天文学家和占星家都是涉足理论的观测家。理论天文学最初被认为是哲学家的领域，而不是物理学家的领域。

文艺复兴时期的德国数学家、占星家和天文学家约翰尼斯·开普勒改变了这种情况，被誉为世界上第一位理论天体物理学家。开普勒利用来自他人的数据，其中最著名的是丹麦天文学家第谷·布拉赫，当然还有著名的伽利略·伽利雷。开普勒试图建立一个统一的宇宙模型。作为一个笃信宗教的人，他相信上帝用一个优雅的几何图形设计了宇宙，这个图形可以通过仔细的观察去推断出来。

开普勒既相信哥白尼以太阳为中心的日心说，也相信一个以太阳为中心的太阳系与《圣经》中所写的内容完全一致。开普勒的《新天文学》（*New Astronomy*，1609）称火星和其他行星的轨道是椭圆的，不是圆的，即开普勒行星运动第一定律，他还宣称行星通过改变运行速度的方式使它们能够在相同的时间内扫过相同的面积，即开普勒行星运动第二定律。后来，他在《世界的和谐》（*Harmony of the Worlds*，1619）一书中指出，行星轨道周期的平方与它和太阳的平均距离的立方成正比（$P^2 \propto a^3$），即开普勒行星运动第三定律。通过耐心和坚持，开普勒终于揭示出了他在世界中寻找的和谐。

开普勒的行星运动定律并没有得到广泛的认可。直到观测家在罕见的日食和行星凌日期间验证了他们的精确时间预测，才证明了开普勒定律是正确的。不久之后的 1687 年，艾萨克·牛顿发现开普勒揭示了万有引力定律的自然结果。■

地质学的基础

尼古拉斯 · 斯丹诺（Nicolas Steno, 1638—1686）

主图：阿曼哈贾尔山脉层状岩石形成的壮观的褶皱。

图右小图：尼古拉斯 · 斯丹诺 1669 年出版的《初步探讨》。

不整合接触（1788 年），地球的年龄（1862 年），放射性（1896 年）

对于地质学家来说，层状岩石就像一本书的书页，静候人的翻阅。但是，作为层状岩石科学研究基础的许多基本原则，即所谓的地层学研究领域，必须经由早期地质学家的苦心发展和拥护。后来成为主教的丹麦科学家尼古拉斯 · 斯丹诺是最早正式提出现代地质学基本原理的人之一。

斯丹诺受过解剖学和医学方面的训练，对生物标本和自然世界的特征和结构有着详尽的观察。在解剖了鲨鱼的头部后，他注意到鱼的牙齿和嵌在岩石地质构造中的某些鲨鱼牙齿形状的物体有着惊人的相似之处。他很快提出这样一个观点，认为这些齿状物体和其他嵌在岩石中的骨状结构是有机生命体的化石遗迹。

斯丹诺对地质构造的观察使他走得更远，在 1669 年，他创作并出版了一本名为《初步探讨》（*Dissertationis Prodromus*）的书，书中列出的定律至今仍然是地层学的基本原理：叠覆律，即层状岩石中底部地层老于顶部地层；水平律，即层状岩石地层最初形成的时候是水平的；连续律，即地层在很远的距离上是连续的；交切律，即较新的地层切割或侵入较老的地层。这些原理至今仍在地质学的入门课程中被讲授。

斯丹诺的地层学原理对今天的我们或刚开始学地质学的学生来说可能是显而易见的，但在他那个时代，它们既是创新，也备受争议。类似化石这样的紧密结合的固体存在于其他紧密结合的固体，如层状岩石内部深处。这一概念很难与亚里士多德所宣扬的这些特征仅仅是地球固有特征的经典观点相一致。斯丹诺的地层学原理也暗示了获知古老岩层的真正年龄（实际上是整个地球的年龄）和通过地层来跨越巨大时间跨度的可能。然而，在接下来的几个世纪里，无论是技术还是社会和宗教环境都无法实现这一可能。■

1669 年

潮汐

艾萨克·牛顿（Isaac Newton，1643—1727）

月球、地球和太阳都因引力而联系在一起，这是牛顿建立的一种联系。其中每一个都对其他物体施加了强大的引力，引力与它们的质量成正比，与它们之间距离的平方成反比。地球海洋的流体性质使得这些力量以潮汐的形式表现出来。

 行星运动定律（1619 年），万有引力（1687 年），地球自转随时间减慢（1999 年）

1686 年

在整个人类历史中，沿海部落和航海文明已经适应了每天两次的海水涨落 —— 潮汐。古巴比伦和古希腊的天文学家认识到潮汐的高度与月球在其轨道上的位置之间的关系，并认为是支配行星运动的那股神秘力量，将它们联系在了一起。早期的阿拉伯天文学家认为潮汐是由海水温度变化引起的。为了支持以太阳为中心的宇宙观，伽利略提出，潮汐是由于地球围绕太阳运动时引发的海洋的晃动。

第一个正确提出潮汐来源的人是英国数学家、物理学家和天文学家艾萨克·牛顿。除此之外，牛顿一直在研究一个广义理论来解释开普勒行星运动定律，到 1686 年，他已经为万有引力和一般运动定律的新理论创建了基本框架。牛顿假设月球和太阳对地球都有强大的引力，反之亦然。他发现，作用在地球薄薄的海洋"外壳"上的引力，几乎是潮汐形成的全部原因，而不是地球的自转或轨道运动所致。他的突破性发现被太空时代的观测所证实和巩固。

月球的引力会引起约 50 厘米的深海潮汐；太阳的潮汐效应大约是这个的一半。在任何特定的沿海位置，潮汐都与太阳和月亮的位置以及当地海底深度和海岸线形状有很大的关联。地球和月球的固体部分也会因为引力潮汐的吸引而膨胀，其幅度通常是海洋潮汐的一半。在地月系统中，固体和液体的形变通过所谓的潮汐摩擦来耗散能量，结果导致地球自转速度每世纪减慢几毫秒，而月球正以每一百年 4 米的速度慢慢远离地球。■

万有引力

艾萨克·牛顿 (Isaac Newton, 1643—1727)

主图：艾萨克·牛顿的肖像版画（1856 年）。

图下方小图：牛顿于 1672 年制作的反射望远镜（复制品）。

以太阳为中心的宇宙（公元前 280 年），行星运动定律（1619 年），潮汐（1686 年），证明地球自转（1851 年），脱离地球引力（1968 年），地球自转随时间减慢（1999 年）

科学革命始于阿利斯塔克提出把地球从宇宙中心的位置移出。由其他志同道合的科学叛逆者继续向前推进了两千年，如印度数学家阿耶波多和尼拉干塔·索马亚吉，波斯学者比鲁尼，以及欧洲学者哥白尼、第谷、开普勒、伽利略。英国人艾萨克·牛顿的著作对推动这场革命达到顶峰具有决定性作用。牛顿是一位数学家、物理学家、天文学家、哲学家和神学家，被公认为人类历史上最有影响力的科学家之一。

牛顿创造了新的光学概念和工具，包括第一个用镜子代替透镜的天文望远镜，这个设计也以他的名字命名。在理论领域中，他利用了当时现代物理学的基本原理，并从根本上创立了微积分这一全新的数学领域。同时，牛顿还发现了开普勒的行星运动定律是一种力的自然结果。这种力被称为万有引力，存在于任何两个物体之间，并与它们之间距离的平方成反比。相关的定律被称为牛顿万有引力定律。

牛顿在此基础上推导出了著名的三大运动定律：（1）静止或运动的物体，除非受到外力的作用，否则保持静止或运动状态；（2）在加速度和质量一定的情况下，物体加速度的大小与作用力成正比，与物体的质量成反比，且与物体质量的倒数成正比，即 $F=ma$；（3）两个物体之间的作用力和反作用力大小相等，方向相反。1687 年，牛顿在一本名为《自然哲学的数学原理》（*Philosophiae Naiuralis Principia Mathematica*）的书中发表了这些革命性的理论。牛顿的万有引力定律和运动定律摧毁了所有残存的地心说，并成为此后 200 多年来行星轨道的标准解决方案，直到阿尔伯特·爱因斯坦证明它们是广义相对论的一个分支。牛顿曾写道："我之所以看得更远，是因为我站在巨人的肩膀上。"■

1687 年

产自澳大利亚维多利亚州的一块花岗岩，主要由碱性长石和斜长石矿物构成（分别呈淡红色和浅灰色），还含有石英（有光泽）和云母（黑色）。

 大陆地壳（约 40 亿年前），板块构造（约 40 亿—30 亿年前？），放射性（1896 年）

1747 年

　　地球表面大约由 60% 的海洋地壳和 40% 的大陆地壳（包括主要大陆近海的浅层大陆架）组成。海洋地壳主要由镁铁质玄武岩矿物构成，这些玄武岩矿物是从上地幔通过大洋中脊或热点火山喷发出来的。相反，大陆地壳由密度较低、硅含量较高的长英质矿物构成。长英质意味着"富含长石"，因为构成大陆地壳的岩石组合中占主导地位的一种矿物被称为长石（feldspar）。

　　长石是一类以四面体状、二氧化硅为骨架的硅酸盐矿物。长石除了约 50% 的硅和氧元素外，通常还含有钙、钾、钠和铝。长石几乎不含铁或镁，其密度比玄武岩低，这是两种岩石在板块边界碰撞时，海洋地壳会下沉（俯冲）到大陆地壳下的主要原因。长石缺乏重要的铁和镁，因为它们是在地下岩浆房中较高密度的镁铁质矿物如橄榄石和辉石结晶后冷却结晶形成的。随着重矿物下沉到岩浆库的底部，长石等密度较低的矿物在顶部以及周围高密度岩石的裂缝中积累，最终以石英模样示人。

　　瑞典化学家和矿物学家约翰·戈特沙尔克·沃勒里乌斯深入研究了这种矿物，并在 1747 年给长石起了名字，英文长石是德文中"野外"和"无矿岩石"的缩写。长石有几个主要的亚群，包括以钾、钠元素为主的碱性长石和含有钠以及含量不等钙元素的斜长石。因为含有铝、钾和钠，因此许多长石矿物具有经济价值。此外，长石是陶瓷和制造玻璃的重要原料。

　　当长石暴露于地表或浅层地下水中这些富含水分的潮湿环境时，它会以化学方式变成黏土矿物。黏土矿物在地壳中形成不透水层，有助于限制地表排水和地下含水层。采用放射性法确定沉积层和化石年代时，黏土或未风化长石中的钾和其他元素的同位素是重要的判断依据。■

金星凌日

詹姆斯·库克（James Cook，1728—1779）

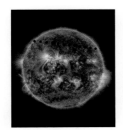

主图：1776 年由英国艺术家纳撒尼尔·丹泽–霍兰德（Nathniel Dance-Holland）创作的詹姆斯·库克船长的肖像画。

插图：2012 年 6 月 5 日美国国家航空航天局太阳动力学观测卫星拍摄的金星凌日延时图像。

香料贸易（约公元前 3000 年），最早的世界地图（约公元前 600 年），环球航行（1519 年），绘制北美地图（1804 年），自然选择（1858—1859 年）

16、17 世纪的欧洲探险家去探索所谓的"新世界"，一方面是出于经济学目的，希望找到通往香料群岛的更短和更安全的航线，另一方面是为了国家荣耀，征服和殖民新的土地和获得新的财富。直到 18 世纪，发展科学或更多地了解自然世界的愿望才成为探险航行的动力之一。

最早的这类航海探索中，詹姆斯·库克船长指挥的英国奋进号探险队探索太平洋是一大亮点，他们为英国皇家学会这个世界上最古老的科学组织服务，着手观测一次罕见的金星凌日现象。1769 年，库克抵达了距欧洲半个地球之遥的塔希提岛，开始观察凌日现象，只有从如此遥远距离的观测所得的视差角度和时间上的差异才可以帮助确定地球和太阳之间的平均距离这一天文数据。

金星凌日较为罕见，大约每一百年才会发生两次，而这两次大约相隔 8 年。在库克的航行之前，两次凌日分别发生在 1631 年和 1639 年，并且只有后一次在英国某地被相当粗糙的早期望远镜观测到。人们认为，库克以及其他人在欧洲和其他地方使用更先进的仪器的观测，将极大地拓宽关于太阳系的规模以及金星的大小和性质的知识。

1769 年对金星凌日的同步观测代表了世界上第一次大规模的国际科学合作。尽管战争仍在进行，长途旅行也很艰难，但来自世界各地 60 多个不同观测点的 120 多名观测者参加了这次活动。这些观测的综合结果最终确立了人们孜孜以求的天文数据，其误差值在现代可接受的 1% 以内。这个观测精度十分惊人，由此推导出了一个普遍认可的假设，即金星可能有一个和地球一样厚的大气层。■

1769 年

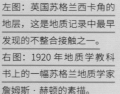

左图：英国苏格兰西卡角的地层，这是地质记录中最早发现的不整合接触之一。

右图：1920年地质学教科书上的一幅苏格兰地质学家詹姆斯·赫顿的素描。

 地质学的基础（1669年），现代地质地图（1815年），均变论（1830年），盆岭构造（1982年）

1788年

从17世纪后期开始，先驱地质学家尼古拉斯·斯丹诺等人就注意到，在一些地方，地层不是平行的，而是呈一种角度相接。斯丹诺和其他人最初都认为这些地层就是以这种方式在地球深处形成的。

苏格兰地质学家和博物学家詹姆斯·赫顿不相信地层中如此急剧和有角度的变化是地球内部形成时就拥有的所谓的"原始"特征。他着手去野外研究这类特征，然后得到一个非同寻常的结论：地层之间存在角度或其他突然变化的特征，表示从下层（较老）地层被侵蚀到上层（较新）地层开始沉积之间可能存在较大的时间间隔。地质记录中把这些可见的时间跨越称为不整合接触。

赫顿首先研究的这类特例被称为角度不整合接触，表现为较老地层和较新地层不平行。赫顿认为地层最初是水平堆积的，这些地层是在新的水平地层开始形成之前的很长一段时间内被抬升、倾斜和侵蚀的。他是最早认识到这一点的人之一。此外，他认为这种沉积层序列在地质时期内会周期性发生，这可能代表着古代海洋的无数次进退。1788年他在《地球理论》（Theory of the Earth）一书中发表了这些想法，该书引起了争议，也在当时的地质学家、博物学家和哲学家中引发了更多的相关研究。赫顿在地球科学的通用术语中引入了"深时"的概念，用于描述涉及几百万甚至数十亿年的地质历史。他和19世纪的苏格兰地质学家查尔斯·莱伊尔的想法一道构成了地球历史上均变论概念的基础。也就是说，今天改变地球表面的过程与很久以前是一样的，现在依然是了解过去的钥匙。■

橄榄石

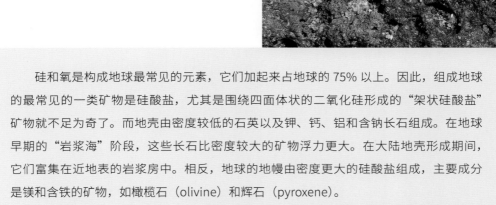

美国夏威夷岛的火山海滩上，橄榄石矿物颗粒形成的绿色沙粒。

地幔和岩浆海（约 45 亿—40 亿年前），大陆地壳（约 40 亿年前），磁铁矿（约公元前 2000 年），石英（约公元前 300 年），长石（1747 年）

1789 年

硅和氧是构成地球最常见的元素，它们加起来占地球的 75% 以上。因此，组成地球的最常见的一类矿物是硅酸盐，尤其是围绕四面体状的二氧化硅形成的"架状硅酸盐"矿物就不足为奇了。而地壳由密度较低的石英以及钾、钙、铝和含钠长石组成。在地球早期的"岩浆海"阶段，这些长石比密度较大的矿物浮力更大。在大陆地壳形成期间，它们富集在近地表的岩浆房中。相反，地球的地幔由密度更大的硅酸盐组成，主要成分是镁和含铁的矿物，如橄榄石（olivine）和辉石（pyroxene）。

橄榄石是一种镁铁硅酸盐，因其橄榄绿色于 1789 年被矿物学家命名为橄榄石。它是地幔中最丰富的矿物质。地质学家称橄榄石为"固溶体"矿物，因为其成分可以是只含镁的极端矿物（镁橄榄石）；也可以是只含铁的极端矿物（铁橄榄石）；还可以是同时包括镁、铁的类质任意组合。在高压条件下，橄榄石晶体结构会发生改变，就像在地幔深处一样。这些不同阶段的橄榄石被称为同质多形体，因为他们具有相同的化学式，但具有不同的晶体结构。地球物理学家可以通过监测地震引起的地震波速度的变化，来确定这些不同阶段出现的物质在地幔中的深度，从而确定地幔的结构。

由于地幔占地球的大部分体积（85%），所以橄榄石是地球上最丰富的矿物。在地球表面也能发现橄榄石，例如在那些有来自地壳深部或上地幔的岩浆喷发形成火山岩的地方。然而，它很容易受到化学风化的影响，在有水的情况下会迅速转变成黏土矿物和氧化铁。人们在月球和火星的岩石中也发现了橄榄石，在一种被称为石铁陨石的陨石中也有发现。这些陨石还含有丰富的铁镍矿物，被认为来自早期形成的原始行星的核-幔边界附近的区域。在太阳系剧烈变化的早期历史中，这些原始行星在碰撞中化为碎片。■

位于以色列埃拉特红海沿岸的扎尔钦海水淡化厂。拍摄于 1964 年。

 地中海（约 600 万—500 万年前），死海（约 300 万年前），土木工程（约 1500 年）

1791 年

淡水只占世界水资源储量不到 3%，而淡水中超过 2/3 都储存于冰川、极地冰盖和地壳深层地下水中。这使得地球上的淡水只剩下非常少的部分（它们主要分布在湖泊、河流和浅层地下蓄水层中），可供植物、动物、人类饮用和耕种。由于全球人口不断增长，污染和过度使用造成的供应不足日益增加，世界目前正处于淡水危机之中。据联合国估计，到 2025 年，全球 14% 的人口即超过 10 亿人将面临缺水问题。

除了循环利用和保护之外，解决世界淡水短缺问题的另一个方法是将我们星球上丰富海水中的盐分去除，实现海水淡化。海水淡化是一个古老的概念和实践。古希腊人知道煮沸的海水会凝结成淡水。罗马帝国的水手们也会在船上烧开海水，用海绵捕捉并饮用凝结的蒸汽。1791 年，美国总统乔治·华盛顿的国务卿托马斯·杰斐逊为船员和其他"航海公民"制作可饮用淡化海水，对各种方法进行了研究和试验。他还安排在所有发给驶离美国港口的船舶许可证背面印刷上当时已知的海水淡化方法的说明。

历史上淡化海水的方法对于像水手等需要少量淡水的少数人群来说相当有效，然而，当淡水需求变大后，比如维持一个农场或城市所需的淡水，就会在能源消耗和基础设施方面出现问题。尽管如此，在过去几十年中，人们在海水淡化技术和效率方面仍旧取得了重大进展，特别是在中东和澳大利亚等干旱地区的国家。这些方法包括反渗透过滤，它使用带电的膜，不需要加热和煮沸海水，这是目前最常用和最经济的海水淡化方法。而在这些设施中，使用太阳能、风能，甚至波浪能产生的电力，有助于减少污染，甚至有助于经济的可持续发展。■

来自太空的岩石

恩斯特·克拉德尼（Ernst Chladni，1756—1827）
让－巴蒂斯特·毕奥（Jean-Baptiste Biot，1774—1862）

一小块 408 克重的普通球粒陨石，于 2008 年在沙特阿拉伯的阿什·沙尔基耶附近的鲁卜哈利沙漠的坚硬砾石上被发现。黑色的表面是岩石在高速穿过地球大气层的过程中由于高温而形成的一层薄薄的熔壳。

亚利桑那撞击（约 5 万年前），橄榄石（1789 年），美国地质调查局（1879 年），寻找陨石（1906 年），了解陨石坑（1960 年），陨石与生命（1970 年）

现在我们认为石头有时从天上掉下来是理所当然的，但在人类历史的大部分时间里，这种想法近乎疯狂。许多古代和土著文化意识到一些特殊的石头具有独特的磁性或高浓度的铁金属，但是，直到 18 世纪末和 19 世纪初，人们才推断出这些石头是来自近地空间小行星的天外来客，有的甚至来自火星和木星之间的小行星带。

德国物理学家恩斯特·克拉德尼在 1794 年提出，其中一些特殊的岩石是来自外太空的碎片，包括他所研究的富含金属的大型样本"帕拉斯铁"。帕拉斯铁于 1772 年在俄国城市克拉斯诺亚尔斯克附近被发现。因为许多科学家认为这些岩石是由火山或雷击产生的，所以克拉德尼的想法显得十分荒谬。直到 19 世纪初，对这些岩石进行详细的实验室分析才成为可能。1803 年，法国物理学家和数学家让－巴蒂斯特·毕奥证明了克拉德尼的假说。他指出，在一场壮观的流星雨之后不久，数千人在法国小镇埃格勒附近发现的岩石，其化学成分与任何已知的地球岩石都不同，这样的岩石被称为陨石（meteorite）。于是，陨石学这一科学领域诞生了。

科学家现在已经收集了来自世界各地的 4 万多块陨石，其中许多来自荒凉的沙漠或南极的雪原。在那里，人们比较容易注意到这种从天而降奇怪的石头入侵者。落在地球上的绝大多数陨石（86%）是由简单的硅酸盐矿物和被称为"陨石球粒"的微小球状颗粒组成的。而陨石球粒被认为是由太阳星云凝结而成的最早的物质，是小行星和最终形成的行星的基石。大约 8% 以上的陨石是没有球粒的硅酸盐，是来自以前地质活动活跃的大型小行星、月球、火星地壳中的火成岩。只有约 5% 是铁和铁镍合金，如克拉德尼和毕奥最初研究的岩石。它们是古代小行星和星子的核心碎片，在被太阳系早期猛烈的撞击摧毁之前，这些小行星和星子已经足够大，可以分化成地核、地幔和地壳。■

1794 年

人口增长

托马斯·罗伯特·马尔萨斯（Thomas Robert Malthus，1766—1834）

左图：2017 年，巴西拥挤的地铁站。

右图：1834 年托马斯·罗伯特·马尔萨斯的肖像版画。

 农业的出现（约公元前 1 万年），工业革命（约 1830 年）

1798 年

大约在 1.2 万年前，末次冰期结束后，农业的出现促进了城市的发展和扩张以及人口的缓慢增长。据估计，当时全世界有 100 万～1000 万人口。到 1800 年前后，启蒙运动推动的科学技术进步促使世界人口迈过 10 亿大关。从那时起，与工业革命相关的农业和交通基础设施的迅速扩张，以及以医疗技术进步为代表的飞速发展，进一步刺激了人口膨胀。到 1900 年，世界人口约为 18 亿，但到 2000 年迅速增长到 60 多亿。

以英国政治学学者托马斯·罗伯特·马尔萨斯命名的"马尔萨斯陷阱"表明，因科学或技术创新使粮食产量增加而导致的生活水平的提高，将被同时出现的人口大幅增长所抵消。马尔萨斯的研究主要集中在人口增长的经济学和人口统计学上。他在 1798 年关于人口增长的著名论文《人口原理》（*An Essay on the Principle of Population*）中指出的"陷阱"是，人口增长速度远远快于粮食供应，这样就会导致穷人遭受更大概率以及不成比例的饥荒和疾病，并进一步地增加粮食生产的社会压力，从而加剧了这种循环。面对科技的不断进步，马尔萨斯对人类社会的未来和人类的幸福持悲观态度，与之形成鲜明对比的是同时代许多乌托邦作家和哲学家的观点，他们相信科技进步最终可以改善人类的状况。

马尔萨斯的观点在他那个时代是有争议的，今天仍然有争议。以下仅仅是当今世界范围内备受关注的几个热门话题：人口一定会像马尔萨斯假设的那样，在富足的时代不可避免地膨胀吗？帮助控制人口增长是个人的责任吗？政府应该鼓励或强制限制家庭规模吗？随着未来几十年世界人口可能膨胀到 100 亿，这些以及其他相关问题将继续得到讨论。■

铂族金属

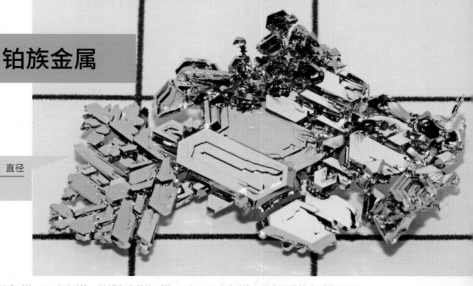

实验室培养的纯铂晶体，直径约 2.5 厘米。

 地核形成（约 45.4 亿年前），地幔和岩浆海（约 45 亿—40 亿年前），恐龙灭绝撞击（约 6500 万年前），肥料（约公元前 6000 年），来自太空的岩石（1794 年）

贵金属是那些在自然界中相对罕见的金属，因此，发现、开采并从它们的伴生矿石中提取出来非常不易。一提到贵金属，人们自然而然就想到金、银和铜，这是因为它们在货币、珠宝、艺术、建筑等方面应用广泛。然而，在元素周期表上还有许多其他的贵金属。最有用但最不为人知的是所谓的铂族金属，由铂、铑、钯、锇、铱和钌六种元素组成。很早之前，人们就知道铂的存在，铑、钯、锇和铱则是在 1802—1805 年被发现，而钌则在 1844 年才被发现。这六种元素具有相似的物理和化学性质，蕴含在同一矿床中。

因为具有特殊的化学性质，铂族金属是工业上使用的最重要的贵金属之一。例如，铂和铑可以用于氨气的氧化，产生一氧化氮作为肥料的副产品。铂及其相关金属的另一个重要用途是作为一种催化剂，可以减少燃烧化石燃料产生的烟雾和排放物。例如，大多数现代汽车和卡车使用含有铂和其他铂族金属的催化转换器，将有毒的碳氢化合物废气转化为毒性较小的气体，如二氧化碳和水。

像大多数金属一样，铂族金属密度大，这也是它们在地壳中如此稀有的原因。当地球分化为地核、地幔和地壳时，与较轻的元素相比，铁、镍和铂族金属等较重的元素优先下沉到地核和下地幔中。地幔柱的上升流和深层的火山活动可以把这些较重的元素搬运到离地表更近的地方，在那里它们可以从富含金属的矿体中被提取和开采出来。铂族和其他金属在地壳富集的另一个来源是金属小行星的撞击，原行星核心粉碎后散落四处。事实上，全球沉积物中有一个 6500 万年前形成的富含铂族元素铱的薄层，就是支撑"一颗大型金属小行星的撞击终结了白垩纪恐龙时代"这一假说的关键证据之一。■

1802—1805 年

画家托马斯·伯纳姆（Thomas Burnhan）的画作，描绘了 1804 年刘易斯和克拉克远征美国西北部时在前方侦察的情景，绘于 19 世纪中期。

 环球航行（1519 年），金星凌日（1769 年），现代地质地图（1815年），探索大峡谷（1869 年），国家公园（1872 年）

1804 年

1769 年，英国船长詹姆斯·库克和奋进号的船员前往塔希提岛观察并记录金星凌日，由此开启了由政府资助的探险旅程，也有了一些有意义的科学发现。在陆地旅行方面，最早和最知名的旅行是在 1804—1806 年，由梅里韦瑟·刘易斯和威廉·克拉克率领的探索远征军展开了近 1.3 万千米的长途跋涉，这支队伍由美国总统托马斯·杰斐逊特别委任。

彼时，美国总统杰斐逊刚刚完成了从法国手中购买路易斯安那的交易，他迫切希望加速对这块新领土的调查，并宣布美国对其原住民拥有主权。他还想对太平洋沿岸的西北地区宣示主权，因为当时还没有任何欧洲国家对该区域宣示主权。因此，杰斐逊派遣刘易斯、克拉克和另外 30 人，由国会资助，从圣路易斯启程前往太平洋沿岸。虽然探险的目的本身并不是科学发现，但探险队的任务是准确地对沿途的植物、动物、气候和地理进行分类，因此配备了各种科学仪器，并在相关科学方面接受了培训。

探险队沿着密苏里河逆流而上，来到落基山脉的源头地区。他们遇到了几个美洲土著部落，与他们进行贸易往来和学习交流。探险队尽力避免冲突，对沿途遇到的情况进行了仔细的观察和记录。事实证明，落基山脉阻碍了杰斐逊沿着河流继续向太平洋前进的希望。这支队伍不得不艰难地穿越那些高大的雪峰。一路上，来自美洲土著部落的指导和物质帮助对这个群体的生存发挥了至关重要的作用。最终，他们从斯内克河和哥伦比亚河开辟了通往太平洋的道路，于 1805 年底抵达太平洋，并于 1806 年回到圣路易斯。这次探险发现并记录了两百多种新的植物和动物，并与 70 多个美洲土著部落建立了友好的联系。■

阅读化石记录

玛丽·安宁（Mary Anning, 1799—1847）

左图：19 世纪地质学家玛丽·安宁的肖像画。图中绘有她的岩石锤、样品袋和宠物狗泰瑞。

右图：1823 年，玛丽·安宁宣布发现了蛇颈龙化石的信件及素描。

地质学的基础（1669 年），不整合接触（1788 年），
现代地质地图（1815 年），发现冰期（1837 年）

尼古拉斯·斯丹诺在 17 世纪对地层学和地质学基本原理的研究，以及詹姆斯·赫顿在 18 世纪对"深时"概念的研究，都没有被世界科学界广泛接受。更重要的是，需要更多的证据来支持这样的假设，即地球确实是古老的，而且在人类到来之前，无数不同的气候和物种已经来了又去。化石被证明是主要的证据来源。所以，具有发现、提取和识别重要新标本的技能及经验的化石猎人对我们理解地球历史至关重要。

19 世纪自学成才的英国地质学家和古生物学家玛丽·安宁是早期最有成就的化石猎人之一。安宁在英国一个著名的海滨度假小镇长大，她和父亲、哥哥一起寻找并出售化石。家族的化石生意不仅让人衣食无忧，也激发了玛丽对科学的强烈好奇心。她开始关注那些从悬崖上挖出来的千奇百怪的东西和它们的起源。

冬季风暴后的山体滑坡会侵蚀这些悬崖，暴露出新的化石，玛丽会收集并整理这些化石。1811 年，年仅 12 岁的她发现了一具古代大型海洋爬行动物的骨骼，这具骨骼后来被称为鱼龙。后来，她发现了第一个完整的蛇颈龙标本，这是另一类已经灭绝的大型海洋爬行动物，然后又发现了英国第一个被称为翼龙的会飞的爬行动物。她结识了当时著名的地质学家和其他化石收集者，并把标本卖给他们，她的声誉也水涨船高。她自己也对这些迷人的古代动物起源和进化假说的科学文献日渐熟悉。

尽管她比同时期受过科学训练的男性更有知识和经验，但作为一个女性，玛丽并没有被学术界所接受，也没有因为她在科学上的贡献而受到赞扬。不过，今天的人们还是认为她对物种灭绝和地球伟大时代的发现做出了重大贡献。■

1811 年

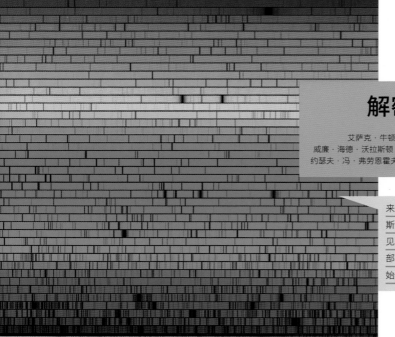

解密太阳光

艾萨克·牛顿（Isaac Newton, 1643—1727）
威廉·海德·沃拉斯顿（William Hyde Wollaston, 1766—1828）
约瑟夫·冯·弗劳恩霍夫（Joseph von Fraunhofer, 1787—1826）

来自亚利桑那州基特峰国家天文台的麦克马斯–皮尔斯太阳望远镜的一系列高分辨率可见光光谱显示了弗劳恩霍夫线。从底部到顶部每一行的波长都在增加，从底部的紫色开始，到顶部的红色结束。

 万有引力（1687 年），太阳耀斑和空间气象（1859 年），温室效应（1896 年），
臭氧层（1913 年），类地行星（1995 年），北美日食（2017 年）

1814 年

1672 年，艾萨克·牛顿的实验表明，阳光不是白色或黄色的，而是由许多颜色的光组成，这些光可以被分成光谱，因为它们通过棱镜等物体时的折射略有不同。牛顿的实验被其他人不断地重复和扩展，其中包括他的英国同事威廉·海德·沃拉斯顿，他在 1802 年第一个观察到太阳光谱的某些部分显示出神秘的黑线。

科学家需要一种工具，一种方法来理解这些暗线，并准确地破译它们在太阳光谱中的含义。1814 年，德国验光师约瑟夫·冯·弗劳恩霍夫发明了一种叫作分光镜的工具，这是一种特别设计的棱镜，可以用来测量线条的位置或波长，这种实验技术被称为光谱学。他用他的光谱仪观察了太阳光谱中超过 500 条狭窄的暗线，天文学家们称这些为弗劳恩霍夫线。1821 年，他用衍射光栅而不是棱镜构建了一个高分辨率的分光镜，并发现明亮的恒星如天狼星也有光谱线，它们与太阳的光谱线不同，从而建立了恒星光谱学。

到 19 世纪中期，物理学家和天文学家能够在实验室里通过过滤各种气体的光来重现这些线条，从而发现这些线条是由不同种类元素的原子吸收不同的、非常窄的频率和特定波长的光造成的。光谱学立即成为测量遥远光源的原子和分子组成的主要方法，如太阳、行星大气（包括地球）、恒星或星云，而不需要直接接触物体：所需要的只是一台望远镜和一些谱线测量装置或者分光仪。事实上，地面和太空望远镜以及轨道和着陆太空任务中对地球和其他星球的光谱学研究仍然是现代天文学、地球科学和行星探索的重要组成部分。■

115 坦博拉火山喷发

2005 年从国际空间站拍摄的印尼坦博拉火山岛和火山口的照片。1815 年 4 月，坦博拉火山发生了有记录以来最强烈的火山爆发。

板块构造（约 40 亿—30 亿年前？），喀斯喀特火山群（约 3000 万—1000 万年前），安第斯山脉（约 1000 万年前），庞贝城（79 年），喀拉喀托火山喷发（1883 年），圣海伦斯火山喷发（1980 年），火山爆发指数（1982 年），皮纳图博火山喷发（1991 年），苏门答腊地震和海啸（2004 年）

所谓的太平洋火圈是一个半球大小的地震和火山活动区域。它沿着构造板块边界从南美洲向北延伸到阿留申群岛，然后向南经过日本和印度尼西亚，最后到达新西兰。沿着火圈的地质活动是由太平洋板块和其他几个板块的碰撞引起的，而在海洋地壳在大陆板块下俯冲和融化的地方尤为强烈。在最活跃的碰撞带中，有一条从缅甸延伸到巴布亚新几内亚的长长的弯曲地壳带，在那里，印度和澳大利亚板块正迅速俯冲到欧亚板块的一部分之下。

事实上，现代历史上有记录的最强烈的火山爆发发生在 1815 年 4 月 5—11 日的坦博拉火山。坦博拉火山在喷发前是一座 4300 米高的山，但现在仅有 2850 米，高度减少了三分之一。这次火山爆发的火山爆发指数为 7（最高指数为 8），这种事件每五百到一千年才发生一次。火山爆发时，2400 千米外都能听到爆炸声，1300 千米外的地面都被火山灰所覆盖。

坦博拉火山的爆发造成约 1 万人当场死亡，随后引发该地区的饥荒和疾病又间接导致约 10 万人死亡。火山烟柱向平流层注入了大量的火山灰和火山气体，对全球气候产生了迅速降温的作用，所以 1816 年被世界上很多人称为"没有夏天的一年"。在许多地区，农作物连续几年歉收，因为饥荒和疾病，如斑疹伤寒和霍乱的爆发，又导致更多的生命死亡。

1815 年坦博拉火山爆发是迄今为止有记录的人类历史上最致命的火山爆发。这座火山在 1880 年左右又发生了一次小规模的喷发，至今仍很活跃。印度尼西亚政府正在对火山附近的变化进行密切监控，并禁止人员靠近，这些努力保护了住在比 1815 年火山爆发影响范围更广区域内的近 1000 万人的生命。■

1815 年

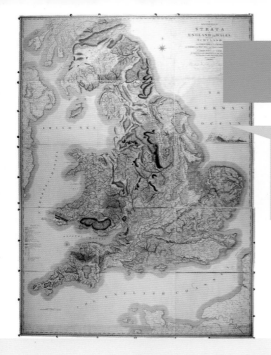

左图：1815 年由英国地质学家威廉·史密斯绘制的该国第一张地质图。

右图：1837 年威廉·史密斯的肖像画。

 最早的世界地图（约公元前 600 年），绘制北美地图（1804 年），阅读化石记录（1811 年），均变论（1830 年），发现冰期（1837 年）

1815 年

　　地质学家不是闭门造车的学者。他们的大部分研究都在野外进行，身处沉积物、山脉或火山，敲开岩石，提取样本。对这类活动至关重要的是准确记录和最终绘制出野外观察到的地质特征。由此编制的地质图描述了不同种类的岩石和地层之间的相互关系，并将该地区映射到区域甚至全球范围内。

　　英国地质学家威廉·史密斯是最早的现代地质地图的制图者之一。史密斯的职业生涯始于一名测量员，这份工作需要经常性的实地考察，这让他对英格兰、威尔士和苏格兰的地形地质极为熟悉。特别是在煤矿内部和矿区以及在开凿运河出露的地层沟壑周围的测量工作，使他有机会从三维的角度来进行观察。随着时间的推移，他仔细的观察和记录使他能够把从一个地方到另一个地方的这些点连接起来。1815 年，他绘制出了第一幅现代英国地质图。

　　史密斯的地图是地质学的代表作，根据他在该地区深入的旅行和观察，绘制出的这张图比以往任何一张地质图覆盖的面积都更大，细节也更多。他用不同的颜色在地图上描绘不同的地质单位；他提出了这样一个想法：利用不同地层中化石的相似性来连接相距遥远的地层单位；他在地图中加入了一个地质横切剖面来描述地表暴露的地质体的三维性质。所以，史密斯的地图与现代英国地质图非常相似。

　　遗憾的是，由于他是自学成才的"局外人"，史密斯和他的制图工作在很大程度上被学术界忽视了。他自费出版和发行他的地图，最终使他债台高筑并不幸入狱。直到 15 年后，史密斯的地图才被公认为地质学上的一项重大成就，他最终被学者们授予了"英国地质学之父"的称号。如今，史密斯创新的观察角度和呈现方式已经成为在现代地质地图中已经很常见了。■

均变论

查尔斯·莱伊尔（Charles Lyell，1797—1875）

左图：1865 年莱伊尔爵士的肖像画。
右图：地质学家查尔斯·莱伊尔绘制的地质插图。展示了一个理想的火成岩、变质岩和沉积岩的横切剖面的地质记录。

地质学的基础（1669 年），不整合接触（1788 年），现代地质地图（1815 年），地球的年龄（1862 年），放射性（1896 年），盆岭构造（1982 年）

1830 年

很难想象地球有超过 45 亿年的历史，因为这样的时间尺度远远超出了人类的经验。而这一事实是在现代放射性测年方法出现之前，由早期的先驱地质学家通过观察、测量岩石和地层而得出的。事实上，现代地质学的根源可以追溯到 1669 年尼古拉斯·斯丹诺提出的地层学基本原理以及 1788 年詹姆斯·赫顿提出的关于不整合接触（岩石记录中保存的时间间隔）的非凡见解。19 世纪的苏格兰地质学家查尔斯·莱伊尔在他 1830 年出版的《地质学原理》（*Principles of Geology*）一书中，对赫顿早期的均变论进行了详细的扩展和解释。

均变论认为现在是了解过去的钥匙，换句话说，对当今地球表面和内部工作过程的详细研究和理解，将使地质学家能够根据地质记录中保存的证据，理解和重建地球过去的历史。此外，均变论的原理还可以使地质学家预测未来可能发生的各种地质过程和事件。莱伊尔接受的一个基本假设是，地球是在漫长的时间里以可预见的方式逐渐改变的。

莱伊尔强烈拥护的均变论，被当时的一些地质学家和哲学家称为渐进主义，除了宗教领袖和哲学家之外，也遭到了其他支持灾难论科学家的强烈抵制。与均变论相反，灾难论认为地球历史和地质记录的变化是由突然的、剧烈的事件引起的。这些事件的例子被认为包括诺亚的圣经洪水和其他大洪水，通过地震引起山脉的突然上升，以及严重火山爆发。许多主张灾变论的人的一个主要假设是，地球相对年轻，因此只有快速运转的过程才能形成地球现在所观察到的特征。今天，现代地质学家接受这样一种观点，即地球的历史是渐进和灾变过程的结合。■

1868 年的版画描绘了德国开姆尼茨一家纺织厂的场景。

石器时代（约 340 万—公元前 3300 年），动物驯化（约 3 万年前），农业的出现（约公元前 1 万年），青铜时代（约公元前 3300—公元前 1200 年），铁器时代（约公元前 1200—公元前 500 年），人口增长（1798 年），森林砍伐（约 1855—1870 年），人类世（约 1870 年）

约 1830 年

人类学家利用工具、武器、建筑、交通或其他领域技术的进步来定义人类历史上重要的发展里程碑。这些里程碑的时间通常是由一个关键思想或技术的发展决定的，例如动物的驯化，农业的出现，或向青铜或向铁制工具的过渡。在这些里程碑中，离我们最近的包括发达国家从手工生产向机器大批量生产的转变。这种被称为工业革命的转变开始于 1760 年左右的英国，到 1830 年左右基本在全世界完成。

工业革命的主要方面包括蒸汽动力的广泛使用、工厂的发展、生活水平的提高和世界人口的普遍缓慢增长。第一个普及机械化的部门是纺织业，而大规模生产化学品和先进的钢铁合金也是重要的早期受益行业。

工业革命不仅对世界人口，而且对世界本身也产生了巨大的影响。生产能力的大幅提高导致了对水等自然资源需求的大幅增加，此外，还有原材料如铁和其他金属矿石、木材、橡胶等。不断增长的人口需要更多农场和牧场来增加粮食产量，并且需要更多的住房，这导致了大面积的森林砍伐。更多的货物供应推动了一个更广阔的运输网络将这些货物运往市场，又导致了新的道路、桥梁、运河和铁路的建设。这些机器日夜不停地运转，推动了大规模天然气照明管道网络的发展。机械化还被应用到采矿中，以更快的速度提取天然气、金属矿石和其他建筑原材料。

尽管存在严重的污染和恶劣的工作条件，以及饱受诟病的奴隶制和童工使用，工业革命仍然是人类历史上一个重要的、积极的里程碑，它有利于促进现代技术的进步，而且有助于对人类活动与自然环境之间的合理关系有一个更现代的看法。■

发现冰期

路易斯·阿加西（Louis Agassiz, 1807—1873）

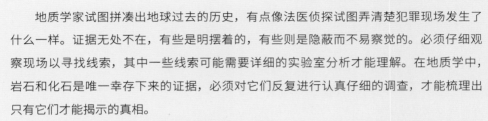

主图：地质学家和生物学家路易斯·阿加西，拍摄于 1870 年。

右下方小图：来自路易斯·阿加西 1840 年的著作《冰川研究》（*Études sur les Glaciers*），由吉·贝塔尼尔为瑞士策马特附近的马特洪峰冰川绘制的插图。

 雪球地球（约 7.2 亿—6.35 亿年前），末次冰期的结束（约公元前 1 万年），小冰期（约 1500 年），下一个冰期？（约 5 万年后）

地质学家试图拼凑出地球过去的历史，有点像法医侦探试图弄清楚犯罪现场发生了什么一样。证据无处不在，有些是明摆着的，有些则是隐蔽而不易察觉的。必须仔细观察现场以寻找线索，其中一些线索可能需要详细的实验室分析才能理解。在地质学中，岩石和化石是唯一幸存下来的证据，必须对它们反复进行认真仔细的调查，才能梳理出只有它们才能揭示的真相。

地质学家在 19 世纪面临的最具挑战性的研究工作之一，是解释在现今没有冰川的地貌中，为何会出现似乎是被大规模冰川和冰盖侵蚀的证据。例如，在欧洲、亚洲和北美的中纬度地区，类似于由高纬度冰川拖拽岩石形成的划痕和巨大线状条纹，被雕刻在古老的花岗岩基岩上。大量未固结的岩屑非常类似于冰碛，而一种冰川形成的岩屑堆积，也在这些大陆现存的冰川以南被发现。来自特定山脉或层状沉积矿床的孤立岩石和巨砾，被发现以某种方式从形成之地长途搬运至南方。

18 世纪末和 19 世纪初的地质学家得出的结论是，许多当时已知的冰川曾经分布更广。特别是其中一位地质学家，瑞士裔美国人路易斯·阿加西，进一步证明了上述观点，并于 1837 年与几位同事得出结论：北半球的大部分地区都曾覆盖着厚厚的冰层，比最高的山脉还厚，并延伸到中纬度甚至更加靠近赤道的地区。他们创造了"冰室期"这个术语来表示这种冰川广布的时期。不过，这个想法直到几十年后才被广泛接受。

阿加西和他的同事们发现了冰川广布的"冰期"和随后冰川消退的"间冰期"多次循环的地质证据。后来，地质学家们又从化学和古生物学（化石）中找到线索，发现地球在过去的 25 亿年里至少经历了 5 次大的冰室期。他们认为，每一个冰室期都由数百个较长的冰期和较短的间冰期组成，而最近的一次间冰期开始于大约 1.2 万年前。■

1837 年

上图：1806 年，亚历山大·冯·洪堡（左）在厄瓜多尔钦博拉索火山附近收集动植物标本。

下图：洪堡对钦博拉索火山和阿尔卑斯山脉的勃朗峰不同海拔高度的不同生态系统展开比较。

 地球的大小（约公元前 250 年），金星凌日（1769 年），绘制北美地图（1804 年），发现冰期（1837 年），自然选择（1858—1859 年），探索大峡谷（1869 年），塞拉俱乐部（1892 年）

1845 年

　　科学和探索的历史上有无数的个体，他们以一己之力促进我们在认识世界和人类上取得重大进步。这些人包括埃拉托色尼、伽利略、哥白尼、牛顿、达尔文、爱因斯坦、哈勃、霍金等，尽管他们的工作持续对当今世界产生了持久的影响，但有一些却被人们遗忘了。18 世纪末、19 世纪初的博物学家和探险家亚历山大·冯·洪堡就是这样的一个人，可以说是他促成了我们今天所倡导的环保运动。

　　洪堡出身于一个富裕的家庭，是位博学多才的人，擅长于他所尝试的每一件事。洪堡早年对植物学、解剖学和其他科学有着浓厚的兴趣，最终他获得了地质学学位，并在政府部门工作，负责矿山调查。他对植物、矿物和化石的分类工作驱使着他勇于探索。1799 年，在西班牙国王的祝福下，他自费独自前往今天的委内瑞拉、哥伦比亚、厄瓜多尔和秘鲁，即当时的西班牙新领土，去探索未知的动植物。

　　洪堡把精密的科学仪器带到野外，在 19 世纪早期的一系列探险活动中收集了大量的植物、动物和化石标本。他对从亚马孙河到安第斯山脉的自然地理、植物生命和气象进行了广泛而系统的观察。他是最早记录和阐释植物、动物、人类、气候和地质之间相互关系的人之一，并建立了一个整体的自然观。他的五卷本著作《宇宙》（Kosmos）首次出版于 1845 年，确立了一种全新的世界观：地球是一套相互联系的生态系统；通过情感体验自然；科学是理解物质世界的途径。洪堡的著作鼓舞了查尔斯·达尔文、亨利·戴维·梭罗、约翰·缪尔等人，这些读者对社会环境责任感的形成至关重要。传记作家安德烈·伍尔夫说："洪堡给了我们关于自然本身的概念。具有讽刺意味的是，洪堡的观点已变得如此不言自明，以致我们在很大程度上忘记了这些观点背后的人。"■

证明地球自转

让·伯纳德·莱昂·傅科（Jean Bernard Léon Foucault, 1819—1868）

西班牙瓦伦西亚市艺术科学城的菲利普王子科学博物馆里的一个大型傅科摆。在这个装置中，大约每 30 分钟会撞倒一个小的球-棒模型，因为地球相对于钟摆摆动的惯性固定平面旋转。

 地球的大小（约公元前 250 年），
万有引力（1687 年）

1851 年

我们在太空时代对地球观察的视角使地球自转深入人心。想象一下，如果回到那个没有卫星，没有太空探测器，没有计算机控制的天文馆装置的时代，该如何让人们相信地球是自转的呢？人们的直觉是太阳和天空在移动，而不是地球在移动！如果地球自转的速度和它每天自转一周所需的速度一样快，在赤道上大约是每小时 1600 千米，我们难道不会被甩到外太空去吗？即使在今天，也很难向别人证明地球在自转。我们需要一个简单而可重复的实验，以进行地球自转的物理演示。

虽然已经有人提出并进行了许多这样的实验，但迄今为止最著名的是 1851 年法国物理学家让·伯纳德·莱昂·傅科首次进行的实验。傅科像所有优秀的物理学家一样，充分理解了牛顿定律，并在他的实验中利用了牛顿第一定律：静止或运动中的物体，除非受到外力的作用，否则它们仍处于静止或运动中。他使用一个外表涂有铅的黄铜球体，将其称为摆锤，并悬挂在一根 67 米长的金属丝上，构成了一个又长又重的钟摆。这个钟摆从天花板一直悬吊到巴黎万神殿的地板上。傅科知道，在没有任何其他力的情况下，一旦钟摆开始摆动，它就会持续在同一平面内摆动，也就是说，它会保持在相对于"固定"恒星的惯性参考系中，而不是相对于地球。通过设置类似日晷的小时标记，或让摆锤撞倒小的障碍物，同时补偿金属丝和摆锤运动时与空气产生的摩擦，很容易证明房间以及背后隐含的地球相对于钟摆摆动的平面缓慢旋转。第二年，傅科根据类似的原理完善了陀螺仪，这是一种测量速度和方向的装置。

傅科摆因其简单明了而在 19 世纪引起轰动，至今，在世界各地的大学、博物馆和科学中心仍然可以找到数百个这样的钟摆。■

巴西亚马孙河流域的森林被砍伐后，留下的轮廓清晰可见。

农业的出现（约公元前 1 万年），人口增长（1798 年），工业革命（约 1830 年），环保主义的诞生（1845 年），大野火（1910 年），热带雨林 / 云雾林（1973 年），温带雨林（1976 年），北方森林（1992 年），温带落叶林（2011 年）

约 1855—1870 年

自史前时代以来，树木及其产生的木材一直是一种重要的自然资源。然而，树木占用了大量的耕地，因此，在农业的出现和定居城市生活方式的发展之后，大片的树木开始遭到砍伐或烧毁，为农作物、房屋和牧场腾出空间，而木材成为取暖和做饭的燃料。在树木供应非常有限的地方，例如复活节岛，森林已经被砍伐殆尽，之后，这里的经济和社会结构发生了巨大的变化。

随着 1830 年左右工业革命的到来，特别是早期依靠蒸汽为越来越多的工厂提供动力后，全球森林砍伐率在 1855 年前后开始急剧上升，全球人口也在此时开始急剧增长，这并非巧合。在 19 世纪和 20 世纪的大部分时间里，在未被森林覆盖的地区进行的植树造林相对较少，因此，地球上在史前时期被森林覆盖的地区已经有 60% 以上被砍伐了。

森林砍伐使粮食产量增加，并有助于支撑不断增长的人口。然而，也有一些不利的短期和长期影响，使不加控制的森林砍伐最终不可持续。例如，砍伐树木及其根系会增大水土流失和山体滑坡的概率。树木为无数种动物和昆虫提供了栖息地，因此砍伐森林导致了一些地区狩猎产量的下降，也导致了物种多样性的丧失甚至灭绝。树木遮蔽了地表，有助于保持土壤中的水分，砍伐森林后，出现了严重的土壤干旱。树木还能吸收大气中大量的二氧化碳，因此砍伐森林只能增加这种强温室气体的相对丰度。虽然对一些人和社会来说，从短期来看砍伐森林似乎是正确的选择方案，但从长期来看，无限制地砍伐森林产生了相当负面的影响。

目前，促进可持续森林砍伐和造林的努力主要集中在像亚马孙这样的热带雨林上，因为这些雨林正继续以惊人的速度遭到砍伐。在过去的五十年里，世界上超过一半的热带雨林被砍伐，如果不及时采取预防措施，到 21 世纪中叶，热带雨林将会完全消失。■

自然选择

查尔斯 · 达尔文（Charles Darwin，1809—1882）
阿尔弗雷德 · 拉塞尔 · 华莱士（Alfred Russel Wallace，1823—1913）

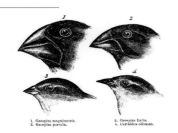

1. *Geospiza magnirostris.*
3. *Geospiza parvula.*
2. *Geospiza fortis.*
4. *Certhidea olivacea.*

左图：1845 年，鸟类学家约翰 · 古尔德（John Gould）画的一幅画，描绘了达尔文 1835 年在加拉帕戈斯群岛旅行时捕获的各种雀喙。

右图：查尔斯 · 达尔文，摄于 1870 年。

 性的起源（约 12 亿年前），灵长类（约公元前 6000 万年），最早的人科动物（约 1000 万年前），加拉帕戈斯群岛（约 500 万年前），智人出现（约 20 万年前），阅读化石记录（1811 年），均变论（1830 年），内共生（1966 年）

在 18—19 世纪，人们发现了现已灭绝的动植物化石，并认识到这些化石中有许多是来自遥远的古代，这激起了许多生物学家和地质学家的内在好奇心。他们想知道地球上的生命是如何以及为什么会随着时间发生变化的。年轻的英国博物学家查尔斯 · 达尔文就是这样一位科学家，当时只有 22 岁的他获准自费登上了一艘皇家海军的船，准备对南美洲进行地理和植物学调查。1883 年，英国皇家海军贝格尔号开始了为期五年的环球探险。

途中，达尔文开展了仔细的观察，收集了大量的植物、动物和化石标本。在贝格尔号上的时光使他见证了地球上令人难以置信的生物多样性，也让他看到了在地理上已经变得孤立的类似物种之间相对渐进的变化，例如加拉帕戈斯群岛上的雀类。达尔文所看到的一些现象与均变论的观点是一致的，即地质和生命的逐渐变化，但其观察结果揭秘了更复杂、更迅速的力量在推动物种的变化。

1836 年回到英国后，达尔文开始试图弄清楚他所做的观察和收集的样本。最终他得出结论，认为个体有机体的生理和行为特征（生物学家今天称之为表现型）的差异可以导致这些个体在生存和繁殖方面的成功或失败，他称之为自然选择的过程。1858 年，他意识到英国博物学家阿尔弗雷德 · 拉塞尔 · 华莱士也得出了同样的结论，于是他们共同向科学界提出了自己的理论。达尔文关于自然选择及其在进化中的作用的更详细的观点，随后出现在他 1859 年出版的《物种起源》（*On the Origin of Species*）一书中，这本书具有里程碑意义。

达尔文的书以及后来的著作在学术界和神学家中极受欢迎，也颇具争议，特别是关于书中暗示了人类也在数千年的进化过程中部分地验证了自然选择。今天，自然选择和进化几乎被普遍接受为人类和其他物种起源的主流理论，达尔文被公认为人类历史上最有影响力的科学家之一。■

1858—1859 年

这张照片由法国摄影师纳达尔拍摄于1868年，拍摄位置是巴黎的凯旋门和伊托伊勒广场上空的"巨人"气球上。

最早的世界地图（约公元前 600 年），解密太阳光（1814年），现代地质地图（1815 年），地球科幻小说（1864年），大气结构（1896 年），臭氧层（1913 年），航空探索（1926 年），地球同步卫星（1945 年），气象卫星（1960年），地球自拍照（1966 年）

1858 年

想要创建一个大区域的地图，比如一个城市、一个国家、一个世界的地图，需要早期的测绘者或地图制图师改变他们的视角，从一个站在地球上看的视角，变成一个想象中从高空或者地球以外俯瞰的视角。有一些早期的地图绘制者在这方面比其他人做得更好，但是，不管怎样，大多数早期的大范围地图仍然缺乏地理准确性和比例尺。

随着遥感技术的出现，这一切都将改变。遥感技术是一种无须与物体实际接触就能确定其位置或物体信息的技术。例如，通过望远镜观测太阳和其他恒星及行星的天文学和光谱学就是一种遥感，就像用望远镜或其他测量工具从船上绘制海岸线一样。随着航空遥感技术的发展，人们在绘制全球地图方面取得了重大进展。

航空遥感的第一个例子来自早期气球驾驶员，比如法国摄影师戈斯帕德－费利克斯·图尔纳雄，他以笔名纳达尔闻名于世。1858 年，纳达尔成为第一个从飘浮在巴黎上空的气球上获得航拍照片的人。虽然他早期的照片无一幸存，但在其完善了在气球篮里拍摄和冲洗照片的过程后的几十年里，他在空中拍摄的无数照片证明了他的拍照技术超群绝伦。纳达尔的照片被用于城市和政府的调查以及旅游广告。

此后不久，风筝开始被用于拍摄航空遥感照片，再后来飞机开始被用于空中侦察。在第一次世界大战期间，航拍照片可以提供关于敌人防御和军队动向的独特信息。战后，欧洲和美国的商业遥感摄影公司开始为政府、行业和学者提供空中测绘服务。从 20 世纪60 年代开始，用天基卫星进行遥感已经成为大势所趋，最终带来了今天精密侦察卫星的现代化时代。与此同时，科学卫星专注于以越来越高的分辨率和频率来拍摄和研究我们的星球。■

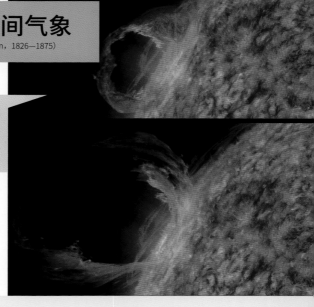

太阳耀斑和空间气象

理查德·卡灵顿（Richard Carrington，1826—1875）

2010 年 3 月 30 日，在强烈的电离氦的紫外线照射下，美国国家航空航天局通过太阳动力学观测卫星拍摄到壮观的日珥喷发。从比例上看，顶部的圆环中可以放入数百个地球。

 航空遥感（1858 年），磁极倒转（1963 年），磁导航（1975 年），磁层振荡（1984 年）

太阳是太阳系中体积最大、能量最大、最重要（至少对我们来说是如此）的地外天体。因此，许多天文学家为了研究太阳内部运作方式，选择将功能越来越大的望远镜对准它也就不足为奇了。通过使用适当的滤光片或将太阳圆盘投射到墙上或屏幕上，天文学家可以测量和观察太阳可见"表面"即光球层上的太阳黑子等特征。人类研究太阳黑子已经几个世纪了，望远镜观测可以追溯到 17 世纪早期，裸眼或经过滤的光路观测则跨越了更长的历史。随着时间的推移，望远镜和观测方法的改进使得人类对太阳黑子的研究更加细致。

英国业余天文学家理查德·卡灵顿是最著名和最多产的太阳黑子观测者之一。1859 年 9 月 1 日，卡灵顿在一个特别密集的太阳黑子群附近观测到太阳亮度的强烈增加。这个过程只持续了几分钟。然而第二天，从世界各地传来了强烈的极光活动和电报及其他电力系统严重中断的报告。

卡灵顿所见证的是第一次有记录的太阳耀斑，即太阳大气中的巨大爆炸，它以极高的速度将高能粒子抛入太阳系。这种太阳"风"撞击地球磁场的强烈效果被称为太阳风暴。从那时起，人们观察到了许多这样的耀斑和风暴，但观测记录和冰芯数据表明，1859 年的耀斑不仅是有记录以来的第一次，而且是最大的一次，甚至可能是千年一遇的特大耀斑。

卡灵顿的科学观测建立了太阳活动与地球环境之间的联系，并引起了人们对空间气象这种太阳风与所有行星之间相互作用浓厚的研究兴趣。如今大量使用的地球轨道通信、气象和遥感卫星代表着价值数十亿美元的技术和基础设施，非常容易受到太阳耀斑及其随后风暴的破坏。这就是为何美国国家航空航天局和其他航天机构非常积极地继续卡灵顿的重要工作，即预测、监测和理解空间气象影响的原因之一。■

1859 年

物理学家威廉·汤姆森（开尔文勋爵）使用仪表进行测量，拍摄于 1910 年。

地质学的基础（1669 年），万有引力（1687 年），不整合接触（1788 年），解密太阳光（1814 年），均变论（1830 年），自然选择（1858—1859 年），温室效应（1896 年），放射性（1896 年）

1862 年

地球的年龄是多少？最早对地球年龄进行估算的著名科学家之一就是苏格兰－爱尔兰物理学家和工程师威廉·汤姆森。汤姆森是热力学方面的专家，而热力学研究的是不同能量之间的关系。由于他的发现，他成为第一个被擢升到上议院的英国科学家，并以"开尔文勋爵"的名字为人所知。他试图估算我们星球的年龄，方法是假设它一开始完全处于熔融状态，随着时间的推移逐渐冷却到目前的表面和内部温度，并且没有其他的内部热源。1862 年，开尔文通过模型估计地球的年龄在 2000 万到 4 亿年之间，后来他把这个数字精确到 2000 万到 4000 万年。

开尔文有关地球年龄的估计在 19 世纪的科学家中引发了重大的争论。对某些人的理解来说，这个年龄似乎太老了，例如，根据《圣经》中的一些宗教阐释，认为世界只有 6000 年历史；但对于许多地质学家，尤其是那些对层状沉积岩和不整合接触研究最有经验的人来说，这似乎又太年轻了。对于像查尔斯·莱伊尔这样的均变论支持者来说，几千万年的时间不足以解释地质记录中所记录的层状岩石和气候周期的漫长历史。对于像查尔斯·达尔文这样的自然选择支持者来说，这么短的时间也与化石记录中物种缓慢变化的证据不符。

1896 年放射性物质的发现和随后放射性测年技术的发展表明，开尔文的一个基本假设是错误的，因为还有另外一个放射性元素如铀衰变的内部热源。把这个因素考虑进去，修正开尔文的计算，结果得出了一个更老的估算，达到了几十亿年。在那之后，20—21 世纪的科学家们通过对太阳系中已知的最古老的物质和行星的基石，即陨石进行放射性测年，重新估算出地球的年龄是更精确和更古老的 45.5 亿年（误差约几百万年）。■

地球科幻小说
儒勒·凡尔纳（Jules Verne，1828—1905）

这是儒勒·凡尔纳 1864 年创作的科幻小说《地心游记》（A Journey to the Center of the Earth）中的一幅插图。

 最早的世界地图（约公元前 600 年），美洲原住民的创世神话故事（约 1400 年），工业革命（约 1830 年），环保主义的诞生（1845 年），自然选择（1858—1859 年），地球的年龄（1862 年），地球同步卫星（1945 年）

19 世纪，关于地球和自然界的科学发现的步伐大大加快了。探索和研究地球及其历史的科学家，如亚历山大·冯·洪堡、查尔斯·达尔文、查尔斯·莱伊尔和威廉·汤姆森（开尔文勋爵）成为当时的名人和大众明星，为越来越多、具有科学素养的公众发表演讲和撰写科普书籍。因此，小说作家继承流行科学的衣钵，创作出与科学激动人心的进步相媲美的让人过目不忘的故事和人物，就不足为奇了。

法国作家凡尔纳是最早广泛普及这一相对较新的科幻小说流派的作家之一。凡尔纳在 19 世纪 50 年代开始了他的文学生涯，他写的是当时流行的杂志文章和短篇小说，关注当时科技领域的流行话题，尤其是他个人痴迷的地理和探险。他尤其受到查尔斯·莱伊尔和当时其他主要地质学家的工作的启发，再加上相对较新的思想，即地球在广阔的时间范围内经历了无数次的周期变化，并且这些变化的历史被保存在地表和地下的地质中。凡尔纳笔下的人物将深入地下世界，试图解读这些记录并沿着线索到达难以捉摸的地核。凡尔纳甚至抓住了一个新想法，即地球上的生命可能是古老的，在他想象的深入地下的航行中，有许多主人公遇到史前生物的例子，而读者可以想象这些生物曾经生活在地表。

包括凡尔纳在内的许多优秀科幻小说之所以在流行的同时，兼具教育和娱乐意义，是因为他们在故事中引入的许多先进技术和科学发现，正好也是同期前沿科学家和工程师们正在探讨和争论的主题。事实上，热门科幻主题总是围绕着考古学、生物学、遗传学、极地和深海探险、航空、机器人以及太空旅行等科学技术领域，其中往往包括真正的科学和工程，或者有时会加入作者的想象推断，作为一个有效的"噱头"，以吸引感兴趣的读者和观众。■

1864 年

左图：船只停泊在大理石峡谷，拍摄于1872 年。

右图：约翰·韦斯利·鲍威尔和一个名为陶谷的印第安人的照片。这两张照片均拍摄于鲍威尔第二次大峡谷探险时。

 地质学的基础（1669 年），不整合接触（1788 年），绘制北美地图（1804 年），现代地质地图（1815 年），均变论（1830年），国家公园（1872 年），美国地质调查局（1879 年）

1869 年

美国科罗拉多河大峡谷是世界顶级自然奇观之一，对于地质学家来说也是名副其实的圣地。大峡谷位于亚利桑那州北部，全长 446 千米。大峡谷在这里的沉积岩层中刻下了深深的、引人注目的痕迹，它的横截面跨越了 20 多亿年的地球地质历史。在一些地方，峡谷超过 1850 米深，但不到 300 米宽。

虽然早在 1540 年就有几批西班牙人探访过大峡谷，但直到 1869 年地质学家、探险家和军人少校约翰·韦斯利·鲍威尔首次正式对大峡谷进行科学探索之前，还没有人全面地记录下它的完整范围。他和其他九个人乘着四艘船出发，绘制河流的航线，记录这个鲜为人知（至少对欧洲殖民者来说）地区的动植物和气象。这是一次危险的航程，要穿越干旱、未知的地区，在瀑布和激流附近还要周转大量的船只和补给品。鲍威尔的三名船员将在之后三个月的航程中丧生。

有关鲍威尔 1869 年的旅行和 1871—1872 年第二次更有野心的大峡谷探险（其中包括一名随行摄影师）的绘画、测量、书籍和演讲在公众和科学界引起了轰动。在峡谷从顶部到底部的剖面上，包括火成岩、变质岩和沉积岩的岩石类型、结构、颜色和化石的变化，为地质学和地层学的基本原理提供了教科书式的证据，包括以鲍威尔命名的地球上最著名的不整合接触之一，代表了超过 10 亿年的地层缺失。地球上很少有其他地方能提供这样一个了解地球地质历史的生动窗口，这也是为什么大峡谷在 1919 年成为国家公园的原因之一。正如鲍威尔在 1895 年所写的那样："使大峡谷成为自然界中最壮丽景观的因素是多种多样的，而且千差万别。" ■

人类世

一些科学家这样思考，人类在地球上的"足迹"是否导致了一个我们称之为"人类世"的全新地质时代的开始？

 石器时代（约 340 万—公元前 3300 年），末次冰期的结束（约公元前 1 万年），青铜时代（约公元前 3300—公元前 1200 年），铁器时代（约公元前 1200—公元前 500 年），工业革命（约 1830 年），发现冰期（1837 年），森林砍伐（约 1855—1870 年），温室效应（1896 年），地球日（1970 年）

地质学家们把地球的历史分成一个个小段的时间，从最长的称为"宙"（eon），再到"代"（era），"纪"（period），"世"（epoch），最后是持续时间最短的"期"（age）。主要地质年代的界限通常以主要的地质或古生物事件如大灭绝为标志。而更近的"世"与"期"的界限是根据主要的气候事件，如冰期和间冰期来定义的。例如，我们现在处于的第四纪时期，开始于大约 260 万年前，正是当前所处冰室期的开端。我们现在处于的第四纪的全新世，开始于大约公元前 1 万年，正是当前所处间冰期暖期的开端。

然而，一些地质学家和气候学家认为，我们最近进入了一个新的地质时代。在这个时代里，人类可能成为或已经成为地球表面、大气和生物圈变化的一个主要因素。这个新提出的时代被称为"人类世"（Anthropocene），它的前三个音节来自希腊语的"人类"。

人类世是一个与全新世截然不同的地质时代，相关证据可以追溯到 19 世纪 70 年代，其中包括工业革命的影响，特别是内燃机的发展，导致地球的大气层污染和二氧化碳等温室气体的增加。一些人指出，森林砍伐的加速导致了 19 世纪中期开始的地表排水模式的变化。另一些人则基于许多与人类活动有关的物种灭绝的直接例子，列举了过去一个世纪人类对生物多样性的巨大影响。还有一些持有哲学观点的人认为，20 世纪 40 年代核时代的到来代表了我们这个星球的一个新时代，因为现在有一个物种不仅可以自我毁灭，而且还可以从根本上对整个生物圈造成巨大的破坏。

人类世的概念是否预示着对地球当前和未来状态的一种令人沮丧的、反乌托邦的看法？或者，人类世是否代表了这样一个时代，它开始于人类对自身世界潜在影响的愚昧无知，然后变成了一个环保责任意识觉醒的时代？这要靠我们自己去寻找答案。■

约 1870 年

土壤有各种各样的颜色、结构和成分，就像在这张沥青路面下的典型剖面上看到的那样。

农业的出现（约公元前 1 万年），土木工程（约 1500 年），控制尼罗河（1902 年）

1870 年

土壤是暴露在地表条件下细小颗粒的岩石经过物理和化学风化的产物。风、水、冰川、构造运动、火山爆发，甚至是陨石撞击，都是破坏基岩或将其改变成土壤的因素。每个农民都知道，土壤是营养物质的重要载体，也是使植物得以生长的水分储存介质。没有土壤，植物难以生存，大规模的农业将根本不可能发展，地球上的生命也将会截然不同。

直到 19 世纪 70 年代，人们才正式开始把土壤研究作为一个单独的研究领域，这受到俄罗斯地质学家瓦西里·杜库恰耶夫的推动，他建立了许多现代土壤科学所依赖的基本原理。杜库恰耶夫提出了这样一种观点，即土壤的差异不仅与初始基岩组成、当地气候条件、当地地形和排水条件、土壤承载有关，还与支持的生物性质和影响以及土壤形成过程的时间长短有关。他对土壤进行了广泛的实地研究，并创立了基于颗粒大小、颜色、有机含量和其他因素的土壤分类法。这是最早的土壤分类系统之一，其中一些方面至今仍被使用。

关于土壤形成过程、化学组成、形态特征和分类方法的研究被称为土壤学，它包含了多种自然和社会学科，包括地质学、化学、矿物学、生态学、微生物学、农学、考古学、工程学，甚至城市和区域规划。不论是学术还是商业领域，土壤都像其他资源一样被视为一种重要的自然资源，需要用心监测和合理管理。

既然微观和宏观生物在地球上土壤的形成和改造中起着如此重要的作用，那么我们不妨提出这样的疑问：在其他卫星或行星上有土壤吗？最近，美国土壤科学学会认为答案是肯定的，他们改变了对"土壤"的正式定义，使其可以包括其他世界的土壤，将"土壤"定义为"在行星表面或附近受物理、化学和生物过程影响，一般呈松散的矿物和有机物质层，通常可以容纳液体、气体和生物群，并帮助植物生长。"■

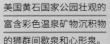

国家公园

美国黄石国家公园壮观的富含彩色温泉矿物沉积物的狮群间歇泉和心形泉。

内华达山脉（约 1.55 亿前），现存最古老的树（约公元前 3000 年），探索大峡谷（1869 年），塞拉俱乐部（1892 年），极端微生物（1967 年）

人口增长、城市化和工业化都需要资源，而随着时间的推移，人们对资源的需求会极大地改变自然世界。随着这些力量在 19 世纪开始以前所未有的速度增长，一些自然学家、自然资源保护主义者和政府官员开始意识到，如果不给予自然特殊的政府保护，许多最美丽、最脆弱的环境和生态系统就会遭到破坏。这促成了美国州立公园和国家公园的建立，旨在保护一些国家独特而优美的自然奇观。

黄石国家公园于 1872 年第一个被指定为特别区域。美国国会和总统尤利西斯·辛普森·格兰特为该公园划出了 8000 多平方千米的原始山脉、峡谷、森林、河流和温泉，覆盖了后来成为怀俄明、蒙大拿和爱达荷州的部分地区。加州的红杉国家公园是著名的巨型红杉树的家园，1890 年，它被指定为受联邦保护的地区。为了管理这些数量不断增加的公园，国会和总统伍德罗·威尔逊于 1916 年设立了国家公园管理局，"保护风景、自然和历史遗迹以及野生动物，通过这种方式，可以不损害其为子孙后代提供同样的享受。"

今天，美国有 59 个国家公园以及数百个其他特殊保护区，如纪念馆、纪念碑、海滨、湖滨、步道和休闲区。全国的国家公园面积相当于蒙大拿州的大小。而世界各地都有类似的公园，其中许多公园同时被联合国教科文组织认定为世界遗产。总的来说，据联合国教科文组织估计，截至 2016 年，地球陆地面积的近 15% 完全或部分由保护区组成，包括公众访问受限的科学保护区、国家公园、自然遗迹、自然保护区或野生动植物保护区、受保护的景观以及主要为可持续利用而管理的区域。■

1872 年

主图：大约 1906 年，美国地质调查局地质学家格罗夫·卡尔·吉尔伯特在加利福尼亚州伯克利附近的一个地层露头上攀登。

图中小图：1891 年左右，吉尔伯特的实验通过把硬黏土球扔进软黏土中来演示陨石坑的形成。

亚利桑那撞击（约 5 万年前），绘制北美地图（1804年），探索大峡谷（1869 年），寻找陨石（1906 年），通古斯爆炸（1908 年），了解陨石坑（1960 年），都灵危险指数（1999 年）

1879 年

由于 1803 年购买路易斯安那和 1848 年的美墨战争，美国国土面积急剧扩大，这促使联邦政府需要对这些新土地进行勘测，并对其植物、动物和地理进行编目。这项工作被移交给一个新的联邦机构——美国地质调查局。美国国会在 1879 年建立了美国地质调查局，负责"公共土地的分类，以及对国家领域内地质构造、矿产资源和物产的调查"。

格罗夫·卡尔·吉尔伯特是美国地质调查局最早的地质学家之一，他研究了各种地质地貌的起源和演变即地貌学，也曾是约翰·韦斯利·鲍威尔 1874 年落基山脉探险队的主要助手。他最终卷入了一场有争议的争论，地质学家们争论的焦点是一个位于亚利桑那州温斯洛附近、直径 1200 米、深 170 米的圆形坑的起源。关于它的起源有三种假说：第一种是一个典型的火山环形山；第二种是一个被称为"玛珥式火山"的特殊类型的火山环形山，由炽热岩浆和地下水的爆炸性相互作用而成；第三种是小行星或彗星撞击形成的环形山。1895 年，吉尔伯特得出结论，这是一个玛珥式火山，由强大的火山蒸汽爆炸形成。他的显赫地位和影响力使这个想法得到多数人支持。

然而，65 年后，吉尔伯特的观点被另一位著名的美国地质调查局地质学家尤金·舒梅克证明有误。后者在 1960 年最终证明了这确实是由一颗小型金属质小行星高速撞击地面而形成的，也就是现在所谓的陨石坑。不过，值得赞扬的是，吉尔伯特还研究了月球上类似的圆形特征，并正确地提出月球上的圆形凹坑是来自宇宙物质碰撞的结果。

部分受益于吉尔伯特、舒梅克以及其他人的外星研究，撞击坑现在被认为是改变行星表面的重要力量。今天，美国地质调查局的科学家们不仅深度参与了对地球表面的测绘和探索，而且参与了对太阳系中许多其他星球表面的相同工作。■

喀拉喀托火山喷发

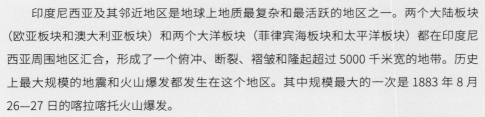

一幅描绘 1888 年喀拉喀托火山爆发场景的版画。

香料贸易（约公元前 3000 年），庞贝城（79 年），于埃纳普蒂纳火山喷发（1600 年），坦博拉火山喷发（1815 年），岛弧（1949 年），圣海伦斯火山喷发（1980 年），火山爆发指数（1982 年），皮纳图博火山喷发（1991 年），苏门答腊地震和海啸（2004 年），埃亚菲亚德拉冰盖火山喷发（2010 年），黄石超级火山（约 10 万年后）

1883 年

印度尼西亚及其邻近地区是地球上地质最复杂和最活跃的地区之一。两个大陆板块（欧亚板块和澳大利亚板块）和两个大洋板块（菲律宾海板块和太平洋板块）都在印度尼西亚周围地区汇合，形成了一个俯冲、断裂、褶皱和隆起超过 5000 千米宽的地带。历史上最大规模的地震和火山爆发都发生在这个地区。其中规模最大的一次是 1883 年 8 月 26—27 日的喀拉喀托火山爆发。

喀拉喀托位于苏门答腊岛和爪哇岛之间，是由密度较大的印度洋板块俯冲至密度较小的欧亚大陆板块之下而形成的火山岛弧的一部分。随着海洋板块的熔化和俯冲，密度较低的熔融岩浆上升到上覆的大陆板块，熔化了其中的一些物质，并产生了广泛的地震和火山活动。

喀拉喀托火山区别于其他早期和晚期火山喷发的原因是它释放的大量能量所造成的破坏程度。因为人们在东南亚许多岛屿上发现了珍奇香料，19 世纪后期，欧洲探险家、移民者、传教士和商人在这一地区建立了许多殖民地和前哨站，其中大部分通过与珍奇香料相关的贸易和商业来维持。

虽然人们已经知道了史前和更早的火山爆发记录（最近一次是在 1680 年），但在 19 世纪 80 年代，人们对未来爆发的可能性知之甚少。喀拉喀托火山附近和周围地区有 3.6 万多人直接死于火山喷发以及随之而来的火山灰降落和海啸。据估计，主爆炸的威力约为 2 亿吨的 TNT，是世界上最大的原子弹威力的四倍多。而喀拉喀托岛本身的三分之二在火山爆发中灰飞烟灭。■

塞拉俱乐部

约翰·缪尔（John Muir，1838—1914）

1903 年，美国环保主义者、塞拉俱乐部创始人约翰·缪尔与美国总统西奥多·罗斯福在加利福尼亚州优胜美地山谷冰川点的合影。

 内华达山脉（约 1.55 亿年前），绘制北美地图（1804 年），工业革命（约 1830 年），发现冰期（1837 年），环保主义的诞生（1845 年），森林砍伐（约 1855—1870 年），自然选择（1858—1859 年），探索大峡谷（1869 年），国家公园（1872 年），地球日（1970 年）

1892 年

19 世纪中后期，导致全球环保意识和行动主义明显增强的一部分原因是探险家和博物学家公开参与航海、著述和演讲，另一部分原因是工业革命导致了城市似乎在无限制的发展。

在早期的环保运动历史中，苏格兰裔美国博物学家、哲学家、科学家和作家约翰·缪尔是一个关键人物。缪尔在大学里学的是地质学和植物学，但未毕业。他沉迷于一种流浪的精神，这种精神让他进行了多次个人探险之旅，并在美国和加拿大各地流动工作。19 世纪 60 年代末，缪尔来到加利福尼亚，最终定居内华达山脉的一个风景优美的地区——优胜美地山谷，他在这里生活、写作和研究地质学，他一边徒步旅行和爬山，一边解读风景。他关于冰川在优胜美地形成过程中扮演重要角色的观点在当时备受争议，但与路易斯·阿加西等人发现的越来越多的冰期证据是殊途同归。

缪尔认识到，不加以控制的开发、伐木和采矿可能会威胁到优胜美地和巨杉森林等原始的自然土地，因此他呼吁各州和联邦政府保护这些地区。在他的影响下，美国国会于 1890 年将红杉公园建成美国第二个国家公园，并将优胜美地山谷置于加利福尼亚州的保护之下。认识到志同道合的"公民倡导"努力中的潜在力量和政治影响力，缪尔于 1892 年创建了塞拉俱乐部，并担任其首任主席。在缪尔的领导下，该俱乐部在立法方面取得的早期成绩包括建立了冰川和雷尼尔山国家公园，正式将优胜美地国家公园移交联邦政府管理，以及建立了国家公园管理局。

如今，塞拉俱乐部拥有 300 多万会员，其使命是"探索、享受和保护地球"。随着全球的发展和商业活动不断扩大以及人口增长，以公民为基础的环保倡导组织和塞拉俱乐部等监督组织的作用依然至关重要。■

温室效应

约瑟夫·傅里叶（Joseph Fourier，1768—1830）
斯万特·阿伦尼乌斯（Svante Arrhenius，1859—1927）

尽管不完全一致，但地球的大气层的确就像一个透明的温室一样包围着我们的星球，照射进来的阳光，不仅温暖了地球表面，还会使大气变暖。

地球上的生命（约38亿年前？），寒武纪生命大爆发（约公元前5.5亿年），恐龙灭绝撞击（约6500万年前），末次冰期的结束（约公元前1万年），小冰期（约1500年），发现冰期（1837年），不断增多的二氧化碳（2013年）

我们常常认为地球是一个天然的"金发姑娘"式的美好世界，而不是离太阳更近的金星上恐怖地狱，或是离太阳更远的火星上冰冻的世界。直到19世纪末，科学家们才意识到，地球之所以是一个适合居住的拥有海洋的星球，仅仅是因为受到两种含量相对较少但却至关重要的大气气体的影响：水（H_2O）和二氧化碳（CO_2）。没有它们，地球上的海洋就会冻结成固体，即使这种环境下真的有生命存在的话，地球上的生命也肯定会与现在的大不相同。

地球如果仅受阳光照射，表面会有多热呢？在19世纪20年代，法国数学家约瑟夫·傅里叶首次提出，在这种情况下地表的平均温度会远低于冰点。那么，为什么海洋会是液态的？傅里叶推测，大气可能起到了保温作用，就像温室里的玻璃一样，将热量保留下来。但傅里叶无法证实这一推测。

为此，瑞典物理学家和化学家斯万特·阿伦尼乌斯给出了答案。他指出大气中的气体确实使地球表面温度升高了超过30℃，从而使地球保持在冰点以上。与水和二氧化碳有关的气体是透明的，因此阳光可以照射到地球表面，但它们吸收了地球释放出的大部分红外热能，从而使大气变暖。尽管变暖的原因不同于温室那样的封闭玻璃房间，但它仍然被称为"温室效应"，这主要是受傅里叶早期所探讨的思想和实验的影响。

阿伦尼乌斯认为，温室效应是地球天然丰富的水和二氧化碳所导致的一个简单而幸运的结果，特别是他推测过去二氧化碳的减少，可以解释冰期的出现。他是第一个进一步推测未来燃烧化石燃料可能会增加空气中二氧化碳含量并导致全球变暖的人。当然，地球的气候比阿伦尼乌斯预想的要复杂得多，但他对人类在改变地球环境中所起作用的关注最终被证明是有先见之明的。■

1896年

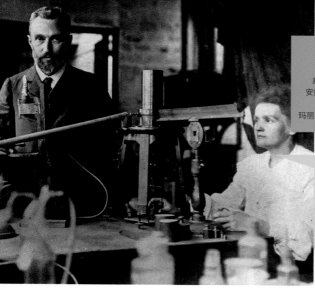

放射性

威廉·康拉德·伦琴（Wilhelm Conrad Röntgen, 1845—1923）
安托万·亨利·贝克勒尔（Antoine Henri Becquerel, 1852—1908）
皮埃尔·居里（Pierre Curie, 1859—1906）
玛丽·斯克沃多夫斯卡·居里（Marie Skfodowska Curie, 1867—1934）

136

主图：居里夫妇在巴黎的实验室里研究放射性物质。

插图：1918 年公开的一张放射性发现者亨利·贝克勒尔的照片。

 地球诞生（约 45.4 亿年前），月球诞生（约 45 亿年前），地质学的基础（1669 年），地球的年龄（1862 年）

1896 年

19 世纪晚期，欧洲和美国的物理实验室里充满了关于电和磁的新发现。这些新发现使人们拥有了能够产生、储存大量电压和电流的能力，以供各种实验使用。而这常常会带来意外的结果，比如德国物理学家威廉·伦琴在 1895 年对高压阴极射线管研究的同时，产生了一种神秘的新形式辐射，他称之为 X 射线。

法国物理学家亨利·贝克勒尔怀疑，某些天然物质在黑暗中发出磷光的能力可能与这些 X 射线有关。于是，他在 1896 年进行了一系列实验，以确定这些材料在阳光照射下是否会发出 X 射线。然后，他却偶然发现其中一种名叫铀盐的材料，会自发地发出辐射，且与 X 射线完全不同。

与贝克勒尔长期合作的法国物理学家皮埃尔·居里和玛丽·居里夫妇，也对这种新发现的自发辐射的奇异行为很感兴趣。特别是居里夫人对铀的研究，使她发现了两种新的放射性元素：钋（以她的祖国波兰命名）和镭。为了表彰他们的重大发现，贝克勒尔和居里夫妇获得了 1903 年的诺贝尔物理学奖。玛丽·居里是第一位获得诺贝尔奖的女性；她在 1911 年又获得了诺贝尔化学奖，至今仍是唯一一位在两个不同领域获得诺贝尔奖的科学家，也是唯一一位获得过两个诺贝尔奖的女性。

因为放射性元素释放能量并以可预测的速度衰变为其他元素，在过去的一个世纪里，放射性被用作天然的"时钟"。放射性用于精确地测定地球、月球和陨石的年龄，进而以太阳的年龄和演化为指引，确定整个太阳系及其以外的天体的年龄。由于放射性原理以及贝克勒尔和居里夫妇等科学家的开创性工作，我们现在才能准确地知道地球有 45.5 亿年的历史，它是在 45.68 亿年前太阳形成后不久形成的。■

大气结构

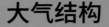

莱昂·泰瑟伦克·德·波特（Léon Teisserenc de Bort，1855—1913）
理查德·阿斯曼（Richard Aßmann，1845—1918）

工作人员正在放飞一个美国气象服务大气探测气球，拍摄于1909—1920年。

航空遥感（1858年），温室效应（1896年），臭氧层（1913年），气象雷达（1947年），气象卫星（1960年），磁层振荡（1984年）

　　19世纪中期气球高空遥感的出现，以及气象仪器和气球本身的改进，使研究人员能够到达非常高的高度直接测量地球大气层的温度和压力。大气结构研究这一高空气象学新领域的先驱是法国气象学家莱昂·泰瑟伦克·德·波特和德国气象学家理查德·阿斯曼，当时他们均独立使用高空氢气球来测量地球大气的结构。从1896年开始，德·波特开始向高空放飞数百个装有仪器的无人气象气球，这些气球可以在1.7万米的高度飞行。

　　早期的先驱者发现大气至少分成两层。接近地球表面最底部的一层，德·波特称之为对流层，英文源于希腊语"旋转"，最高可达1.2万米。温度随着海拔高度的升高缓慢下降，然而在更高一层的上空，温度相对稳定，气球能飞多高就飞多高，德·波特称这个上层区域为平流层，英文源于希腊语"铺展开来"，而两层之间的边界称为对流层顶。

　　后来的气象气球、高空飞行器、亚轨道探空火箭以及轨道卫星，极大地增进了我们对地球大气结构的了解。实际上，地球大气层有五层，而不是两层。它们从下到上分别是：（1）对流层，从地球表面到大约12千米的高度，占据了大约80%的大气质量；（2）平流层，最多延伸至50千米的高度，由于大气臭氧的加热作用，平流层的温度明显高于早期气球的极限；（3）中间层，延伸至80千米的高度，并且温度再次随高度下降；（4）热圈，延伸到700千米的高度，在太阳风和地球磁场作用下可以电离这些稀薄的空气，产生极光现象；（5）外逸层，延伸到大约1万千米的高度，在那里原子和分子很容易逃逸并沿着相同的磁场线返回到我们的大气层。■

1896年

史密斯学院档案照片，拍摄时间不详，所展示的是地质学家弗洛伦斯·巴斯科姆拿着她的地质罗盘。

阿巴拉契亚山脉（约 4.8 亿年前），阅读化石记录（1811 年），美国地质调查局（1879 年），珊瑚地质学（1934 年），地球内核（1936 年），海底测绘（1957 年），海底扩张（1973 年），磁层振荡（1984 年）

　　数千年来，对现代科学的追求一直是男性主导的领域。在学界和社会上，人们并不鼓励妇女从事科学或技术领域的职业，她们被禁止进入主要的学术机构和加入主要的科学团体，甚至禁止被这些组织所认可。尽管也有罕见的例外，但在科学的大部分历史中，它一直是一个男孩俱乐部。

　　这种情况在 19 世纪和 20 世纪开始慢慢改变，地球科学领域就是其中之一。例如，英国化石收藏家玛丽·安宁（Mary Anning，1799—1847）在 19 世纪早期对古生物学做出了重要贡献，尽管当时她没有接受过这一领域的正规教育，也没有得到官方正式的学术认可。另一个例子是，地质学家和古生物学家玛丽·霍姆斯（Mary Holmes，1850—1906）于 1888 年成为第一位获得地球科学博士学位的美国女性。

　　19 世纪晚期，另一位对女性科学事业做出重大贡献的开拓性地球科学家是美国地质学家弗洛伦斯·巴斯科姆。1893 年，她成为该领域第二位获得博士学位的女性；1896 年，她成为第一位在美国地质调查局工作的女性。巴斯科姆的研究领域是现今和以前大陆边缘附近火山岩的组成及成因。她是矿物学、结晶学和岩石学方面的专家，而且像许多现代地质学家一样，善于把野外观察和实验室观察结合起来。她提出并验证了关于美国东部沿海阿巴拉契亚山麓地区起源和演化的新假设。在继续为美国地质调查局工作的同时，她于 1901 年创建了布林莫尔学院的地质学系，并在那里教授和指导学生到 1928 年。

　　尽管在他们的职业生涯中仍然面临着许多性别歧视的障碍和未完全被认可，但是，安宁、霍姆斯、巴斯科姆和其他一些人已经开始慢慢地为女性敲开了科学的大门。然而，这些大门今天仍然没有完全打开：现在女性获得了 50% 的理科博士学位，但女性在大学理科教师职位中所占比例不到 25%。正如科学教育家、"科学人"比尔·奈（Bill Nye）所说，"世界上有一半的人是女性，所以我们应该有一半的科学家、工程师是女性。"■

加尔维斯顿飓风

1900 年 9 月 8—9 日的灾难性飓风袭卷美国得克萨斯州加尔维斯顿市后，幸存者在废墟中寻找贵重物品。

 旧金山地震（1906 年），大野火（1910 年），三州龙卷风（1925 年），沙尘暴（1935 年），气象卫星（1960 年）

飓风，也被称为热带气旋，是快速旋转的低压风暴系统，以强风、雷暴和暴雨为特征。这些风暴之所以归属为"热带"的，是因为它们形成于赤道附近温暖的开阔水域。当强烈的热带阳光促使海水蒸发，潮湿的海水上升、冷却再凝结成云和雨时，释放出的能量会助长飓风。飓风在北半球是逆时针旋转的，在南半球是顺时针旋转的。它们通常在离赤道 30° 的纬度范围内由东向西移动，但当它们遇到大陆或大型岛屿时，可以急剧地转向北方或南方，甚至回到东方。而在亚洲和西太平洋，飓风又被称为台风。

1900 年 9 月 8—9 日，一股热带气旋袭击了得克萨斯州的加尔维斯顿，这是袭击美国本土最致命的飓风，实际上也是美国历史上最致命的自然灾害。来自加勒比海的天气记录显示，风暴在 5～6 天前经过了伊斯帕尼奥拉岛和古巴，然后在进入墨西哥湾温暖的水域后急剧增强，破坏了沿海国家的电报线路，影响了通信。飓风以 230km/h 的最大持续风速袭击了加尔维斯顿，导致大量房屋、建筑物和其他基础设施被毁。多达 1.2 万人在这场风暴中丧生，灾难对这座城市的社会和经济造成的影响持续了数十年。虽然这是美国历史上最致命的飓风，但它还远不是造成损失最大的飓风。2005 年，卡特里娜飓风摧毁了新奥尔良，造成近 2000 人死亡，估计损失超过 1600 亿美元。

在人类历史的大部分时间里，台风都是在几乎没有预警的情况下出现的不可预测的现象。在 20 世纪以前的记录中，印度、中国和东南亚有 100 多万人直接或间接地死于台风。在全球范围内，我们仍然没有找到应对这些风暴的方法。即使在现代卫星天气预报时代，由于通信不灵、预警不足、庇护所不够以及风暴后应对和支持不力，世界各地仍有相当数量的人死于台风。■

1900 年

控制尼罗河

位于尼罗河西岸的埃及阿斯旺大坝（旧坝），拍摄于 1912 年。

农业的出现（约公元前 1 万年），土木工程（约 1500 年），水能（1994 年）

1902 年

每年夏天，埃塞俄比亚山区的积雪都会融化，导致尼罗河水涨过河岸，流入周围的沙漠。数千年来，年复一年、如期而至的洪水给尼罗河流域带来了新的肥沃沉积物，并促进了农业的可持续发展。然而，尼罗河每年的洪水也阻碍了沿岸城市和基础设施的发展，使得开发尼罗河资源变得更加困难。

驯服河流和控制洪水的想法至少可以追溯到 11 世纪，人们试图在埃及阿斯旺市附近的一个狭窄位置上筑坝。到 19 世纪末，在英国入侵和占领埃及之后，筑坝技术已经发展到足以实现这个想法，为此人们设计了土坝和石坝。阿斯旺旧坝始建于 1898 年，建成于 1902 年，成为世界上最大的石坝，也是有史以来最大的现代土木工程项目之一。

如今，洪水被拦蓄在阿斯旺新坝后，形成了一个名为纳赛尔湖的人造水库，这是以发起建造新坝的埃及总统的名字命名的。纳赛尔湖是市政和灌溉用水的来源。通过大坝闸门放水，试图保持下游的水流全年相对稳定。然而，随着尼罗河下游人口和农业需求的增长，以及融雪造成的洪涝灾害的加剧，水库的供应已经跟不上了。因此，在随后的几十年里，大坝又被抬高了两次。到了 20 世纪 40 年代中期，它已经达到了高度极限。一个新的更大的土质大坝不得不在上游 6 千米处建造。之后，旧坝被称为阿斯旺低坝，新坝于 1970 年竣工，被称为阿斯旺高坝。

控制尼罗河在带来好处的同时也带来了负面影响。例如，估计有 10 万人因新的水库而流离失所，上埃及的沉积物堆积急剧减少，水质因水藻含量增加而下降，尼罗河三角洲正以前所未有的速度受到侵蚀。总的来说，控制尼罗河对人类和环境的影响仍处于批判性的评估中。■

旧金山地震

从萨克拉门托街往下看，1906 年 4 月 18 日旧金山地震的城市废墟和随之而来的火灾。

 板块构造（约 40 亿—30 亿年前?），喜马拉雅山（约 7000 万年前），喀斯喀特火山群（约 3000 万—1000 万年前），安第斯山脉（约 1000 万年前），加尔维斯顿飓风（1900 年），瓦尔迪维亚地震（1960 年），苏门答腊地震和海啸（2004 年）

几十个主要构造板块之间的边界是地球上地质活动最活跃的地方。在一些地区，像喜马拉雅山，正面的大陆碰撞正在蓄势待发地建造地球上最高的山脉。在其他地区，如安第斯山脉或美国西北部太平洋沿岸，海洋板块撞击大陆并在大陆下熔融，造成了一连串的地震和高度活跃的火山。还有一些地区，比如北美西部海岸线以南更远的地方，板块相互平行滑动，有时会挤压和震动周围的地区，从而引发地震，但不会引发火山爆发。

就是这样一场剧烈的碰撞发生在 1906 年 4 月 18 日清晨，美国旧金山和周边数百平方英里地区的居民被一场巨大的地震惊醒。在将近 45 秒的时间里，地震导致地面剧烈摇晃，将建筑物从地基上连根拔起，旧金山湾周围沉积物上的建筑物遭受到特别严重的破坏。这是一种现在被称为"砂土液化"的过程。剧烈摇晃导致沉积物像液体一样运动，并发生剧烈的变形扭曲。数百人当场被倒塌的建筑物砸死，在随后发生的火灾中，又有 3000 多人丧生。

地质学家根据地震的能量来测量地震强度，这是 1935 年美国地震学家查尔斯·里克特（Charles Richter）提出的对数标尺。小地震代表地壳和地幔内部的小规模运动，通常不易察觉。每天都会发生成千上万的小地震，震级为里氏 1 至 4 级。而世界各地每天都会发生几次里氏 4 至 6 级地震，造成明显的震动和中等程度的破坏。里氏 6 至 8 级的强震则比较少见，平均每隔几天到几周发生一次，并会造成强烈的震动，对人口稠密地区的建筑物造成重大破坏。最罕见的 8.0 级以上地震平均十年发生一次，会造成巨大的灾难性破坏和严重的生命损失。

1906 年发生在旧金山的地震虽然与历史上最严重的地震相差甚远，但却推动了未来建筑建设和城市规划的重大进展。毫无疑问，随着不断变化的地壳上的城市发展和人口增长，这些进步拯救了无数人的生命。■

1906 年

寻找陨石

丹尼尔·巴林杰（Daniel Barringer，1860—1929）

陈列于美国亚利桑那州温斯洛的陨石坑游客中心里的陨石碎片，是目前地球上发现的最大的一块陨石碎片。

恐龙灭绝撞击（约 6500 万年前），亚利桑那撞击（约 5 万年前），美国地质调查局（1879 年），通古斯爆炸（1908 年），了解陨石坑（1960 年），陨石与生命（1970 年），灭绝撞击假说（1980 年）

1906 年

陨石坑在改变地球景观方面起到至关重要的作用，而这直到 20 世纪中后期才为人所知，主要原因是在人类历史的时间尺度上，新陨石坑的形成是罕见的地质事件。总的来说，我们更熟悉也更认可的观点是，地球表面的主要变化是由更频繁的火山、构造或侵蚀过程和事件引起的。

尽管如此，撞击事件仍然塑造了我们星球的地质和生物历史，认识到这一点代表着现代地质学、古生物学和行星科学的重大进展。学习这一课的最重要的自然"教室"之一，是美国亚利桑那州温斯洛附近的一个 1200 米宽、170 米深的圆形坑，它最初被称为库恩山。学术界对圆形坑的起源存在着广泛的争论，但是美国地质调查局的地质学家格罗夫·卡尔·吉尔伯特在 19 世纪 80 年代却强烈支持这是一个火山结构的假说，是由地下岩浆与地下水相互作用产生的蒸汽爆炸产生的。

并非所有人都认为这是正确答案。美国地质学家和矿业企业家丹尼尔·巴林杰是批评者之一，他认为这是一个陨石坑，是由一颗金属小行星的高速撞击造成的。巴林杰确信，他可以通过寻找并挖掘撞击小行星的残骸来证明他的撞击假说。该假说首次发表于 1906 年，巴林杰推测撞击小行星的残骸深埋在陨石坑底部的沉积物下面。他买下了那块有陨石坑的土地，开始在那里进行勘测和钻探。搜寻工作一直到 1929 年都没有结果，只找到了一些散落的富含铁的岩石碎片。

但巴林杰的假说是正确的，因为尤金·舒梅克等后来的地质学家几十年后才发现，高速撞击事件产生的巨大能量几乎使撞击物以及被撞击目标的很大一部分完全蒸发了，哪怕这些撞击物是铁的！而形成巴林杰陨石坑的铁质陨石实际上在大约 5 万年前就已经消失得无影无踪了。■

通古斯爆炸

列昂尼德·库利克 (Leonid Kulik, 1883—1942)

主图：艺术家和行星科学家威廉·K.哈特曼 (William K. Hartmann) 的想象画，描绘了通古斯森林空中爆炸一分钟后的场景。这幅画是在圣海伦斯山创作的，1980 年，这座火山爆发，形成了一个类似通古斯的场景。

插图：1927 年库利克探险队拍摄的照片。

恐龙灭绝撞击（约 6500 万年前），亚利桑那撞击（约 5 万年前），美国地质调查局（1879 年），寻找陨石（1906 年），了解陨石坑（1960 年），陨石与生命（1970 年），灭绝撞击假说（1980 年）

1908 年 6 月 30 日，俄罗斯西伯利亚中部靠近通古斯河的许多居民被一件壮观的事件惊醒。早上 7 点 15 分左右，天空爆发出炫目的闪光，接着是雷鸣般的爆炸，而地面以 5.0 级地震的力量震动。在更远的地方，一阵猛烈的热风和一场大火刮倒了超过 2100 平方千米的 8000 万棵树，面积相当于美国罗德岛的一半。亚洲和欧洲都记录到了地震带来的震动，之后的几天里，世界各地的夜空都闪烁着诡异的光芒。

科学家怀疑该地区曾经历过一次陨石撞击。直到 1927 年，第一个科学研究小组才到达这一偏远、无人居住的地区，当时俄罗斯矿物学家列昂尼德·库利克试图寻找由此产生的陨石坑却无功而返。显然，这是一次空中爆炸，冲击波、高温和火灾在地球表面造成了破坏，但没有形成像亚利桑那州环形山那样的陨石坑。

一个多世纪以来，行星科学家一直在争论通古斯爆炸物的性质。是一颗冰冷的彗星碎片在进入大气层时灾难性地解体了？还是一颗小的岩石小行星，甚至是一堆碎石，以致太脆弱了，无法一直存留到地表？无论起源如何，最好的假说是一个仅约 10 米宽的物体以约 10km/s 的速度运动，到达地表之上约 10 千米的高空，以相当于 10 兆吨 TNT 的能量爆炸，类似于巴林杰陨石坑形成的能量，是一颗第二次世界大战原子弹当量的 500 多倍。

2013 年，俄罗斯西部城市车里雅宾斯克也出现了类似的火球和空中爆炸，不过幸好威力没那么大。令人惊讶的是，尽管车里雅宾斯克有许多人被碎玻璃砸伤，但没有人在通古斯或车里雅宾斯克的爆炸中丧生。通古斯和车里雅宾斯克给我们敲响了警钟，让我们认识到撞击事件的影响，尤其是灾难性的冲击波效应，即使是小物体，如果以极快的速度移动，当它们偶尔撞击地球时，也会对我们的环境造成影响。■

1908 年

左图：1909 年 4 月，罗伯特·皮里少将和他的探险队在他们认为是地理北极的地方拍摄的照片。

右图：1909 年，罗伯特·皮里穿着北极毛皮大衣的照片。

 到达南极点（1911 年），航空探索（1926 年），攀登珠峰（1953 年），国际地球物理年（1957—1958 年）

1909 年

在人类历史进程中，推动探索我们星球未知地区的渴望在历史上受到许多因素的驱动，包括民族主义、国家扩张、经济开发和科学进步。然而，在某些情况下，这种动力似乎更私人化了，有时甚至到了个人或职业炫耀的程度。在第一批到达和探索地球南北两极的探险队中就可以找到这样一个恰当的例子。

美国人罗伯特·皮里是一位土木工程师和海军军官，擅长测绘。在 19 世纪 80 年代和 90 年代，他多次前往北极，一部分是自费的，一部分是由有钱的赞助人资助的，他证明了格陵兰是一个岛屿。1898—1909 年，皮尔里进行了几次新的探险，试图成为第一个到达地理北极的人。1909 年，皮里声称已经成为第一个最终到达北纬 90° 即北极点的团队，其中包括他的私人助手马修·汉森（Matthew Henson）和四个因纽特人向导。

这种说法并不是没有争议，至少有一个探险队在一年前就声称已经到达了北极点，随后人们对皮里的航海记录进行了学术研究，揭示了一些人所认为的航海记录中的矛盾和不准确之处。然而，当时美国国家地理学会和新成立的探险家俱乐部等组织的调查工作，使皮里和他的团队被公认为第一个到达北极点的人。皮里被海军提升为海军少将，后来成为探险家俱乐部的主席。

即使在今天，人们对皮里声称自己是第一个到达北极点的人这一说法仍有争议，这是因为 20 世纪初，航海设备的准确性和可靠性存在一定的局限，同时，夸大甚至明目张胆地伪造记录对当时探险家来讲充满诱惑。事实上，有些人认为，直到 1926 年由挪威极地探险家罗阿尔德·阿蒙森率领的一组驾驶着飞艇的探险队才获得了真正到达北极点的科学证据。■

大野火

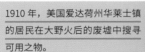
1910 年，美国爱达荷州华莱士镇的居民在大野火后的废墟中搜寻可用之物。

最早的陆生植物（约 4.7 亿年前），现存最古老的树（约公元前 3000 年），森林砍伐（约 1855—1870 年），旧金山地震（1906 年），北方森林（1992 年），温带落叶林（2011 年）

自从 4.7 亿年前地球上第一批陆生植物出现以来，植物数量与大气含氧量的增加使野火成为陆地生态的重要组成部分。纵观历史，雷击、火山爆发或熔岩流，甚至在炎热和干燥条件下的自燃都是野火潜在的自然原因。当然，它们也可能是由人类的疏忽、纵火或有意的农业开荒造成的。

野火一旦点燃，就会迅速吞噬大面积的森林。所谓的"大野火"就是这样一个骇人听闻的例子。1910 年 8 月 20—21 日，一场大规模的火灾风暴席卷了美国西部的华盛顿州、爱达荷州和蒙大拿州的部分地区。在这短暂的时间里，许多较小的火灾被强烈的干燥风合并成一个巨大的火灾，烧毁了近 1.2 万平方千米的区域——大约相当于康涅狄格州的面积。1910 年的大火是美国历史上最大的野火，火灾造成 87 人死亡，其中大部分是试图扑灭大火的消防员。6 个城市遭受了大面积的破坏，成千上万的人失去了家园、农场和企业。

这场大火对 1905 年新成立的美国林务局来说是一个关键时刻，该局的职责之一是控制森林火灾造成的损失。然而，对抗大野火的方法不确定和不一致阻碍了灭火的过程。最终，1910 年的大火促使为消防队员与野外火灾作战建立了标准的设备、方法和培训流程，同时也促使林务局相关政策的确立，以尽快扑灭每一场火灾，从而保护森林。具有讽刺意味的是，自从大野火发生以来，一些人声称，林务局的灭火政策实际上可能无意中促进了一些地方的火灾发生，因为该政策增加了森林地表枯枝和枯叶的储存。

尽管野火有可能造成大量的生命和财产损失，但对许多物种来说，它是地球天然植物循环的重要组成部分。例如，美国西部常见的美国黑松的球果只有被野火炙烤达到一定的高温，才能打开并释放种子。■

1910 年

1911年12月17日，罗阿尔德·阿蒙森（右）和团队的其他三名成员把挪威国旗插在南极点。

到达北极点（1909年），航空探索（1926年），攀登珠峰（1953年），国际地球物理年（1957—1958年）

1911年

美国探险家罗伯特·皮里和其他人一起参加了竞赛，于1909年成为第一个到达地球北极点的人。大约在同一时间，世界各地的团队之间也以同样的方式开展了类似的激烈竞争，争先成为第一个到达南极点的人。由于南极不同于北极，位于大陆板块之上的冰原上，这项任务在开始之前就被认为是一项前所未有的挑战。这意味着需要在严酷的冰天雪地环境下进行1300千米的陆上跋涉。

1908—1909年，英国极地探险家欧内斯特·沙克尔顿和三名同伴乘坐尼姆罗德号帆船进行了一次地理和科学考察。他们跋涉到离南极点不到100英里的地方，但后来被迫返回。1911年南极夏季，两支队伍再次出发，争夺该荣誉。皇家海军军官罗伯特·斯科特率领一支由英国皇家学会资助的探险队，乘坐特拉诺瓦号航行到南极洲，然后通过护航船从陆地前往南极点。1912年1月17日，斯科特和四名队员抵达南极点，却发现那里已经有一顶飘着挪威国旗的小帐篷。原来在五周前，斯科特的对手罗阿尔德·阿蒙森和来自弗拉姆号探险队的四名队员在那里支起了帐篷。

1912年3月，阿蒙森和他准备充分、储备充足的团队返回文明世界，成为赢得比赛的英雄。与此同时，斯科特和四个同伴意识到阿蒙森获胜了，他在日记中写道，"最糟糕的事情已经发生了……"，他们开始返回特拉诺瓦，但途中遭遇恶劣天气，物资不断减少，他们最终命丧冰原。1913年初，当斯科特团队的冒险和不幸的消息最终传到英国时，他被尊为英雄。

今天，南极洲是一个被致力于科学研究的大陆，许多国家都参与了管理工作。而位于南极点的一个美国科学研究基地被命名为阿蒙森－斯科特南极站。■

马丘比丘

海勒姆·宾厄姆（Hiram Bingham，1875—1956）

15 世纪印加古城马丘比丘的废墟现在是秘鲁的一个考古遗址。拍摄于 2009 年。

安第斯山脉（约 1000 万年前），巨石阵（约公元前 3000 年），绘制北美地图（1804 年），环保主义的诞生（1845 年）

1911 年

15 世纪和 16 世纪的印加文明沿着南美洲西海岸的安第斯山脉延伸，大致位于今天的厄瓜多尔和智利之间。印加帝国是前哥伦布时代美洲最大的帝国，在其鼎盛时期，数千万人生活在其统治之下。印加人掌握了建造不朽的建筑结构和砌筑道路的技术，能够生产出独特的精细织物，并创新了农业耕作方法以适应当地崎岖多山的地形。在 16 世纪 20—30 年代西班牙征服者到来后，大多数的印加重要城市及其历史、宗教和社会遗产都被掠夺或摧毁。

西班牙人到达后，印加人只幸存下来一个未被发现的印加城堡，即马丘比丘的小庄园。它位于印加首都库斯科（今秘鲁境内）的高山上，这里海拔近 2450 米。马丘比丘在 19 世纪末 20 世纪初被西方人"重新发现"。在帮助重建和普及这一历史的早期探险家中，最著名的是美国学者和探险家海勒姆·宾厄姆。宾厄姆并没有接受过考古学家的正式培训，但他在耶鲁大学学习和教授拉美历史，并在美国国家地理学会的资助下，游历了秘鲁及其周边国家。在 1911 年的一次特别的旅行中，宾厄姆被当地人带到了马丘比丘遗址。这里在被遗弃几个世纪后，已经被丛林掩没。宾厄姆监督了遗址的清理和修复工作，他的著作《印加失落之城》（*The Lost City of the Incas*）成为畅销书。

考古学家已经确定马丘比丘是印加王室的度假胜地，为大约 750 人的后勤人员提供住房，他们负责庄园的维护、保养、耕种和畜牧，以及购置和运输维持庄园所需的其他物资。研究人员仍在研究在马丘比丘发现的许多石头结构的起源和意义，而宾厄姆和其他一些人当年为了研究和博物馆展览而从马丘比丘拿走的许多文物已经在 2012 年归还给了秘鲁，文物中包括陶瓷、雕像、珠宝和人类遗骸。■

左图：1930 年德国气象学家和地质学家阿尔弗雷德·魏格纳的照片。

右图：在早期计算机辅助下，将当前的许多大陆进行"拼合"，重建了联合古陆的一幅地图。

 板块构造（约 40 亿—30 亿年前？），联合古陆（约 3 亿年前），大西洋（约 1.4 亿年前），岛弧（1949 年），海底测绘（1957 年），海底扩张（1973 年）

1912 年

即使对一个孩子来说，一张地球各大洲的地图也像是一块拼图。如果我们把南美洲移到非洲南部，它们就会拼合在一起！同样，北美、格陵兰岛与非洲西北部、欧洲也可以拼合在一起。瞧！尽管这种排列具有明显的直观感受，但对地质学家来说，现实情况是，没有一种明显的方式可以让大陆通过海洋地壳从这些位置移动或"漂移"到目前的位置。

然而，一些学者，如德国地质学家阿尔弗雷德·魏格纳，仍然坚持这样一种观点，即在过去的某一时刻，大陆确实被合并成一个更大的陆块。魏格纳仔细观察了大西洋两岸的岩石类型，尤其是植物和动物化石类型，发现了惊人的相似之处。他还发现，一些生活在印度热带地区的化石物种曾在温度更高的纬度上繁衍生息，并推测南极洲、澳大利亚、印度和马达加斯加也曾与非洲东部相连。在 1912 年的一份重要的研究论文中，魏格纳假设所有的大陆曾经都是一块陆地的一部分（德语中称其为原始大陆），并且从那时起它们就开始彼此分离。

魏格纳的大陆漂移假说遭到了当时地质学界的强烈反对，他们中的许多人认为魏格纳是个外行。地质学家们主要关心的是大陆在坚硬的海洋地壳中移动的机制，而魏格纳还没有解决这个问题。魏格纳所认为的大陆漂移的速度，在后来的测量中，被证明是大陆运动实际值的 100 多倍。尽管如此，其他人也无法动摇这个想法，因此研究仍在继续。

魏格纳的假设最终在某种程度上是正确的。20 世纪中后期发现的岛弧以及海底扩张，最终使人们认识到，地壳是由几十个大的构造板块组成的，它们基本上是"漂浮"在上地幔上，并随着时间的推移彼此相对移动。魏格纳的原始大陆的确曾存在过，地质学家现在称它为联合古陆。有时候，一个难题的解决方案真的就像它看起来那样显而易见，但更需要从一个局外人的视角来认识它。■

臭氧层

亨利·布瓦松（Henri Buisson，1873—1944）
戈登·M.B.多布森（Gordon M.B.Dobson，1889—1975）
查尔斯·法布里（Charles Fabry，1867—1945）

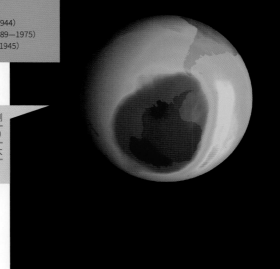

2000 年 9 月，美国国家航空航天局地球探测卫星上搭载的臭氧总量测绘光谱仪（TOMS）获得的数据显示，南极上空有记录以来最大的"臭氧层空洞"。

太古宙（约 40 亿—25 亿年前），光合作用（约 34 亿年前），大氧化（约 25 亿年前），最早的陆生植物（约 4.7 亿年前），大气结构（1896 年）

先是由于在太古宙时期及之后蓝细菌微生物的呼吸作用，再是由于产生氧气的陆地植物的迅速繁殖，游离氧气开始在地球大气层中积累。由于氧气的增加，次级分子的数量也增加了。臭氧（O_3）就是这些次级分子中最重要的一种。

当游离氧（O_2）吸收了来自太阳的高能紫外线（UV）辐射后，即分裂成单个氧原子（O），其中一个氧原子与另一个氧气分子结合时，就会在大气层的高处产生臭氧。尽管臭氧的最大丰度只有十万分之一，但这相对微小的数量对地球上的生命来说是至关重要的。具体来说，如果太阳紫外线一路畅通无阻地到达地表，它会迅速分解碳氢键和其他分子键，而这些键是生命有机分子的关键部分。的确，到达地表的一小部分太阳紫外线确是有害的，比如使人严重地晒伤，甚至对有机分子具有破坏性，特别是在高海拔地区更为明显。如果没有臭氧的保护，我们就会性命堪忧。

1913 年，法国物理学家查尔斯·法布里和亨利·布瓦松发现了臭氧，他们注意到臭氧光谱中有大量"缺失"的紫外线辐射，并推断罪魁祸首是臭氧。基于这一发现，英国物理学家戈登·M. B. 多布森完善了一种特殊的光谱学仪器，从地面测量和跟踪大气臭氧，并建立了一个自 1958 年以来持续监测臭氧的全球网络。为了纪念他的成就，气象学家现在用"多布森单位"来计量臭氧丰度。而自 20 世纪 60 年代以来，臭氧一直受到来自太空的有效监测。

在 20 世纪 70 年代，由于氯氟烃（CFCs）的干扰作用，地球两极的臭氧层开始急剧减少（"臭氧层空洞"）。氯氟烃是人类生产的化学物质，是一种能够分解臭氧的制冷剂。随着环境管理和企业责任方面的发展与进步，氯氟烃已经被淘汰，取而代之的是其他不分解臭氧的化学物质，臭氧层也开始慢慢恢复了。■

1913 年

1914 年，美国圣克拉拉号轮船通过巴拿马运河米拉弗洛雷斯水闸。

香料贸易（约公元前 3000 年），土木工程（约 1500 年），环球航行（1519 年），控制尼罗河（1902 年）

1914 年

　　15 世纪和 16 世纪的欧洲探险家和企业家未能找到一条向西通往香料群岛的道路，其中一个原因在于北美洲、中美洲和南美洲共同构成了一个巨大的障碍和漫长的迂回之路。到 17 世纪和 18 世纪，通过绘制美洲东西海岸线的地图，人们发现如今巴拿马和尼加拉瓜所在的中美洲地区的陆地实际上是极其狭窄的。修建运河的想法也由此而生。

　　修建穿越尼加拉瓜运河的具体计划可以追溯到 20 世纪初，因为尼加拉瓜淡水湖是这条水道的重要组成部分，人们担心对该湖的潜在破坏，这些计划都被搁置。反过来，人们把注意力转向了更加狭窄的巴拿马地峡。自 16 世纪以来，人们就一直在讨论开凿运河的计划。19 世纪晚期，美国帮助其修建了一条穿越地峡的铁路，加快了从东海岸到加利福尼亚淘金热地区之间的人员和货物运输。1881—1884 年，法国人试图建造一条横跨巴拿马的运河，但超过 2 万人死于疟疾和其他热带疾病，该项目因此宣告破产。

　　巴拿马以前是哥伦比亚的一部分，美国通过支持当地人发动叛乱建立新国家为条件，来换取在这里修建并无限期管理一条运河的权利。历史学家经常将这种策略称为经典的"炮舰外交"。运河的建设在 1906 年再次开始，他们设计了一系列的水闸和人工湖，以法国以前的一些挖掘工作为基础，这些水闸和人工湖将跨越大西洋和太平洋之间崎岖的地形。这条 80 千米长的运河于 1914 年竣工，当时是美国史上规模最大的工程项目，以现今购买力计算，耗资超过 90 亿美元。尽管在运河建设中采取了大量措施改善卫生条件和工人健康，但仍有 5000 多人丧生，其中很多是农民工。

　　巴拿马运河缩短了数千千米的航行距离，节省了过往船只几周的航行时间。如今，每年有超过 14000 艘船只通过这条世界上最繁忙的航道之一。■

探索卡特迈

罗伯特·F. 格里格斯（Robert F.Griggs, 1881—1962）

1915 年，植物学家、探险家罗伯特·F. 格里格斯与他的同事 L.G. 福尔松（L.G.Folsom）、B.B. 富尔顿（B.B.Fulton）在卡特迈村开会。

板块构造（约 40 亿—30 亿年前?），坦博拉火山喷发（1815 年），国家公园（1872 年），喀拉喀托火山喷发（1883 年），岛弧（1949 年），圣海伦斯火山喷发（1980 年），火山爆发指数（1982 年），皮纳图博火山喷发（1991 年），黄石超级火山（约 10 万年后）

频繁的火山喷发是著名的环太平洋"火圈"的标志，它包括了从北美阿拉斯加大陆向西延伸的阿留申群岛的长而弯曲的岛链。在那里，太平洋板块俯冲到北美板块之下，形成了一条深海沟——阿留申海沟，深达 7620 米，位于活火山岛链的南面。这些火山中最著名和近期最活跃的两座是位于岛弧最东端的卡特迈和诺瓦鲁普塔两座相邻的山峰。

1912 年 6 月 6 日，阿拉斯加南部和东南部的居民目睹了一场来自卡特迈地区的大型火山喷发。在大约两天半的时间里，火山向平流层喷出的火山灰是 1980 年圣海伦斯火山喷发的 30 多倍，是 1991 年皮纳图博火山喷发的 1.5 倍。虽然不像之前的坦博拉火山和喀拉喀托火山喷发那么频繁，但卡特迈火山是 20 世纪最大的火山喷发。其附近的科迪亚克岛被厚达 30 厘米深的火山灰所覆盖，另据报道，火山灰甚至往南到达了西雅图。

1915 年，美国植物学家罗伯特·F. 格里格斯在美国国家地理学会的资助下，展开了一系列的探险活动，以探索和记录卡特迈地区火山喷发对当地动植物的影响。1916 年，在格里格斯的第二次探险中，该小组探索并命名了万烟之谷。这是卡特迈其中的一个山谷，里面填满了 1912 年喷发落下来的火山灰，而火山灰层中仍有大量的喷气孔和裂缝，蒸汽从其中喷射出来。1916 年，格里格斯探险队还在卡特迈附近发现了一座新的火山，他们把这座火山命名为诺瓦鲁普塔。地质学家在 20 世纪 50 年代发现，卡特迈火山被误会了，实际上诺瓦鲁普塔火山才是 1912 年那次大规模喷发的源头。

格里格斯在《国家地理》杂志上发表的广为传阅的文章以及随后的探险活动，引起了人们对保护卡特迈和诺瓦鲁普塔环境的极大兴趣。最终，美国政府在 1918 年建立了卡特迈国家保护区，后来又在 1980 年建立了卡特迈国家公园。■

1915 年

来自英国和美国的贵格会援助人员在俄罗斯萨马拉市附近的伏尔加河流域的诺沃塞梅杰基诺村向饥饿的儿童分发衣服和食物。拍摄于 1921 年以前。

 农业的出现（约公元前 1 万年），人口增长（1798 年）

1921 年

人类历史充满了漫长而悲惨的饥荒史，即食物短缺时期，数亿人因此丧生。造成严重饥荒的原因各不相同，但通常包括干旱、水灾、农作物病害、人口迅速增长、经济政策不佳以及战争等因素的个别或综合影响。除了饥饿之外，营养不良和流行病的蔓延所造成的后果也使许多人死于饥荒。

现代最严重的饥荒之一是 1921—1922 年的苏俄大饥荒，这场饥荒导致约 500 万人过早死亡，并对数千万人的生活产生了重大影响。1921 年春天，伏尔加河爆发了严重的洪灾，农作物遭到破坏，入夏后，该地区又发生了严重的干旱，此外第一次世界大战和 1919—1921 年的苏俄内战总共七年之久的兵祸，也为灾难埋下了祸根。这些冲突在苏俄造成了巨大的经济和政治变化，以及动荡和暴力，导致了中央政府与负责种植和运输粮食的农民团体之间的对抗。而政府最初拒绝接受外国援助，也加剧了饥荒的持续影响。

虽然在 19 世纪和 20 世纪还有其他更致命的饥荒，造成了数千万人死亡，但 1921—1922 年苏俄大饥荒的时间和环境对建立一个更广泛的国际认可的政府援助组织网络起到了关键作用。比如成立于 1919 年，由后来的总统赫伯特·胡佛领导的美国救济局，并最终促进像联合国世界粮食计划署这样的全球管理机构的建立，同时，也帮助扩大了像各国红十字会等更多私人资助的援助机构的使命和范围。即使在我们这个 21 世纪的世界里，由政治动荡和气象灾难造成的饥荒仍然夺去了很多人的生命，全球援助组织的使命仍然至关重要。■

三州龙卷风

1925 年 3 月 18 日，三州龙卷风之后，美国伊利诺伊州西弗兰克福特镇的废墟的场景。

↳ 农业的出现（约公元前 1 万年），人口增长（1798 年）

1925 年

龙卷风也被称为飓风或旋风，是从云层延伸到地面，并迅速旋转的柱状风暴。龙卷风的大小和速度各不相同，平均直径约为 80 米，旋转时平均风速低于 180km/h，并在平均几千米的范围内移动。然而，最大最强的单个龙卷风的直径超过 3 千米，移动超过 100 千米，并以超过 480km/h 的风速旋转。在强龙卷风的底部，一团快速旋转的灰尘、沙子以及天然和人造碎片会造成巨大的破坏和生命伤亡。

事实上，美国历史上最致命的龙卷风正是这些极端风暴。1925 年 3 月 18 日，人们首次在密苏里州东南部的摩尔镇发现了一个漏斗状的云状龙卷风。它迅速变大，并开始以 96～113km/h 千米的速度向东北移动，行进 320 千米后抵达伊利诺伊州南部和印第安纳州西南部，摧毁了沿途的许多城镇。汽车被抛向空中，铁轨从地面上被掀起，一些建筑物的地基都被连根拔起。当风暴消散时，有近 700 人死亡，超过 2000 人受伤，15 000 幢房屋被毁，数十个社区严重受损，其中 4 个完全被毁，据估计损失接近今天的 20 亿美元。而此时距离它形成仅过去了三个半小时。

气象学家后来将 1925 年的"三州龙卷风"确定为 F5 级。作为破坏力最大的风暴，风速达到或超过 480km/h，成为现在用来划分这些风暴等级的依据。三州龙卷风席卷的陆地面积比有记录以来的其他任何龙卷风都要多。直到 1989 年在孟加拉国造成 1300 多人死亡的龙卷风发生之前，它都是世界上最致命的龙卷风。

科学家们对 1925 年的龙卷风是单一的风暴还是一系列的龙卷风袭击尚无定论。但不管怎样，龙卷风造成的大规模破坏和人员伤亡促使人们呼吁加强对龙卷风的监测。几十年后，随着气象雷达和卫星气象预报的发明，龙卷风监测终于出现了。■

液体燃料火箭

康斯坦丁·齐奥尔科夫斯基（Konstantin Tsiolkovsky, 1857—1935）
罗伯特·戈达德（Robert Goddard, 1882—1945）
沃纳·冯·布劳恩（Wernher von Braun, 1912—1977）

154

1926 年 3 月 16 日，罗伯特·戈达德与他的第一枚液体燃料火箭合影。与今天的传统火箭不同，这款火箭的燃烧室和喷嘴在顶部，燃料箱在底部。它飞行了 2.5 秒，上升了 12.5 米。

万有引力（1687 年），人造卫星（1957 年），人类进入太空（1961 年），脱离地球引力（1968 年），移民火星？（约 2050 年）

1926 年

　　由火药燃烧驱动的火箭已经存在了一千多年。中国人最早将火箭用于战斗和娱乐用的烟花。1903 年，苏联数学家康斯坦丁·齐奥尔科夫斯基不再仅仅是把火箭看作武器，还把它们视为一种潜在的太空旅行工具，写出了该领域的第一部学术著作。他提出了很多火箭理论，并是最早提出用液体燃料代替火药来最大限度地提高燃烧效率和火箭推重比的人之一。如今，人们普遍认为齐奥尔科夫斯基是现代火箭学之父。

　　而美国火箭科学家、克拉克大学物理学教授罗伯特·戈达德第一次成功测试自己的齐奥尔科夫斯基的理论，并证明液体燃料火箭是可行的，可以提供将大量物质提升到高海拔所需的推力。他开发了以汽油和液态氧化亚氮为动力的火箭关键设计，并申请了专利。他还设计了多级火箭的概念，声称这种火箭最终可以用于达到"极高的高度"。尽管以今天的标准来看，他自己发射的火箭并不算高，但戈达德的方法却是合理的。之后德裔美国火箭先驱沃纳·冯·布劳恩领导一群战后太空竞赛的工程师和其他人，将在此基础上扩展，使其飞行时间更长，能够飞得更高，并最终实现在轨和逃逸飞行。

　　像许多发明家一样，戈达德是一个有远见的人，他经常独自工作，能洞悉被别人忽略的可能性。他像齐奥尔科夫斯基一样，是早期主张用火箭进行大气科学实验和太空旅行的人。具有讽刺意味的是，第二次世界大战最终推动了火箭的发展，戈达德死后，他的太空旅行梦想得以实现。■

航空探索

理查德·E.伯德（Richard E.Byrd，1888—1957）
罗阿尔德·阿蒙森（Roald Amundsen，1872—1928）

左图：20世纪20年代，穿着飞行夹克的理查德·伯德。

右图：1929年，伯德在南极考察中使用的一架福克超宇宙（Super Universal）飞机。

 南极洲（约3500万年前），到达北极点（1909年），到达南极点（1911年），探索卡特迈（1915年），国际地球物理年（1957—1958年）

在20世纪初期，美国和欧洲那些探索动力可控飞行的先驱者，一直在持续开发更可靠、航程更远的飞机。这些飞机使20世纪20年代的许多重要的创记录首次飞行成为可能，如1927年查尔斯·林德伯格（Charles Lindbergh）第一次独自飞越大西洋，同时也极大地扩展了那个时代的许多飞行探索者的影响范围。其中最成功的是美国海军军官和探险家理查德·伯德，他在1926年5月9日声称自己和另一位海军飞行员弗洛伊德·贝内特（Floyd Bennett）一起首次飞越了北极点。

伯德和贝内特从位于北纬78.5°挪威斯瓦尔巴特群岛的一个机场起飞，向北极飞行了约1050千米。在返回起点之前，他们绕着北极进行了六分仪测量。而在几天后，于1911年第一个到达南极点的挪威探险家罗阿尔德·阿蒙森和机组人员也飞越了北极点，从斯瓦尔巴特群岛飞往阿拉斯加。回到美国后，伯德成了英雄，被提升为指挥官，并被授予荣誉勋章。然而，一些历史学家仍在争论，究竟是伯德还是阿蒙森第一个飞越了北极。但不管怎样，航空探索的时代大幕已经开启。

1927年，伯德参加了第一次独自飞越大西洋的比赛，但在比赛中输给了林德伯格，但他在1928—1956年领导了许多美国海军舰艇、飞机在南极洲的探险和测绘活动。这些探险活动包括1929年第一次飞越南极点，以及迄今为止对南极大陆进行的最广泛的摄影、气象和地质调查，例如，记录了10个以前未被发现的山脉。作为1957—1958年国际地球物理年（IGY）筹备工作的一部分，伯德指挥美国海军在麦克默多湾、鲸鱼湾和南极点建立了南极永久基地，也标志着各国南极永久科学站创立的开端。■

1926年

位于委内瑞拉玻利瓦尔州高979米的安赫尔瀑布。

最早的矿山（约4万年前），环保主义的诞生（1845年），航空遥感（1858年），航空探索（1926年），稀树草原（2013年）

1933年

20世纪20—30年代，随着军事和商业航空的广泛建立，越来越多的科学和资源勘查探险队开始依赖飞机来满足他们的运输、摄影、测量与遥感需求。例如，矿业公司开始使用航空勘测来识别潜在的新矿床，地质学家和土地测量员在进入矿区之前开始大规模地使用航空照片。在这些的探险中，使用飞机的一个范例是位于委内瑞拉丛林深处的世界最高瀑布的现代"发现"。

美国人吉米·安赫尔很小的时候就学会了驾驶飞机，在第一次世界大战之后的几年里，他曾担任飞行教官、试飞员和特技飞行员。最终，他的驾驶技术让他来到了美墨边境以南的墨西哥和中南美洲工作，为科学和政府探险以及自然资源公司做航空勘测员。在20世纪30年代，安赫尔在对委内瑞拉东南部大草原地区的大萨瓦纳进行的科学、考古和地质勘探中发挥了重要作用，他飞行于散布在该地区的许多高高的台地或桌山之中。1933年11月18日，在一次特别的飞行中，为了寻找一个特别的矿层，安赫尔飞越了一个巨大的瀑布。这条瀑布从被称为奥扬特普伊的台地倾泻而下。当地的皮蒙人在几千年前就知道这个瀑布了，而安赫尔是第一个观察并记录下这个瀑布的现代西方人。后来，为了纪念他发现了这条世界上最高的瀑布，该瀑布被命名为安赫尔瀑布。

安赫尔瀑布的新闻及照片，以及吉米·安赫尔随后在奥扬特普伊和委内瑞拉偏远的野生丛林与稀树大草原上的冒险故事广为流传，使人们来该地区科学探索和旅游的兴趣与日俱增。最终，为了保护安赫尔瀑布、奥扬特普伊山以及周围的热带雨林、稀树草原壮观的自然景观和生态多样性，委内瑞拉政府于1962年创建了卡奈玛国家公园。这座公园是世界第六大国家公园，也是委内瑞拉重要的旅游景点之一。■

珊瑚地质学

多萝西·希尔（Dorothy Hill, 1907—1997）

左图：多萝西·希尔记录并研究的多种珊瑚结构的部分图片。

右图：多萝西·希尔（中间）指导一批学生开展野外地质考察。

寒武纪生命大爆发（约 5.5 亿年前），大灭绝（约 2.52 亿年前），阅读化石记录（1811 年），美国地质调查局（1879 年），地球科学中的女性（1896 年），地球内核（1936 年），海底测绘（1957 年），海底扩张（1973 年），大堡礁（1981 年），磁层振荡（1984 年）

珊瑚是一种小型的海洋无脊椎动物，生活在水下群落中，经常形成浅水暗礁。大约 5.5 亿年前，珊瑚与许多物种一样，在所谓的寒武纪生命大爆发前后的地质记录中出现得相当突然。板床珊瑚和四射珊瑚在大约 5.5 亿—2.5 亿年前的古生代繁盛一时，但在二叠纪和三叠纪交界处的"大灭绝"期间与其他 96% 的物种一样彻底灭绝。石珊瑚在过去只是珊瑚的一个小品种，但在这次大灭绝中幸存下来，并继续生活在今天的浅海－水礁环境中。

珊瑚对生长地的水温、盐度、酸度、日照水平等环境条件非常敏感，因此对化石和活珊瑚的研究可以为了解"大灭绝"期间等过去的气候条件，以及当今的气候变化提供重要的新视角。澳大利亚古生物学家多萝西·希尔是世界上研究珊瑚的顶尖科学权威之一。她早年在剑桥大学工作时，于 1934 年发表了一篇重要研究论文，阐明了单个珊瑚有机体即"珊瑚虫"附着在岩石或前几代珊瑚虫上，并长成复杂的珊瑚礁和其他结构的方式。她特别擅长推断珊瑚的软组织在新的硬组织的结晶过程中所起的作用和功能，而这些软组织并不是通过化石保存下来的。她后来在澳大利亚工作，更让她接触到了保存在一个古老大陆上的大量珊瑚化石记录，以及大堡礁及其他地方活跃的活珊瑚。

希尔组织野外考察，分析化石样本，申请研究资助，还管理着一个不断壮大的研究小组。所有这些都是现代古生物学家的关键技能。在野外跋山涉水的同时，她在学术上也取得同样重要的成就。1946 年，她成为澳大利亚大学聘请的首位女教授；1970 年，她又成为澳大利亚科学院的首位女院长。希尔培养了许多学生、博士后研究人员和工作人员，她为古生物学的这一重要分支领域留下了宝贵的遗产。■

1934 年

1935 年 4 月 18 日，美国得克萨斯州的斯特拉特福德镇，一团高耸的沙尘云正在逼近。

土壤科学（1870 年），加尔维斯顿飓风（1900 年），旧金山地震（1906 年），大野火（1910 年），苏俄大饥荒（1921 年），三州龙卷风（1925 年），气象雷达（1947 年），气象卫星（1960 年），草原和浓密常绿阔叶灌丛（2004 年）

1935 年

　　水是地球上大多数土壤的重要组成部分，一方面是因为它能将土壤颗粒结合在一起，使它们具有凝聚力，另一方面是它有助于维持植物的生长，从而进一步保持土壤的稳定性，尤其是在斜坡上。在干旱缺水的条件下，土壤的黏结力就会大大降低。随着植物的死亡，斜坡上土壤的稳定性也会大大降低，更容易受到风雨的侵蚀。事实上，20 世纪 30 年代中期的美国中西部地区，在所谓的"沙尘暴"期间就发生了上述情况，并造成了毁灭性的后果。

　　特别是在 1934—1936 年和 1939—1940 年，得克萨斯、俄克拉何马州、堪萨斯州、科罗拉多州和新墨西哥州大平原上的极端干旱使这些地区过去肥沃的土壤和农田变成了尘土。巨大的、滚滚的灰尘被风卷起、吹过数百英里，遮住了阳光，毁坏了房屋和机械设备，造成了无数人的呼吸问题。1935 年 4 月 14 日，从加拿大一直延伸到得克萨斯州的"黑色星期天"沙尘暴屡见报道，为该地区和当时的环境赢得了一个新名字：尘暴区。成千上万的家庭在大萧条的经济影响下已经陷入贫困，他们被迫放弃农场，迁移到其他州。在一些地方，超过 75% 的耕地表土被风刮走了。

　　然而，干旱只是导致 20 世纪 30 年代沙尘暴的其中一个原因。另一个重要原因是当地所采用的耕作方式，破坏了将土壤维系在大平原草原上的植物根系网络。农民使用新的机械化农场设备来大幅增加他们的作物规模，但不甚了解植物在稳定土壤方面的生态重要性，从而为随后的干旱期间土壤环境迅速崩溃埋下隐患。

　　由于沙尘暴对人类和经济造成的巨大破坏，美国政府积极参与了大平原等地区的土地管理和土壤保护工作。如今，大平原地区农民的理解能力和教育水平都得到了提高，他们与学术界和政府部门密切合作，面对诸如偶然的干旱等不可避免的灾害时，可以采用更有效的种植和收割方法。■

地球内核

英格·莱曼（Inge Lehmann，1888—1993）

主图：地震产生的地震波穿过地球内部的剖面示意图，包括波在地幔、外核和内核边界处弯曲折射的不同方式。

插图：丹麦地震学家和地球物理学家英格·莱曼，拍摄于 1932 年。

地核形成（约 45.4 亿年前），地幔和岩浆海（约 45 亿—40 亿年前），地球科学中的女性（1896 年），旧金山地震（1906 年），地球科学卫星（1972 年），地核固结（约 20 亿—30 亿年后）

自 20 世纪初以来，通过地震波在地球上传播的方式，人们已经揭示了地球内部的结构。从那时开始，研究地震和地球内部的地质学家，即地震学家已经在世界各地建立了灵敏的地震监测系统，这是一个不仅能探测到强烈的本地地震，也能探测到世界各地遥远地震微弱地震波的网络。通过监测地震波在地球上传播所需的时间，以及通过对许多相距较远的观测站观测到的同一次地震发出的三角剖分信号，地震学家们已经认识到，地球的内部结构像洋葱皮一样，由地核、地幔和地壳这些圈层组成。

最初的地球内部模型比较简单。随着部署的地震检波器越来越敏感，许多地震学家开始对检波器网络中相互矛盾的信号感到困惑。一个重要的发现是在 1936 年，丹麦地震学家英格·莱曼分析了地震数据，并推测地核实际上应该被划分为两个区域：占地核体积 60% 的熔融液态外核，包裹着一个一直延伸到地心的固态内核。在此之前，由于地球磁场强度等原因，地核被认为是一个单一的熔融物体。莱曼的计算和分析受到了严格的审查，但在短短几年内就被地质学家广泛接受。在职业生涯中，她在科学界和地质界享有很高的荣誉，主要是因为她对地震的研究，以及她在这个仍由男性主导的领域里克服的重大挑战。

今天的全球地震检波器网络在覆盖范围上不断扩大，灵敏度也不断提高，即使是小地震通过地球传递的地震波也会被监测和研究，以完善地球内部结构模型。现在人们知道内外地核主要是由铁和一些微量重金属组成，而地幔分为内外两部分。关于地壳的厚度、内地幔和外地幔的厚度以及内核和外核边界的数据也都很精确。■

1936 年

1995 年，垃圾被埋在美国纽约斯塔滕岛弗莱士河垃圾填埋场。该垃圾填埋场于 1948 年开放，2001 年关闭，曾经是世界上最大的垃圾填埋场。

农业的出现（约公元前 1 万年），土木工程（约 1500 年），人口增长（1798 年），工业革命（约 1830 年），环保主义的诞生（1845 年），森林砍伐（约 1855—1870 年），人类世（约 1870 年），土壤科学（1870 年）

1937 年

随着工业革命中有组织的农业的出现，聚落和人口不断增加，城镇里的人不可避免地开始担心如何处理所有的垃圾。考古学家们已经发现了从史前社会到前工业社会各种不同类型垃圾堆到垃圾场的证据。这些垃圾场通常含有食物和植物废弃物、动物骨头、粪便、陶器或石器碎片以及其他人工制品，为我们提供了有关生活在那里的人们日常生活的重要信息。一些垃圾堆只是游牧社会在地面上快速挖出的洞；其他的则是由巨大的贝壳，成堆的动物粪便，或者是在当时的城镇和村庄的郊区逐步堆积起来的。

然而，随着这些地方逐渐发展成城市，在城镇和村庄内或附近堆积垃圾、人类排泄物开始成为一个更重要的人类健康问题。露天的垃圾堆、粪坑和污水排水沟导致了许多城市致命疾病的蔓延，焚烧垃圾的做法也导致了严重的健康问题，尤其是对居住在附近的人来说。显然需要采取有组织的、政府规模的应对措施，以解决全球日益严重的垃圾问题。

一个建立在古老的垃圾堆概念上的解决方案，是让城市和其他市政当局在当地设置一个专门的填埋场 —— 高效和卫生的垃圾填埋场。最早的由政府出资的垃圾填埋场中，有一个是 1937 年由美国加州弗雷斯诺市建造的创新设施。以往的垃圾填埋场实际上只是地面上的一些坑用于倾倒垃圾，当坑被填满时再用表土掩埋。与之不同的是，在弗雷斯诺卫生填埋场中，堆积在那些沟槽里的垃圾每天都会被机械压实并覆盖一层土壤。这大大减少了以前的传统垃圾填埋场避之不及的啮齿动物和鸟类，松散的碎片和难闻的气味等典型问题，并且能大大加快掩埋在其中的有机废物和可堆肥废物的分解。弗雷斯诺垃圾填埋场在 1987 年达到容量后被关闭，因其作为现代垃圾填埋场原型的重要作用，它被列为美国国家历史地标，并入选国家历史遗迹名录。■

探索海洋

雅克-伊夫·库斯托（Jacques-Yves Cousteau，1910—1997）
埃米尔·加格南（Émile Gagnan，1900—1979）

1955 年，法国海洋学家和探险家雅克·库斯托正在使用他的鹦鹉螺水下推进装置。

环保主义的诞生（1845 年），海底测绘（1957 年），马里亚纳海沟（1960 年），极端微生物（1967 年），地球日（1970 年），深海热液喷口（1977 年），大堡礁（1981 年），水下考古（1985 年）

历史上有无数的探险家进行过史诗般的长途跋涉，他们穿越大陆，攀登高山，横跨巨大的冰川和冰原，驰骋大洋去探索和发现。但直到 20 世纪，人们对海洋内部的探索还很少。随着新技术的发展和进步，这一情况将迎来巨变。新技术使个人和小团队能够在水下长时间停留和工作，包括一直下潜到深海底部。

早在 15 世纪，人们就开始使用各种各样的浮潜和潜水钟，以便能在水下多待一会儿。这项技术有助于修理和系泊船只，或从沉船中打捞贵重物品。19 世纪早期，第一艘军事潜艇被研制出来。1876 年，第一个使用压缩氧气的封闭自给式水下呼吸器被研制出来。1943 年又出现了一项重大创新，法国海军上尉雅克-伊夫·库斯托和工程师同事埃米尔·加格南发明了一种易于使用的水肺装置，并最终申请了专利。库斯托将水肺用于水下拍摄和排雷，该设备很快在世界各地流行起来，取得了商业上的成功。离开海军后，库斯托自己也开始使用这种设备探索海洋。

从 1950 年开始，库斯托和他的卡利普索号船员开始从事潜水和拍摄探险活动，并把这艘船作为实地研究和探索的移动实验室。一时之间，全世界数百万人开始观看法国人库斯托戴着红色贝雷帽主持颇受欢迎的海洋探索纪录电视节目《雅克·库斯托海底世界》（the Undersea World of Jacques Cousteau，1966—1976）和《库斯托的奥德赛》（The Cousteau Odyssey，1977—1982），他因此成为国际名人和全球海洋保护的发言人。这些节目以及库斯托本人，获得了无数的奖项，并激发了人们对保护地球海洋资源和栖息地的巨大兴趣。事实上，成立于 1973 年的库斯托学会如今拥有 5 万多名全球会员，致力于理解和认识海洋世界生命的脆弱性。■

1943 年

美国格雷厄姆山位于亚利桑那州南部的图森市附近，是海拔最高的空中岛，拍摄于 2009 年。

 落基山脉（约 8000 万年前），撒哈拉沙漠（约 700 万年前），加拉帕戈斯群岛（约 500 万年前），地质学的基础（1669 年），环保主义的诞生（1845 年），自然选择（1858—1859 年），探索大峡谷（1869 年），盆岭构造（1982 年）

1943 年

探险家和进化生物学家都发现，地理上的隔离往往会导致植物和动物物种的重大变化，例如在远离大陆的岛屿上。一个早期的案例研究是查尔斯·达尔文对加拉帕戈斯群岛上的雀喙变化的分析，这在一定程度上产生了自然选择是进化主要力量的概念。然而，隔离不仅局限于海洋中心的岛屿。

在美国亚利桑那州－新墨西哥州南部与墨西哥奇瓦瓦州－索诺拉州北部边界附近的沙漠地带，有近 60 座相对孤立的山脉和小山，地质学家们长期研究这里。这些山峰是马德雷山脉的一部分，海拔为 1525 ~ 3050 米。正如 19 世纪 40 年代亚历山大·冯·洪堡等人首次注意到的那样，当地动植物的生态随着海拔而急剧变化。事实上，从生物学和生物多样性来看，高耸而孤立的山峰在很多方面就像孤立的海洋岛屿。从 1943 年左右开始，旅游指南中开始把马德雷山脉的山峰称为空中岛，这个术语也就沿用下来了。

马德雷空中岛的环境与周围的低地有着显著的不同。从干燥炎热的索诺拉沙漠往上，生态系统首先过渡到草地，然后是散布的橡树和松树的林地，然后是松树林，最后是云杉、冷杉和白杨林。在高海拔地区，平均气温可以下降数十摄氏度。随着末次冰期低地变成了沙漠，一些物种开始向上迁移，其中的许多物种被生物地理学家称为孑遗种。

虽然北美沙漠中的马德雷空中岛是这一类型中最著名和研究最充分的岛屿，但世界上还有其他数百个拥有相似孤立性和相似生物多样性的大陆性空中岛，它们跨越了广泛的气候区或生物群落。空中岛是研究与独特物种（通常是濒危物种）相关的气候和进化趋势的天然实验室。■

地球同步卫星

赫尔曼·奥伯特（Hermann Oberth, 1894—1989）
赫尔曼·波托奇尼克（Herman Potočnik, 1892—1929）
亚瑟·C. 克拉克（Arcthur C.Clarke, 1917—2008）

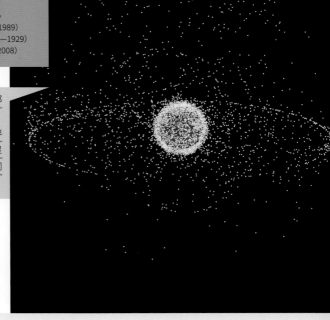

左图：发现号航天飞机在 1985 年部署了 AUSSAT-1 通信卫星。

右图：美国国家航空航天局轨道碎片计划办公室目前正在跟踪的卫星快照。图中可以清楚地看到地球同步卫星构成的卫星环。

行星运动定律（1619 年），万有引力（1687 年），液体燃料火箭（1926 年），气象卫星（1960 年），地球科学卫星（1972 年）

1945 年

牛顿的万有引力定律和运动定律以及开普勒的行星运动定律特别适用于人造卫星，就像适用于围绕恒星公转的行星或围绕行星公转的卫星一样。在罗伯特·戈达德于 20 世纪 20 年代发明了第一枚能够达到高海拔的液体燃料火箭之后，火箭技术和在太空中航行的研究开始迅速发展。

和戈达德同时代的几个人已经开始考虑轨道以及更远的火箭飞行力学和动力学问题。其中两人是匈牙利的德裔物理学家赫尔曼·奥伯特和奥匈帝国的火箭工程师赫尔曼·波托奇尼克。他们对苏联数学家康斯坦丁·齐奥尔科夫斯基首次提出的一些概念进行了详细的阐述。其中一个概念就是地球静止轨道，也称地球同步轨道。

地球同步轨道上的卫星完成一次轨道公转所需的时间与卫星轨道所在星球（地球）在轨绕轴自转一周所需的时间相同。从身处地球表面的观测者角度来看，这样一颗卫星似乎一动不动地悬停在高高的天际中。考虑到地球的质量和自转速度，可以用牛顿第二定律来推算地球同步卫星的轨道高度，其结果是在离地表约 36000 千米的地方。

英国科幻作家和未来学家亚瑟·克拉克是最早提出将地球同步卫星应用到全球通信的人之一，他在 1945 年的一篇杂志文章《地球外中继——火箭站能帮助实现全球无线电覆盖吗》中对此进行了描述。克拉克对这个想法的普及使它获得了广泛的关注和支持。从 1964 年开始，对地球同步卫星的实际使用已经远远超过了无线电中继这一用途。今天，它们还可以转播电视、互联网和全球定位系统信号，以及帮助我们监测地球的天气和气候。■

人工降雨

文森特·谢弗（Vincent Schaefer，1906—1993）
伯纳德·冯内古特（Bernard Vonnegut，1914—1997）

1946 年，人工降雨先驱文森特·谢弗在通用电气研究实验室的工作照。该实验室位于美国纽约州斯克内克塔迪。

 气象雷达（1947 年），气象卫星（1960 年）

1946 年

诸如打雷或改变风向这类控制天气的想法可以追溯到古代，但最常见的情况是把它归为神或半神，而不是凡人。认为人类实际上可以影响天气的想法出现相对较晚。最值得注意的是，在 19 世纪 90 年代至 20 世纪 30 年代，人们首次提出了让云层产生降雨的理论构想，该理论的第一次实验验证发生在 20 世纪 40 年代。

具体来说，1946 年，在通用电气实验室工作的美国化学家和气象学家文森特·谢弗，试图找到一种方法来解决飞机机翼在穿过寒冷的云层、雪或冻雨时被覆盖上一层冰的问题。他和同事们在实验室里建立了一个"云室"，试图了解在受控条件下水的凝结和蒸发的物理原理。谢弗偶然注意到，虽然绝对纯净的水可能会在低于其冰点温度这种过冷的状态下以水蒸气的形式存在，但即使是少量的细颗粒干冰也会自发地导致过冷的水凝结成雨滴。同年，在一次实地试验中，谢弗通过将干冰从飞机上倾倒在马萨诸塞州西部伯克希尔山脉上空的云层中，创造了第一场"人造雪"。

谢弗在通用电气实验室的同事、化学家伯纳德·冯内古特，他也是小说家库尔特·冯内古特的哥哥。冯内古特很快发现，过冷的云也可以通过其他细颗粒物质"播种"来形成雪和雨，这些颗粒可以作为水滴最初生长的"成核点"，于是他选择了碘化银颗粒。后来人们发现，即使是简单的食盐也可以用来在过冷云中促进雨滴的凝结。在自然界中，灰尘或冰的微粒常常起着同样的作用。

谢弗和冯内古特的方法很快引起了商业界和政府军方的兴趣，人工降雨或降雪已经成为一种可行的方式来实际控制世界上许多国家的天气，特别是在干旱地区或干旱期间。例如，在阿拉伯联合酋长国，政府使用人工降雨技术在迪拜和阿布扎比沙漠制造人工降雨。■

气象雷达

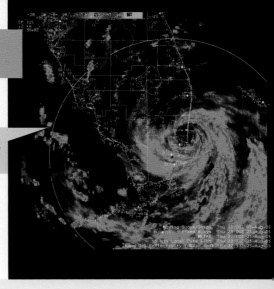

2005 年 8 月 25 日，卡特琳娜飓风逼近美国佛罗里达东南海岸时的气象雷达图。

航空遥感（1858 年），加尔维斯顿飓风（1900 年），三州龙卷风（1925 年），地球同步卫星（1945 年），人工降雨（1946年），气象卫星（1960 年），地球科学卫星（1972 年）

1947 年

1900 年摧毁美国得克萨斯州加尔维斯顿的飓风和 1925 年三州龙卷风等灾难性的自然风暴，其致灾性的部分原因是缺乏重要的预警或对这类气象事件积极的跟踪监测。随着 19 世纪末至 20 世纪初机载遥感技术的出现，使人们通过气球、飞艇或飞机来监测某些类型的风暴成为可能。然而，这样的部署既稀少又成本高昂，而且往往因为云层遮挡了观测员，所以无法提供下雨或下雪地点的可靠信息。气象学家需要一种能看透云层的方法来真正追踪风暴。

这种方式将随着雷达的出现而出现，英文中"雷达"一词是"无线电探测和测距"的英文首字母缩写。有源雷达系统使用天线往特定方向发射无线电波，然后测量有多少无线能量反射回同一天线的接收器。这项技术在 20 世纪 30 年代率先被使用，后来在第二次世界大战中得到了明显改进，被作为一种探测和跟踪敌机和敌舰的方法。雷达技术被用到许多其他重要的军事和民用应用中，其中之一是天气预报。

厚厚的云层对可见光来说是无法穿透的，但构成它们的微小气溶胶粒子对无线电波来说是可穿透的。然而，在云层中形成的更大的雨滴、雨夹雪和雪粒子对无线电波来说还是无法穿透。因此，当雷达系统向云层发射脉冲时，大部分信号会直接通过云层，只有一小部分信号会被雨、雪或雨夹雪反射回雷达天线。因此，雷达可以"看到"人眼看不到的天气。

1947 年，该技术刚一被解密，最早的商业专用气象雷达站就在美国国家气象局的控制下开始运行。第一个监测站在华盛顿特区投入使用，很快美国各地又有几十个监测站跟进，帮助提供预警和监测极端天气事件。随着时间的推移，这些系统得到了增强，覆盖范围也得到了扩大。如今，一个由先进的气象雷达站组成的全球网络为预报、航空、航运和与天气相关的学术研究提供了重要数据。■

探寻人类起源

玛丽·利基（Mary Leakey，1913—1996）
路易斯·利基（Louis Leakey，1903—1972）

20 世纪 60 年代，玛丽·利基（右）带路易斯·利基（左）参观了她在坦桑尼亚奥杜威峡谷发现早期人类化石的其中一个地点。

灵长类（约 6000 万年前），石器时代（约 340 万—公元前 3300 年），维多利亚湖（约 40 万年前），智人出现（约 20 万年前），白令陆桥（约公元前 9000 年），阅读化石记录（1811 年），地球科学中的女性（1896 年），《迷雾中的大猩猩》（1983 年），黑猩猩（1988 年）

1948 年

现代人类学是研究人类起源和过去人类行为的一门学科，其主要成就是认识到智人可能起源于 20 万年前的非洲，并从那时起迁徙到全球各个角落。要得出这个结论，需要几个世纪专业的地质、古生物学和基因测序工作来连接当今全球社会和聚落之间的点，以追溯智人的起源、生活方式和迁徙模式。

在研究现代人类起源的早期主要人物中，有一对古人类学家夫妇——玛丽·利基和路易斯·利基。路易斯是肯尼亚人，在剑桥大学学习考古学；玛丽是英国人，曾在伦敦大学学院学习考古学和其他相关学科，最终找到了一份为人类学文章和书籍做插画的工作。1936 年结婚后，这对夫妇在东非四处旅行，寻找和挖掘石器时代、新石器时代的化石，以及有关居住在现今肯尼亚和坦桑尼亚的早期人类的其他线索。

1948 年，玛丽·利基在肯尼亚维多利亚湖附近发现并鉴定了生活在中新世（大约 2300 万—1400 万年前）包括头骨在内的非洲原康修尔猿化石，这一发现标志着她事业的重大突破。原康修尔猿是一种四足灵长类动物，与猴子、黑猩猩、倭黑猩猩都有许多相似之处，玛丽和路易斯以及许多考古学家都认为它是早期灵长类动物和最终人类之间的重要一环。在 20 世纪四五十年代，这对夫妇继续在塞伦盖蒂平原和其他地方寻找重要的古人类化石和工具。

随后几十年的研究工作，其中一些是由黛安·福西（Dian Fossey）和珍妮·古道尔（Jane Goodall）等研究人员进行的，他们曾受到利基家族的指导。这些研究工作揭示了一个利基家族或其他 20 世纪中叶的人无法想象、详细得多的原始人类谱系。虽然原康修尔猿确实是一项重要的发现，但它只是现代智人链条上已知环节中的一个。■

岛弧

和达清夫（Kiyoo Wadati, 1902—1995）
雨果·贝尼奥夫（Hugo Benioff, 1899—1968）

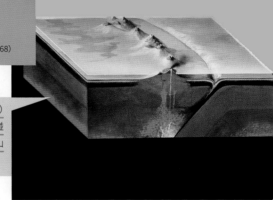

剖面示意图展现了高密度板块（右）俯冲到低密度板块（左）之下，沿碰撞带产生地震和火山带的过程。火山在行星表面形成一条弧形的曲线。

板块构造（约 40 亿—30 亿年前？），喀斯喀特火山群（约 3000 万—1000 万年前），夏威夷群岛（约 2800 万年前），安第斯山脉（约 1000 万年前），坦博拉火山喷发（1815 年），喀拉喀托火山喷发（1883 年），大陆漂移学说（1912 年），海底测绘（1957 年），马里亚纳海沟（1960 年），海底扩张（1973 年）

20 世纪早期到中期，在我们对板块构造的现代认识得到发展之前，地质学家和地球物理学家已经能够利用地震检波器网络来确定大多数遵循特定模式的地震发生地。例如，在 20 世纪 20 年代末，日本地球物理学家和达清夫明确地指出，有些地震发生在地表以下很深的地方，且许多甚至发生在像马里亚纳海沟这样深海底峡谷下面的倾斜地带。1949 年，美国地震学家雨果·贝尼奥夫以和达清夫的研究成果为基础，指出这些地震倾斜区分布在环太平洋沿岸，沿弯曲的平面向下倾斜，角度可达 45°。

一个曲面插入一个球体，其表面表现形式是一个弯曲的弧，这正是在阿留申群岛、日本、加勒比海和世界其他地方的火山岛观察到的情况。这些弯曲的火山链现在被称为岛弧，它们是海洋地壳俯冲到附近其他地壳下的反映，在高温高压下使周围的岩石发生熔融，然后以火山的形式在俯冲板块上面的板块上喷发。沿俯冲板块发生地震的区域现在被称为和达－贝尼奥夫带。

到 20 世纪 50 年代，对洋壳－陆壳边界上弯曲的火山弧、深海沟以及沿俯冲大洋板块深地震的观测，都为阿尔弗雷德·魏格纳的大陆漂移假说提供了有力的证据，这个假说一度被人嘲笑。显然，在这些边界处存在着明显的地壳相对运动，但问题仍在，特别是什么力量驱动了这种漂移。它需要对海底进行完整的测绘，并发现大洋中部的火山脊。因为古地磁信息揭示了新的海洋地壳是在那些海底扩张的山脊上形成的，这让现代板块构造理论的所有谜团都有了答案。■

1949 年

1953 年，埃德蒙·希拉里（左）和丹增·诺盖（右）正在攀登珠穆朗玛峰。

环保主义的诞生（1845 年），到达北极点（1909 年），到达南极点（1911 年），马丘比丘（1911 年），航空探索（1926 年），探索海洋（1943 年）

1953 年

1923 年，当记者问英国登山运动员乔治·马洛里（George Mallory）为什么要攀登地球上最高的山峰——珠穆朗玛峰时，他的回答已经成为全世界登山者和探险家的战斗宣言："因为山在那里"。马洛里最终没能到达顶峰，20 世纪 30 年代和 40 年代的登山者也都没能登顶。事实证明，攀登珠峰是一项异常艰难的任务，探险者们必须克服冰川裂缝、陡峭的悬崖和令人头晕目眩的缺氧反应，攀登高度超过 8800 米，才可能登顶。

20 世纪 20 年代到 50 年代早期，英国和瑞士的登山队都没能到达顶峰。1953 年，一个新的英国探险队组织起来，他们派出了两支登山队，采用循序渐进的方式向顶峰进发，并最终取得了开创性的成就。1953 年 5 月 29 日，由新西兰人埃德蒙·希拉里和尼泊尔夏尔巴人向导丹增·诺盖组成的第二支登顶队伍成功登顶。

这是一个巨大的成就，希拉里和诺盖都承认这是团队努力的结果。一方面归功于他们的先驱团队以及那些试图从尼泊尔南部攀登珠峰的登山者重大的开拓性工作，另一方面还依赖于先进的技术，包括新的氧气供应系统，而这些技术是早期登山者梦寐以求的。此外，诺盖曾是 1952 年攀登珠峰失败的瑞士登山队的一员，宝贵的经验使他在 1953 年的攀登中受益。

希拉里和诺盖迅速成为全球名人。他们的团队采取了谨慎渐进的策略，在最终登顶之前，在海拔 5900 ～ 7925 米处建立了五个营地。希拉里被英国女王封为爵士，而诺盖则获得了英国和印度政府给予的很高的荣誉。但国际科学和探索协会的大多数荣誉都理所当然地授予了整个团队。

截至 2017 年底，已有超过 4800 人登顶珠峰，向导在内的近 300 人在攀登过程中死亡。要求规范攀登活动的呼声越来越大，一是，攀登活动可能会对顶峰地区的环境造成破坏；二是，当地导游依靠引导登山者登上世界之巅来谋生，极易酿成人员伤亡的惨剧。■

核能

1979 年，美国宾夕法尼亚州哈里斯堡附近的三里岛核电站的照片。大的结构是冷却塔，小的圆筒形结构是反应堆。

工业革命（约 1830 年），放射性（1896 年），控制尼罗河（1902 年），风能（1978 年），太阳能（1982 年），切尔诺贝利灾难（1986 年），水能（1994 年），化石燃料的终结？（约 2100 年）

1954 年

自 19 世纪工业革命以来，世界对大规模生产能源的需求急剧上升。最初，通过河流和小溪来转动涡轮发电机，即水力发电，或者用木材或煤火加热水来驱动汽轮机，即蒸汽动力发电，都可以产生足够的能量。随着需求的增加，由汽油、石油和天然气这些化石燃料来驱动涡轮机的内燃机成为一种新兴的发电方式。石油燃料、天然气和煤都是用于生产的不可再生资源，因为它们或它们的初始产物经历了漫长的地质过程才形成。为了满足对可持续的长期能源的需求，许多政府和行业正在寻找增加替代能源使用的方法，如太阳能、风能，以及最新出现的核能。

20 世纪 30 年代初，物理学家们终于能够确定原子的基本结构，那时他们意识到，在核裂变反应中"培育"像钚这样的放射性元素是可能的。第二次世界大战期间，这种技术被用于制造最早一批核武器。战后，其中一些技术被解密，并被民用和私营部门采用，作为一种新的替代能源的基础。核能是利用反应堆内部放射性元素衰变产生的热量来加热水，从而驱动汽轮机。美国在 1951 年建成了第一个约 100 千瓦的研究级发电核反应堆，苏联的奥宾斯克市在 1954 年建成了世界上第一座约 5 兆瓦、可为城市电网大规模供电的核电站。今天，核电站提供了世界上 10% 的电力资源。

虽然使用放射性热量加热水看似简单，但为了不让核材料过热并"熔化"反应堆，必须做大量的测试。尽管做出了这些努力，还是发生了一些严重的事故，包括 1979 年美国的三里岛核电站事故和 1986 年苏联的切尔诺贝利核电站事故。这类备受关注的事故对人类和环境造成的影响，以及如何以环保的方式处理废弃核反应堆燃料等这些长期存在的普遍问题制约了核能的广泛使用。■

上图：2001 年的玛丽·萨普。

下图：南大西洋现代海底地形图的一部分。

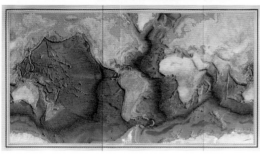

 板块构造（约 40 亿—30 亿年前?），阅读化石记录（1811
年），地球科学中的女性（1896 年），大陆漂移学说（1912
年），磁极倒转（1963 年），海底扩张（1973 年）

1957 年

在人类历史的大部分时间里，占地球表面 70% 以上的海底一直是个谜。然而，随着 20 世纪远洋科考的出现，海底详细而令人惊讶的地形和地质多样性终被揭晓。

最初的海底测绘始于第一次世界大战期间，当时使用的是早期声呐技术。英文中"声呐"一词是"声音导航和测距"的英文首字母缩写，该技术可以识别水雷、沉船和潜艇。声呐将声波从船上发射到海底，通过声波返回的时间可以确定地形。该先进技术在第二次世界大战中被开发和使用，然后被用于民间海洋研究。

在这些早期研究人员中，美国海洋学家玛丽·萨普是最有才华、最高产的人之一。从 20 世纪 40 年代末开始，她与美国地质学家布鲁斯·希曾都在哥伦比亚大学工作。希曾和他的同事们用先进的声呐设备进行了大量的科学考察来收集水深数据。因为当时不允许女性登上研究船，萨普则致力于收集和分析从这些游轮上传回来的数据，到 1952 年，她已经收集了足够的数据来识别大西洋中脊，并将其解释为大陆漂移假说的潜在证据。希曾和其他人一开始对此持怀疑态度，但在 1957 年萨普和他发表了一幅内容全面的地图，描绘了北大西洋海底山脉、山谷、峡谷等地理特征，促使更多人接受了她的想法。

萨普革命性的海底地图为当时正在兴起的全球范围的板块构造理论提供了一个关键证据。例如，大西洋中脊现在被认为是地球上最大的连续山脉。自那以后，声呐技术的重大进步以及旨在对全球海底全面测绘的专项科考活动，推动了地球动态海底更进一步的地质研究，对象包括水下山脉、海沟、火山、滑坡和地震。■

人造卫星

谢尔盖·科洛夫（Sergei Korolev, 1906—1966）

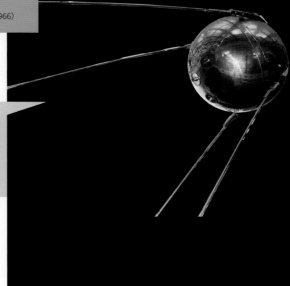

世界上第一颗人造卫星斯普尼克 1 号的复制品，被安放在美国华盛顿特区史密森学会的国家航空航天博物馆。金属球的直径约为 58 厘米，天线延伸出 285 厘米（图片只显示出了其中一部分）。

液体燃料火箭（1926 年），地球同步卫星（1945 年），地球辐射带（1958 年），人类进入太空（1961 年）

美国人往往能生动地回忆起他们在重要事件中所处的位置和所做的事情，而这些重要事件已经成为某些时代的标志。例如，珍珠港事件，约翰·肯尼迪遇刺，挑战者号航天飞机爆炸，当然还有"9·11"恐怖袭击事件。对于一代美国人来说，决定性的事件发生在 1957 年秋天。

同年 10 月 4 日，苏联成为第一个成功发射人造卫星进入太空的国家。苏联火箭工程师谢尔盖·科洛夫领导的团队创建了苏联的第一个洲际弹道导弹，他游说政府允许其团队修改 R-7 火箭，发射一个小型科学有效载荷（一组仪器或实验）进入地球轨道。苏联政府批准了科洛夫的计划，希望能在太空竞赛中击败美国人。这个被称作"斯普尼克"的有效载荷在俄语中是"卫星"的意思。至此，太空时代正式来临。

斯普尼克 1 号每 96 分钟环绕地球一周，持续了 3 个月，直到它从轨道上坠落，并在大气层中燃烧殆尽。它的单瓦功率的无线电广播发出"哔——哔——哔"的信号，很容易被世界各地的业余无线电爱好者接收。这颗卫星在美国引起了一种焦虑情绪，因为美国公众敏锐地意识到苏联有能力向地球上的任何目标发射装有核弹头的洲际弹道导弹。美国政府加紧了自身的太空进程，其第一颗人造卫星探索者 1 号在斯普尼克 1 号燃烧殆尽约两周后成功发射升空。

人造卫星还在美国的科学技术资助和教育方面掀起了一场前所未有的小型革命，影响至今。受人造卫星影响最大的美国人通常被称为"阿波罗一代"，他们后来见证了美国赢得太空竞赛的胜利。1969—1972 年，共有 12 人在月球上行走，随后的几十年里，美国在太空领域还取得了其他令人惊叹的成就。■

1957 年

阿蒙森-斯科特南极站外，摄影师盖伦·罗威尔（Galen Rowell）靠南极点金属球表面的反光完成自拍。

南极洲（约 3500 万年前），到达北极点（1909 年），到达南极点（1911 年），航空探索（1926 年），探索海洋（1943 年），人造卫星（1957 年），地球辐射带（1958 年）

1957—1958 年

第二次世界大战后，特别是 20 世纪 50 年代初的朝鲜战争之后，世界上领先的科技国家之间的关系急剧降温。事实上，这场地缘政治冷战的紧张局势不仅限于政府，还影响到全世界科学家之间的交流与合作。一些顶尖的科学家决定自己动手，创立一个全球性的组织，让科学家们团结起来，在政治动荡的时代推动地球科学的发展。

19 世纪末和 20 世纪初的一些科学协会组织了几次"国际极地年"，以促进在极地研究和探索方面的合作。根据这一模式，国际科学联合会理事会建议世界各国的科学家再次聚首，不仅要研究极地地区，还要研究地球表面、海洋和大气的许多其他方面。他们称之为"国际地球物理年"（IGY），最终有 67 个国家参与了各种合作项目。从 1957 年 7 月 1 日到 1958 年 12 月 31 日，国际地球物理年实际持续 18 个月，地球科学项目涉及地质学、地震学、地磁学、气象学、电离层物理学、海洋学和太阳物理学等诸多领域。

在国际地球物理年的科学成就和遗产中，有最早成功发射升空的地球科学卫星斯普特尼克 1 号和探索者 1 号，后者发现了范艾伦辐射带，并在南极大陆建立了大量和持久的科学研究场所和合作机构。具体来说，英国人、法国人、比利时人、日本人和美国人都在国际地球物理年前不久、期间以及之后在南极大陆上建立了合作研究站，包括由美国管理的阿蒙森-斯科特南极站。国际地球物理年还直接催生了 1959 年的《南极条约》。该条约永久性地将南极洲确立为一个致力于和平目的和合作科学研究、环境受到保护的大陆。

国际地球物理年证明了即使是在政治困难时期，科学家以及各国政府也可以通过有效地合作，在地球科学中发现和解决重要问题。从那时开始的许多工作至今仍在继续，许多科学家和科学协会仍在努力促进所有国家之间的和平科学合作。■

地球辐射带

詹姆斯·范·艾伦（James Van Allen, 1914—2006）

2005 年 1 月，北极光在阿拉斯加的熊湖上空明亮地闪烁。像这样的极光现象是高能太阳风粒子与地球磁场和困在范艾伦辐射带中的粒子相互作用的结果。

太阳耀斑和空间气象（1859 年），人造卫星（1957 年），国际地球物理年（1957—1958 年），磁层振荡（1984 年）

1957 年秋天，苏联成功发射了第一颗人造地球卫星，震惊了全世界。此后，美国政府奋力追赶，打算使用最小、最简单的科学有效载荷来发射和运行一颗小型卫星，这一目标交由美国陆军弹道导弹局组成的联合小组来实现。该小组负责改良木星－红石中程弹道导弹来发射卫星。在帕萨迪纳市附近还有一个被称为喷气推进实验室（JPL）的陆军－加州理工学院设施，在这里进行着探索者 1 号卫星的科学实验。

探索者 1 号的科学有效载荷由一个宇宙射线计数器、一个微流星体撞击探测器和一些温度传感器组成。这些实验比人造卫星上简单的无线电发射机要复杂得多，但质量、功率和体积都很小，足以被木星导弹送入轨道。

1958 年 1 月 31 日，美国第一颗人造卫星在佛罗里达州的卡纳维拉尔角导弹发射基地成功发射，这也是继 1957 年 11 月的斯普特尼克 2 号之后的第三颗人造卫星。探索者 1 号进入了一个 115 分钟绕地一周的椭圆形轨道。在电池耗尽之前，它的科学仪器运行了三个半月多。在执行任务期间，科学仪器向喷气推进实验室的科学团队实时传回了数据流。

探索者 1 号传回的数据起初令人困惑，它们似乎是由地球上某些高度和位置的高能粒子数量急剧增加引起的。詹姆斯·范·艾伦和他的团队对数据进行了解释，揭示了受地球磁场所限制的高能粒子或等离子带的存在。几个月后，探索者 3 号证实了这一结果。这是第一个由卫星发现的重大空间科学发现，为了纪念该科学小组的领导者，近地空间中增强的高能粒子区域现在被称为范艾伦辐射带。探索者 1 号是探索者小型宇宙飞船系列中的首个，迄今已成功完成近百项任务。■

1958 年

1960 年，工程师们在美国新泽西州普林斯顿的美国无线电公司测试电视红外观测卫星，这是世界上第一颗成功的气象卫星。

航空遥感（1858 年），加尔维斯顿飓风（1900 年），三州龙卷风（1925 年），地球同步卫星（1945 年），人工降雨（1946 年），气象雷达（1947 年），人造卫星（1957），地球辐射带（1958），地球科学卫星（1972 年）

1960 年

　　20 世纪 40 年代末，为了提高跟踪和预报风暴，以及在最极端的天气事件中提高预报的准确性，地面气象雷达系统首次被引入气象预报，并几乎立即产生了深远而强大的影响。不过，尽管它们可以连接到更大的网络，但大多只能提供相对有限的本地天气视角。气球、飞行器和亚轨道探测火箭可以提供更广阔的视野，但因为部署较少，也只能提供较为局部的天气情况。我们需要的是一个真正的全球视角，就像从太空俯瞰地球一样。

　　随着太空时代的到来，以及 20 世纪 50 年代末世界上第一颗科学卫星的成功发射，使得在地球轨道上部署照相机和其他仪器，用来监测天气以及地球表面和大气的其他特征成为可能。因而，在 1960 年，由美国无线电公司（RCA）和美国陆军信号研究与发展实验室（又名"陆军信号部队"）组成的一个联合小组，在新成立的联邦机构——美国国家航空航天局（NASA）指导下，成功发射并运行了第一颗气象卫星，名为泰罗斯 1 号，它的英文名是电视红外观测卫星（TIROS）首字母的简称。尽管它的任务很短，只有 78天，但非常成功。它对天气预报员非常有用，以至于催生了一个为期 20 年的新气象卫星系列：从光轮 1 号到光轮 7 号。

　　这些早期的气象卫星都是在短周期的近地轨道上运行的。从 20 世纪 60 年代末 70 年代初开始，另一个相对较新的联邦机构——美国国家海洋和大气管理局（NOAA）开始在地球同步轨道上运行卫星，他们有效地将卫星"停放"在北美的不同地区，这样它们就可以一直监视同一大片区域。美国气象卫星领域最成功的项目之一是美国国家海洋和大气管理局地球同步运行环境卫星（GOES）系列，首次发射于 1975 年 10 月，第 17 个于 2018 年 3 月发射。中国、俄罗斯、日本、印度和欧洲的航天机构也发射和运行了许多地球同步气象卫星，为他们所在的地球区域提供重要的预报数据。■

了解陨石坑

尤金·舒梅克（Eugene Shoemaker, 1928—1997）

1967 年，地质学家尤金·舒梅克（中间拿锤子的那一位）在美国亚利桑那州的巴林杰陨石坑向一群宇航员讲授撞击陨石坑的地质学情况。

恐龙灭绝撞击（约 6500 万年前），亚利桑那撞击（约 5 万年前），美国地质调查局（1879 年），寻找陨石（1906 年），通古斯爆炸（1908 年），陨石与生命（1970 年），灭绝撞击假说（1980 年），都灵危险指数（1999 年）

我们周围有大量的证据表明，地球表面正在因不断地受到侵蚀、火山、构造力量和过程的影响而发生变化。然而，除此之外，陨石坑这种太阳系中主要的地表地质过程对我们星球的影响力并不明显。只要看看月球布满陨石坑的表面，你就会意识到地球一定也受到了类似的轰炸。

地质学家花了很长时间才认识到陨石坑这一重要的地球地质过程，就像在其他行星和卫星上一样。例如，美国地质勘探局首席地质学家格罗夫·卡尔·吉尔伯特确信，当时在亚利桑那州的库恩山是一个爆炸性的火山口。尽管他知道月球上的许多圆形洼地很可能是撞击坑。而且矿业企业家丹尼尔·巴林杰等人也相信，库恩山的特征是由一颗富含铁的小行星撞击地球造成的。来自美国地质勘探局的另一位地质学家尤金·舒梅克不仅找到了现今环形山撞击起源的决定性证据，还找到了最终有助于确定世界近 200 个其他撞击结构的关键证据。

舒梅克是一位经验丰富的野外地质学家，也是岩石故事的敏锐观察者和阐释者。为了更好地理解陨石坑改变行星表面的方式，他花时间研究了内华达州核爆炸试验产生的小型环形山。他学会了识别这种高能爆炸过程的迹象，包括在高冲击压力下形成的特殊矿物。1960 年在他的博士论文中，舒梅克用他的经历说服了剩下的怀疑论者，巴林杰陨石坑确实是约 5 万年前一颗小型的金属小行星撞击的结果。舒梅克大部分时间与同样是行星天文学家的妻子卡罗琳·舒梅克（Carolyn Shoemaker）合作，把他的余生奉献给了寻找和发现地球上的撞击结构，以及寻找和研究大量的近地小行星的性质。这些小行星可能最终会对地球上的生命构成潜在的威胁。■

1960 年

马里亚纳海沟

唐纳德·沃尔什（Donald Walsh, 1931— ）
雅克·皮卡尔德（Jacques Piccard, 1922—2008）

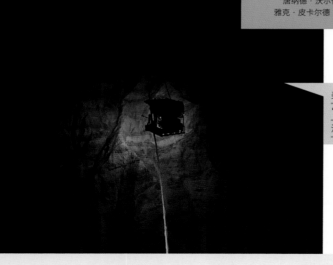

美国国家海洋和大气管理局的遥控潜水机器人"深海发现者"于2016年被用于探索马里亚纳海沟约6100米深处的层状岩石的地质情况。

板块构造（约40亿—30亿年前?），大陆漂移学说（1912年），探索海洋（1943年），岛弧（1949年），海底测绘（1957年），极端微生物（1967年），海底扩张（1973年）

1960年

地球表面构造板块之间的碰撞会产生世界上最高的山，这也许是显而易见的，但这种碰撞也会产生世界上最深的海沟，也许就不那么显而易见了。当密度较大的大洋地壳与较轻的大陆地壳之间发生碰撞时，由于密度差异极大，会导致密度较大的板块下沉或俯冲到另一板块之下，在碰撞边界处下沉的地壳被向下拖动拉伸，形成又深又长的海沟。

其中最深的，也就是地球上已知的低于海平面的最低海拔，位于马里亚纳海沟内的一个叫"挑战者深渊"的峡谷中。

马里亚纳海沟位于西太平洋海底，是一条长2550千米，宽69千米的新月形海沟。海沟标志着大的太平洋板块向西俯冲到较小的马里亚纳板块之下的碰撞边界。尽管碰撞发生在两个密度相对较大的大洋板块之间，但太平洋正在向马里亚纳海底俯冲，因为这部分地壳比西边的年轻地壳更古老、更冷，因此密度也更大。

太平洋海底的深度约为海平面以下4188米，但马里亚纳海沟深达11 000米，比珠穆朗玛峰的海拔高度多了近3000米。20世纪50年代早期，英国皇家海军舰艇挑战者2号的船员使用声呐对海沟深度进行了第一次现代测深测量，因此，最深点被命名为"挑战者深度"。1960年1月，美国海洋学家唐约德·沃尔什和瑞士海洋学家、工程师雅克·皮卡尔德乘坐一艘特别设计的名为"里雅斯特"的美国海军自行深潜器，进行了首次直抵挑战者深渊底部的航行。

沃尔什和皮卡尔德只在海底待了大约20分钟，但他们注意到，即使在压力超过海平面大气压1000倍那样的深度，也生活着数量惊人的鱼类。随后的两次机器人下潜，以及电影导演詹姆斯·卡梅隆在2012年的一次独自下潜，都揭示了这一地球上最极端环境之一的生物多样性。■

瓦尔迪维亚地震

1960 年 5 月 21 日，智利瓦尔迪维亚市震后废墟。

板块构造（约 40 亿—30 亿年前?），安第斯山脉（约 1000 万年前），旧金山地震（1906年），苏门答腊地震和海啸（2004 年）

20 世纪 30 年代，地震学家开始尝试利用世界各地部署得越来越多的地震检波器网络来对地震强度或震级进行分类。最早测量地震强度的方法之一是当地震级，由美国地震学家查尔斯·里克特和贝诺·古登堡（Beno Gutenberg）于 1935 年发明，故得名"里克特震级"。然而，它局限于对离地震检波器站很近的地震进行分类，并不能很好地区分大型地震事件的强度。因此，随着时间推移，地震强度的测定方法也被不断修改。自 20 世纪 70 年代以来，矩震级（M）被用来估算所有地震的强度，但媒体仍然习惯称它为里氏震级。M 是一个对数能量标度：M 增加 1 级对应能量是原来的 32 倍；增加 2 级对应能量是原来的 1000 倍。

有记录以来最大的一次 M 级地震发生在 1960 年 5 月 21 日，震中位于智利瓦尔迪维亚市附近。据估计，瓦尔迪维亚地震的震级为 9.4 ～ 9.6，在 10 分钟的剧烈晃动中释放的能量是 1906 年旧金山地震的 50 多倍。瓦尔迪维亚和附近的许多城镇被夷为平地。地震引发的近海海啸袭击了智利海岸，海浪高达 25 米。接着，海啸席卷了整个太平洋，超过 11 米高的海浪摧毁了夏威夷岛上的希洛市。据估计，有 1000 ～ 7000 人死于地震和海啸的影响，造成数十亿美元的损失。

瓦尔迪维亚地震是由太平洋板块沿南美洲西海岸向南美板块下持续俯冲引起的，由此产生的海啸是大量地壳向上推动海水而形成的。在一定程度上，由于 1960 年瓦尔迪维亚地震等毁灭性的地震，全球地震响应和海啸预测系统在此后的几十年里得到了极大改善，帮助挽救了许多人的生命。■

1960 年

人类进入太空

尤里·加加林（Yuri Gagarin，1934—1968）
艾伦·谢泼德（Alan Shepard，1923—1998）

苏联宇航员尤里·加加林是第一个进入太空的人，他正在为 1961 年 4 月 12 日的太空飞行做准备。

地球科幻小说（1864 年），液体燃料火箭（1926 年），人造卫星（1957 年），脱离地球引力（1968 年），月球地质（1972 年），移民火星？（约 2050 年）

1961 年

从最早的科幻小说到火箭技术的早期历史，梦想家们期待着人类成为太空旅行的物种。罗伯特·戈达德和康斯坦丁·齐奥尔科夫斯基等航天先驱发明了威力强大的火箭，不仅能运载卫星，还能载人，并以逃逸速度进入地球轨道。要实现他们的构想，还需要第二次世界大战的"技术推动"和冷战的"政治推动"。

为了成为第一个将人类送入太空的国家和政治体系，美国和苏联展开了一场激烈的竞赛。两国都聘请了顶尖的科学家和工程师，并在竞赛中耗费了大量财力。1961 年春天，苏联人赢得了比赛，但只是勉强获胜。1961 年 4 月 12 日，宇航员尤里·加加林成为进入太空的第一人，仅仅三周后，宇航员艾伦·谢泼德就成为第二人。

加加林是由洲际弹道导弹（ICBM）发射升空的，这种导弹经过了改装以适应他的太空舱东方一号。东方一号在太空中飞行了大约 108 分钟，完成的轨道比地球稍微大一点。谢泼德也是由一枚改装的红石洲际弹道导弹发射升空的，他的自由 7 号太空舱完成了 15 分钟的亚轨道飞行。两项任务的成功促使两国马上进行了更加雄心勃勃的轨道任务，旨在展示火箭航天导航和控制技术的持续进步。事实上，在谢泼德航行后的几周内，美国总统约翰·菲茨杰尔德·肯尼迪就呼吁国会批准一项计划，"在这个十年结束之前，让人类登上月球并安全返回地球"。苏联人也把目光投向了月球，但最终在 1969 年 7 月输掉了那场特别的比赛。

加加林和谢泼德都成了名人，他们与媒体和公众广泛分享他们的太空飞行经历。加加林没有重返太空，而谢泼德成为仅有的 12 名在月球上行走的人之一，并指挥了 1974 年的阿波罗 14 号任务。自 2001 年以来，许多国家都会在 4 月 12 日举办了一个名为"尤里之夜"的国际庆祝活动，以纪念加加林等人在太空探索方面的成就。■

地球化改造

卡尔·萨根（Carl Sagan，1934—1996）

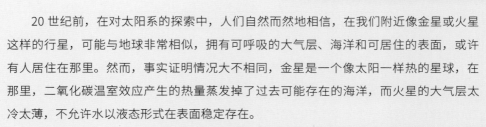

图为艺术家对未来数千年火星的想象，它拥有海洋和厚厚的大气层从而能够支持生命生存。

许多地球（1600年），地球科幻小说（1864年），温室效应（1896年），人工降雨（1946年），极端微生物（1967年），类地行星（1995年），移民火星？（约2050年）

1961年

20世纪前，在对太阳系的探索中，人们自然而然地相信，在我们附近像金星或火星这样的行星，可能与地球非常相似，拥有可呼吸的大气层、海洋和可居住的表面，或许有人居住在那里。然而，事实证明情况大不相同，金星是一个像太阳一样热的星球，在那里，二氧化碳温室效应产生的热量蒸发掉了过去可能存在的海洋，而火星的大气层太冷太薄，不允许水以液态形式在表面稳定存在。

20世纪60年代，人们开始进行严肃的学术研究来探讨将这样的行星变成类似于地球环境的想法，于是提出了"地球化改造"这一行星规模的浩大工程概念。地球化改造的目标是改变一颗行星的大气和表面环境，包括温度、压力、湿度，使其与地球相似，尽可能地适宜已知生命的生存。

美国天文学家和行星科学家卡尔·萨根是最早对类地行星地球化改造提出严肃假设的人之一。1961年，萨根在一篇具有里程碑意义的论文中提出，可以在金星的大气层中"播种"藻类，这样可以缓慢地将大气中的二氧化碳以固体碳的形式固定在金星表面，从而减少温室效应，使金星表面适合人类居住。然而，后来在金星大气中发现硫酸云等原因使萨根的想法站不住脚。1973年，他又提出了将火星地球化改造的想法，激发了科学界的广泛兴趣，促成了20世纪七八十年代举办的一系列关于地球化改造的严肃学术研讨和会议。

从那时起，许多科学家、哲学家和梦想家帮助萨根传递了地球化改造的火炬。很明显，快速改变行星环境的特征将是一项耗资巨大的工程，需要几百年甚至几千年才能实现，这将依赖于许多可以想象但还没有被发明的技术。无论如何，仍有梦想家期待着我们的行星邻居在未来可以被设计成如同地球般的世界。■

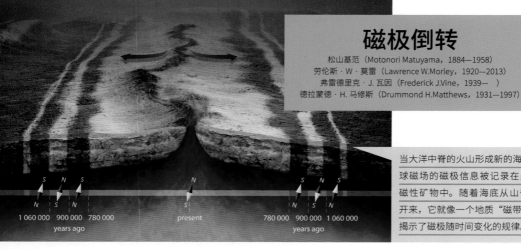

磁极倒转

松山基范（Motonori Matuyama，1884—1958）
劳伦斯·W·莫雷（Lawrence W.Morley，1920—2013）
弗雷德里克·J.瓦因（Frederick J.Vine，1939— ）
德拉蒙德·H.马修斯（Drummond H.Matthews，1931—1997）

当大洋中脊的火山形成新的海底时，地球磁场的磁极信息被记录在火山岩的磁性矿物中。随着海底从山脊上扩散开来，它就像一个地质"磁带录音机"，揭示了磁极随时间变化的规律。

地核形成（约45.4亿年前），大陆地壳（约40亿年前），板块构造（约40亿—30亿年前？），磁铁矿（约公元前2000年），太阳耀斑和空间气象（1859年），地球内核（1936年），海底测绘（1957年），海底扩张（1973年），磁层振荡（1984年）

1963年

在地球内部深处，外核是一个旋转的液态铁质外壳，它所产生的电流产生了强大的磁场，在我们的星球周围形成了一个强大的磁层。地球的磁场使得指南针指向北方或南方。地球物理学的一个分支叫作古地磁学，其研究重点是地球磁场随时间的变化，以及如何利用这些变化更好地了解地球的表面和内部的变化过程。

火山岩中含有一小部分磁性矿物，比如磁铁矿，当它们熔化时，就像平行于地球磁场的小指南针一样排列起来。当岩石冷却时，它保存了凝固瞬时地球磁场的记录。地质学家从20世纪早期就开始研究磁化的岩石，他们注意到某些岩石的南北极性相对于其他岩石的南北极性发生了倒转。1929年，日本地球物理学家松山基范发现最近一次地球磁场的倒转发生在大约78万年前。之后的研究人员发现，自侏罗纪以来，地球磁场已经倒转了数百次，但具体的原因仍不清楚。

1963年有一个更重要的发现，当时有两项研究独立地解释了自20世纪50年代以来绘制的令人惊叹的海底磁性"条纹"所反映的磁场倒转，一项由加拿大地球物理学家劳伦斯·莫雷进行，另一项由英国地球物理学家弗雷德里克·瓦因和德拉蒙德·马修斯进行。这些条纹的极性在大洋中脊的两侧是对称的，这一事实使他们得出这样的结论：这些大洋中脊一定是源于喷发到海底的新熔岩。岩石凝固并保留了当时的磁场极性，但之后这些岩石从山脊上被带走，新的熔岩随后喷发出来，并保留了当时相反的磁场极性。因此，磁场倒转是发现大洋中脊为海底扩张中心的关键证据之一。■

内共生

康斯坦丁·梅列什科夫斯基（Konstantin Mereschkowski, 1855—1921）
林恩·马古利斯（Lynn Margulis, 1938—2011）

进化生物学家林恩·马古利斯，细胞内共生理论的创始人之一。

光合作用（约 34 亿年前），真核生物（约 20 亿年前），性的起源（约 12 亿年前），复杂的多细胞生物（约 10 亿年前），自然选择（1858—1859 年）

1966 年

在生物学中，共生是指两个或多个不同的有机体之间密切而长期的关系和相互作用。例如小丑鱼与海葵的互利共生，或者我们与消化道中各种微生物的互利共生。进化生物学家在试图理解第一个真核细胞（具有复杂内部细胞结构的细胞）和第一个复杂的多细胞生物是如何形成的过程中，已经把这个概念牢记于心。关于细胞复杂性起源的一个主要假说被称为内共生，有时也称为共生起源，它假定真核生物是由简单的单细胞原核生物的共生关系进化而来。

内共生的基本概念是由生物学家康斯坦丁·梅列什科夫斯基在 20 世纪早期提出的。真菌与藻类的共生关系在地衣中所发挥的作用对梅列什科夫斯基的影响很大。一方面由于缺乏足够的实验室技术，另一方面由于他拒绝用自然选择来解释这种共生关系，所以他的想法在当时遭到了许多人的嘲笑和忽视。

随着新的领域和实验室技术发展，以及对自然选择在细胞水平上的作用有更深层次的理解，内共生假说被美国进化生物学家林恩·马古利斯重新提出。她在 1966 年写了一篇重要的研究论文，又在 1970 年出版了一本科普书，从而把这场争论重新推到了国际进化生物学的舞台上。和梅列什科夫斯基一样，马古利斯认为真核生物的线粒体起源于原核细菌的共生结合，真核生物的光合叶绿体起源于原核蓝藻细菌的共生结合，这样的观点遭到了科学界的抵制。然而，到了 20 世纪 80 年代，部分得益于马古利斯的毅力和坚持，她的思想被广泛地传播开来。许多实验进化生物学家为此提供了可靠的数据，他们对线粒体和叶绿体的 DNA 进行了详细的基因分析后，发现它们与共生宿主的 DNA 不同。由此，内共生从一种假说发展为一种被广泛接受的关于所有器官发生*的理论。■

---

* 器官发生：又称器官形成，是指形成专门器官的胚胎发育阶段。——译者注

地球自拍照

1966 年 8 月 23 日，月球轨道器 1 号拍摄了第一张来自外太空的地球"自拍照"。2008 年，人们又对该照片进行了再处理。

 气象卫星（1960 年），脱离地球引力（1968 年），地球日（1970 年），地球科学卫星（1972 年），月球地质（1972 年）

1966 年

"自拍"是指人们把相机转过来给自己以及朋友和家人拍照，从而提供了一种视角感和一种内向的环境。事实证明，太空摄影几乎从一开始就是如此。

20 世纪 40 年代末，一些照相机被安装在缴获的德国 V-2 火箭上，由美国陆军发射到新墨西哥州的白沙导弹靶场上空的亚轨道上飞行，它们是最早进入太空的照相机。以今天的标准来看，这些照片有些粗糙模糊，但它们第一次从 100 英里以上的高度展示了地球优美的曲度。

随着 20 世纪 60 年代第一颗气象卫星的出现，太空摄影变得更加普遍。然而，直到 1966 年，才在一项太空任务中完成了第一张真正的"深空"自拍照。1966—1967 年，共有 5 个机器人航天器被发射到月球轨道上，任务是为阿波罗号宇航员最终的着陆点拍照。月球轨道器 1 号是它们中的第一个。因为当时没有发明数码相机，所以相机内部还有相当于暗房、扫描仪和传真机的设备，这样就可以处理拍摄得到的黑白底片，将其转换成数字数据文件，并传输回地球。

为了抓住这个前所未有、获得从深空观察地球的视角和内向环境的机会，月球轨道器 1 号团队游说美国国家航空航天局，希望能够有一个很短的时间让它不要向下看月球，而是回头看地球。这是有风险的，如果航天器之后无法再转向月球怎么办？但它最终被认为是一个独特而富有远见的机会，因此在 1966 年 8 月 23 日，这个团队得到了许可，把相机转过来，对着地球，拍下了一张自拍照。由此诞生的第一张地球从月球表面升起的照片立即引起了公众和媒体的轰动。它和之后的地球自拍照一起，推动了一场环保觉醒运动。■

极端微生物

托马斯·布洛克（Thomas Brock，1926— ）

美国怀俄明州黄石国家公园的牵牛花池温泉。温泉外沿的颜色来自多种嗜热菌，它们即使在超过 80℃的高温下它们也能生存和繁衍。

地球上的生命（约 38 亿年前?），复杂的多细胞生物（约 10 亿年前），寒武纪生命大爆发（约 5.5 亿年前），陨石与生命（1970 年）

天体生物学是研究宇宙中生命和宜居环境的起源、演化和分布的学科。它是一门独特的学科，因为它只有一个数据点来最终证明它的存在。也就是说，到目前为止，我们只知道宇宙中有一个存在生命的例子，那就是地球。这里所有的生命都是基本相似的——基于相似的 RNA、DNA 和其他碳基有机分子。

但是，在其他地方寻找生命，就不能仅仅是寻找像我们这样的复杂生命形式。这是一次对其他行星环境的探索，那些环境可能适合我们星球上最主要的生命形式——细菌和其他"简单"的生命形式。寻找这些条件的最佳地点就在我们自己的星球上。在过去的五十多年里，我们对可居住性的理解取得了重大进展。

例如，1967 年，美国微生物学家托马斯·布洛克写了一篇具有里程碑意义的论文，描述了在黄石国家公园的温泉中大量繁殖的耐热细菌——嗜热菌。他挑战了普遍存在的观点，即生命的化学反应需要适中的温度。布罗克的工作促进了对极端微生物的研究，这是一种能在恶劣环境中生存甚至茁壮成长的生命形式。

从那以后，人们在深海热液喷口附近的热水中也发现了嗜热菌；在相反的极端情况下，发现嗜冷菌在接近或低于冰点的温度下存活并繁衍生息。人们还发现生命形式存在于极端的盐度（嗜盐生物）、酸度（嗜酸生物和亲碱生物）、高压（嗜压生物）、低湿度（嗜干生物），甚至高强度的紫外线或核辐射（嗜辐射生物）环境中。

天体生物学家从地球生命史中得到的信息是明确的：生命可以在各种各样的环境中茁壮成长。因此，在火星、在木卫二和木卫三的深海、在土卫二的次表层水和在土卫六富含有机物的寒冷表面等极端环境中寻找过去或现在的极端微生物或它们宜居环境的证据，不再像过去那样被视为疯狂的想法。■

1967 年

威廉·安德斯（William Anders，1933— ）
弗兰克·博尔曼（Frank Borman，1928— ）
吉姆·洛弗尔（James Lovell，1928— ）

1968 年 12 月，阿波罗 8 号指挥舱成为第一个脱离地球引力并绕月飞行的载人飞船。该场景展示了当宇航员为我们的地球拍摄著名的彩色"地出"照片时飞船、地球和月球的大概位置。

航空遥感（1858 年），地球科幻小说（1864 年），液体燃料火箭（1926 年），航空探索（1926 年），人类进入太空（1961 年），地球自拍照（1966 年），地球日（1970 年）

1968 年

据估计，自从人类诞生以来，大约有 1000 亿人曾经在地球上生活过。直到 20 世纪 60 年代末，他们中没有一个人脱离过地球的引力影响。第一批成功的人是 1968 年底的阿波罗 8 号宇航员，其中一项预演任务旨在证明将人类送上月球并安全返回地球过程中所需的关键航天器、导航和生命支持能力是可行的。1968 年 12 月 21 日，美国前军事飞行员和军官弗兰克·博尔曼、吉姆·洛弗尔和威廉·安德斯成为第一批达到地球逃逸速度的人类，他们是第一批登上美国国家航空航天局巨大的土星 5 号火箭的宇航员。他们也是第一批看到地球从另一个世界的地平线上升起的人类。他们那张著名的彩色"地出"照片让此前月球轨道器 1 号在 1966 年拍摄的黑白版本相形见绌。

在 1969—1972 年期间执行的 8 次阿波罗任务中，共有 21 名宇航员跟随阿波罗 8 号的机组人员逃离地球引力、往返月球。自 1972 年以来，大约有 520 人进入了太空，但却再没有人超越近地轨道这一距离地球表面 2000 千米以内的区域，因此他们都还没有脱离地球的引力。人类深空旅行结束的部分原因是 1973 年土星 5 号火箭的退役和缺乏替代火箭，以及苏联在 1976 年取消了他们的 N—1 重型火箭计划。美国国家航空航天局随后将重点放在航天飞机和国际空间站上。航天飞机只能将人、货物和航天器送到近地轨道，而国际空间站的轨道距离地球表面只有大约 400 千米。

近年来，人们再次将人类从地球的"重力井"发射回月球、火星和其他目的地的兴趣正被重新点燃。美国国家航空航天局的土星 5 号的替代者被称为空间发射系统，于 2014 年开始组装，原计划 2019 年开展首次发射测试（但实际上直到 2022 年才开始准备首次发射测试）。■

陨石与生命

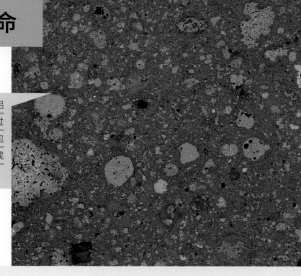

默奇森陨石中的镁（红色）、钙（绿色）和铝（蓝色）的 X 射线图像。默奇森陨石是距今超过45.5 亿年的碳质球粒陨石。这块古老的岩石包含了由太阳星云、水和复杂的有机分子凝聚而成的原始矿物，其中包括 70 多种氨基酸。

地球上的生命（约 38 亿年前？），极端微生物（1967 年）

1970 年

太空探索的动力之一是在地球之外寻找生命。我们如何进行这样的搜索呢？一种方法是寻找地球上存在的化学元素，如碳、氢、氮、氧、磷和硫。这些元素也存在于宇宙的许多地方和环境中，比如恒星内部，但这些地方不太可能有利于生命的存在。一个更有效的策略可能不是寻找特定的元素，而是寻找它们的特定排列——分子，这也许会揭示生命的基本化学证据。

地球上的生命都以有机分子为基础。一些有机分子很简单，如甲烷（CH_4）、甲醇（CH_3OH）或甲醛（CH_2O）；其他的要复杂得多，比如蛋白质、氨基酸、核糖核酸（RNA）和脱氧核糖核酸（DNA）。在过去的半个世纪里，天文学家们已经在稠密的星际云、彗星尾巴、冰冷的卫星和外太阳系的光环以及土卫六和巨行星的大气层中，甚至在土星的小卫星恩克拉多斯活跃的羽流中发现了许多简单的有机分子。

有时，有机分子是从太空传送到地球上的。例如，1969 年 9 月 28 日白天，一颗流星像一个火球划过天空，坠落在澳大利亚维多利亚州默奇森镇附近的地面上，留下了超过 100 千克的陨石样本。经过对样本的详细分析，科学家们在 1970 年宣布，这块陨石含有一些常见的氨基酸，它们是生命化学中重要的有机分子。后来的研究发现，默奇森陨石含有 70 多种简单的氨基酸，以及许多其他出现在生物起源前、或繁或简的有机分子。

我们知道，地球上的生命需要液态水、热量或阳光等能量来源，以及大量复杂的有机分子。在默奇森陨石和其他陨石中发现的氨基酸支持了这样一种观点，即对生命至关重要的分子可以在非生物的环境中形成，比如在一个太阳星云的圆盘上，在一颗彗星上，或在一个新形成的星子上。宇宙中是否存在生命尚无定论，但至少，生命的基础物质——有机分子似乎无处不在。■

地球日

蕾切尔·卡森（Rachel Carson，1907—1964）
莫顿·希尔伯特（Morton Hilbert，1917—1998）

1970 年 4 月 22 日，第一次地球日庆祝活动在纽约举行。

 智人出现（约 20 万年前），人口增长（1798 年），工业革命（约 1830 年），环保主义的诞生（1845 年），森林砍伐（约 1855—1870 年），塞拉俱乐部（1892 年），地球自拍照（1966 年），脱离地球引力（1968 年）

1970 年

生态学是研究生物与其环境之间相互作用的学科。无论知道与否，人类都必须持续地实践生态学，因为了解我们的环境以及它所带来的威胁和机会直接关系生死。在 19—20 世纪，随着世界人口开始激增以及工业革命和技术飞速进步，人们开始易于脱离与环境的历史联系，在城市中更甚，地球生物圈的健康状况开始下降。

20 世纪 60 年代，快速的全球大众传播的普及与环保活动的发展开始引起公众的强烈反应和参与。环保活动的主要参与者和组织者都希望对危害环境的破坏性和不可持续的行为采取行动。具有里程碑意义的事件是 1962 年出版的《寂静的春天》（Slient Spring）。这本颇具影响力的书由美国环境主义者蕾切尔·卡森所著，她指出了人类和工业对自然界的许多负面影响。她和其他生态学家、自然资源保护主义者和科学家共同掀起了一场最终以环境意识和管理为重点的全球运动。

这场日益增长的环境运动一个重要和持久的表现是由美国公共卫生教授莫顿·希尔伯特和一些人设立的"地球日"。这是一个特别指定的国际日，承认人类在改变我们的环境中所起的作用，我们还有责任把一个安全、可持续的世界传给子孙后代。1970 年 4 月，希尔伯特与他的学生、美国政府官员、各种组织一道发起了第一个地球日。从 1990 年开始，地球日成为一项年度活动，现在每年的 4 月 22 日都会举行庆祝活动，并扩大到包括教育研讨会、表演、社区清理活动和世界各地的其他活动，旨在提高人们的环保意识，并追究那些会威胁脆弱的生态系统的个人或组织的责任。今天的地球日活动由全球 5000 多个环保组织发起，吸引了数百万人参与。■

地球科学卫星

1972 年 7 月 25 日，陆地卫星 1 号拍摄的美国得克萨斯州达拉斯与沃斯堡都市区的伪彩色合成图像。这些颜色表示植被覆盖水平（见红色阴影）和植物健康状况。

 航空遥感（1858 年），大气结构（1896 年），臭氧层（1913 年），地球同步卫星（1945 年），气象卫星（1960 年），地球自拍照（1966 年），空间海洋学（1993 年）

1972 年

利用天基成像技术更好地监测和预报天气是地球遥感卫星应用迈出的明显而重要的第一步。这项技术在 20 世纪 60—70 年代早期有了巨大的发展，不仅可以部署常规的黑白相机或可见光波段彩色相机，而且可以通过探测紫外或红外波段对行星成像，此外还有光谱仪等仪器，可以识别大气和表面的原子、分子或矿物成分。

在利用空间进行地球遥感研究的一项重大进展是 1972 年美国政府发射了第一颗地球资源技术卫星，后来更名为陆地卫星 1 号。陆地卫星 1 号被发射到一个极地轨道上，并携带了两个当时先进的成像相机，这样它就可以随着地表在卫星下方旋转来绘制全球地图。陆地卫星 1 号运行了 5 年，汇编成一个巨大的数据集，用于评估农作物健康，渔业和海岸线健康，森林砍伐率和森林健康，河流、湖泊和海洋等水资源变化，火灾和洪水等自然灾害后的恢复率，以及山上的积雪、冰川和冰盖所反映的全球气候变化。

由于它对我们了解地球的重要作用，美国国家航空航天局已经陆续发射了从陆地卫星 2 号到今天仍在运行的陆地卫星 8 号的系列卫星，并由美国国家海洋和大气管理局负责运营。每颗新的卫星上都装有性能不断提高的传感器。美国还发射了其他一些地球科学卫星，专门用于研究海洋、大气、重力和磁场，以监测我们星球的特征，例如海浪高度、风速、降水、云以及表面湿度。

此外，其他国家和空间机构也深入参与了以空间为基础的地球科学研究。自 1972 年以来，中国、俄罗斯、法国、欧洲航天局、阿根廷、巴西、印度、日本、摩洛哥、尼日利亚、巴基斯坦、菲律宾、韩国、瑞典、泰国、土耳其和委内瑞拉先后发射和运行了地球科学和气象监测卫星，带动越来越多的国家加入其中。近年来，许多私营公司也参与了地球科学卫星数据的收集、处理和分布。■

月球地质

哈里森·H. 施密特（Harrison H.Schmitt, 1935— ）

地质学家哈里森·施密特是第一位登上月球的科学家，他在 1972 年 12 月的阿波罗 17 号任务中研究并采集了土壤和岩石露头的样本。该照片由阿波罗 17 号任务指挥官吉恩·塞尔南拍摄。

 月球诞生（约 45 亿年前），地质学的基础（1669 年），探索海洋（1943 年），了解陨石坑（1960 年），人类进入太空（1961 年），脱离地球引力（1968 年），地球科学卫星（1972 年），空间海洋学（1993 年）

1972 年

地质学的基本原理在 17 世纪就已经制定出来，并从那时起就得到了显著的完善和扩展。但是这些原理能适用于其他世界的地质学研究吗？地球会是我们了解其他行星的实验室吗？对其他星球的研究是否会提供关于地球的新的有用的信息呢？

1969—1972 年的阿波罗登月计划使人类第一次有机会直接回答上述问题。在 6 次不同的任务中，12 名 NASA 宇航员探索了月球近地侧（总是面向地球的一面）的不同着陆点及其周围环境。宇航员带回了超过 363 千克的月球岩石和土壤。最终，这些样品在月球起源的主流假说中起了重要作用。这个假说认为月球是由 45 亿年前年轻的地球和火星大小的原行星之间巨大撞击产生的碎片形成的。

虽然所有的阿波罗宇航员都接受了基础地质科学和采样方法的培训，但他们大多被训练成试飞员，并在军事航空所需的其他领域接受培训。直到 1972 年末的阿波罗登月任务中，一位美国国家航空航天局的宇航员成为第一个也是迄今为止唯一一个探索月球的科学家。哈里森·H. 施密特在 1965 年加入宇航员部队之前，曾在加州理工学院、哈佛大学和美国地质勘探局接受过地质学训练。作为一名科学家兼宇航员，他与美国地质勘探局的地质学家尤金·舒梅克合作，在地质学和野外方法方面培训其余的登月宇航员。

施密特深厚的地质背景在这次任务中得到了回报。例如，基于他在地球上的地质经验和专业知识，他意识到一层层的彩色玻璃珠是来自月球早期历史的火山喷发。后来，施密特和其他行星科学家了解到，诸如火山活动、构造运动、侵蚀甚至撞击坑等基本的地球地质过程改变了整个太阳系的行星表面。对前沿领域的深入探索，需要我们进一步加强对地球家园的地质探索和理解。■

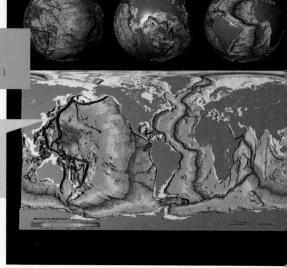

海底扩张

谭雅·阿特沃特（Tanya Atwater，1942— ）

全球海底地壳年龄的地图。红色是最年轻的（包括今天新形成的地壳）；蓝色是地球上现存最古老的海洋地壳，形成于大约 1.5—1.8 亿年前。

 板块构造（约 40 亿—30 亿年前?），大陆漂移学说（1912 年），岛弧（1949 年），海底测绘（1957 年），磁极倒转（1963 年），全球定位系统（1973 年），空间海洋学（1993 年）

在 20 世纪，随着越来越多的信息、地图、地形数据和化石证据的出现，曾一度被人嘲笑的阿尔弗雷德·魏格纳的大陆漂移理论得到了越来越多人的支持。问题是，没有明显的解释或物理过程可以说明大陆块体是如何在大洋板块上漂移的。直到 20 世纪 60 年代，随着反映地磁倒转的海底磁性条带的发现，以及人们意识到大洋中脊是扩张中心、新的海洋地壳在此形成，大陆的漂移就成为一个有待进一步讨论的问题。

但这一切是如何联系起来的呢？计算所得到的新地壳的形成速度和旧地壳的毁灭速度是一样的吗？是什么驱动着这一切？美国海洋学家、地质学家谭雅·阿特沃特是致力于寻找这些答案的顶尖科学家之一。她在 1973 年发表的一篇重要研究论文和几个书刊篇章中着手把世界缝合在一起，计算和综合信息表明，海底正在沿着全球大洋中脊以每年 5～9 厘米的扩张速率向两侧扩张推移，海底在板块边界处因俯冲而消亡，板块沿着断层相互滑动而不是碰撞，比如美国加利福尼亚州著名的圣安德烈斯断层。

阿特沃特和同事通过观察海底地形和地质，发现了地球上大约 12 个构造板块如何相互作用；北美这样的大陆如何随着时间推移，由古老的、早已消失的构造板块碰撞而成；海底的活跃地质学和火山学又如何能提供像热液喷口这样有趣的环境，让生命有可能茁壮成长。事实上，她发现地球的板块都以这样或那样的方式连接在一起，那些过去的连接和相互作用的丰富历史至今仍保存在地质记录中。■

1973 年

哥斯达黎加蒙特维德热带雨林保护区茂密的丛林植物，拍摄于 2013 年。

撒哈拉沙漠（约 700 万年前），亚马孙河（1541 年），森林砍伐（约 1855—1870 年），安赫尔瀑布（1933 年），温带雨林（1976 年），苔原（1992 年），北方森林（1992 年），草原和浓密常绿阔叶灌丛（2004 年），温带落叶林（2011 年），稀树草原（2013 年）

1973 年

地球上有大约 10 种主要的生态群落类型或生物群落，它们并不是随机分布在地表上的。相反，它们与其他因素密切相关，包括海拔、距海远近、距主要山脉远近等，也许最重要的因素是纬度。在赤道附近的低纬度地区，阳光最强烈，降水最多；在两极附近的高纬度地区，最寒冷，也最最干燥。

热带雨林只生长在热带地区，那里的温度最高，雨量最丰沛，因此，在地球上所有生物群落中，热带雨林的植物生长密度最大，物种多样性也最丰富。根据定义，热带雨林是一个全年降雨量很大且基本恒定的地方，不像其他生物群落那样存在"旱季"。一个紧密相关的类别被称为云雾林，它是一个延伸到亚热带的生物群落，那里的温度也很高，只是比热带稍凉，而且降雨仍然持久和充足。较低的温度和稍高的海拔导致了几近连续的地面雾，这就是云雾林得名的原因。

热带雨林和云雾林拥有巨大的木材、矿物、野生动物等资源潜力，而监测和管理像亚马孙这样的大片野生地形非常困难，因此它们不断面临着不可持续的人类开发的危险。1973 年，人们在哥斯达黎加的西科迪勒拉蒂拉兰山脉建立了蒙特维德云雾林保护区，它位于北纬 10°附近，这是认识到这些地方重要性的一个伟大的里程碑。蒙特维德是一个私人投资的 100 多平方千米的自然保护区，据估计，在这个只有美国佛罗里达州迪士尼乐园大小的区域里，包含了超过 2500 种植物、100 种哺乳动物、400 种鸟类、120 种爬行动物和两栖动物以及成千上万种昆虫。

蒙特维德每年有超过 7 万人参观，它的成功证明了人们对保护热带雨林和云雾林等独特区域的浓厚兴趣。众多公共和私人保护区以及国家公园现在的目标是尽可能多地保护世界上这些炎热、潮湿和原生态的地方。■

全球定位系统

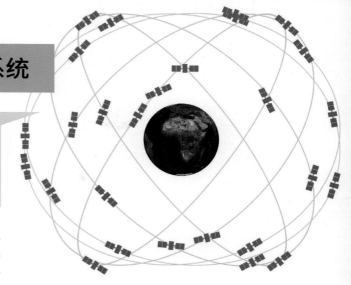

图中（非真实比例）显示了 20 多颗 GPS 卫星，它们的轨道倾角约为 55°，在距地表约 20 000 千米的地方运行。该系统的设计目的是确保在全球任何时间、任何地点，超过地平线 15° 的范围可以观测到 4 颗及以上的卫星。

航空遥感（1858 年），地球同步卫星（1945 年），国际地球物理年（1957—1958 年），气象卫星（1960 年），地球科学卫星（1972 年），空间海洋学（1993 年）

自 20 世纪 50 年代末以来，卫星一直是研究地球的重要工具，人们通过它发现了地球的辐射带，进行天气预测，并在地质学、地球物理学和海洋学领域取得了新发现。与此同时，一个巨大的围绕着卫星的通信和娱乐用途的全球产业正在兴起。同时期，早期的军事卫星网络正在建立，人们将超精确的原子钟信号传送到地面，配备适当的地面接收器，可提供准确的定位及导航功能。1973 年，随着全球定位系统（GPS）概念的发展，这类卫星应用开始有了重要的三重用途。

GPS 最初被称为"计时与测距导航系统"，或称导航星，它由 10 颗卫星组成，由美国国防部的一个联合团队发射，将美国陆军、海军和空军的个别前体卫星以及项目开发的技术和概念结合在一起。第一个导航星网络被称为布洛克 1 号，在 1985 年全面投入使用，为美国军方提供了在地球上 10 ～ 20 米误差范围内定位或跟踪特定目标的能力。

1983 年，苏联军方击落了一架偏离航线的民航客机 —— 大韩航空公司编号 007 的客机。这一悲剧发生后，美国政府决定解密全球定位系统网络发出的信号，并在全球范围内免费供民间使用。起初的民用信号级别低，但从 2000 年开始，所有用户都可以访问全部潜在的位置功能。随着时间的推移，对新模块的改进使现代 GPS 接收机能够利用来自今天的十几颗 GPS-IIIA 卫星的信号来确定用户的位置，将误差控制在约 3 米以内。随着科学技术的进步，这一误差范围很快会降低到 30 厘米以内。

现在，许多其他国家正在共享或运行他们各自的全球卫星定位系统网络（GNSS）。除了为汽车、船只、飞机和个人导航之外，GNSS 信号还为手机和电脑提供时间信息，为人们提供大气和电离层的气象数据，以及构造板块运动和地震位移的地质数据。■

1973 年

在墨西哥安甘格尔镇的帝王蝶生物圈保护区，壮观的帝王蝶群聚集在同一棵树木的狭小空间内"越冬"。

 磁导航（1975年），动物大迁徙（1979年），北方森林（1992年）

1975年

包括早期人类在内，许多物种为应对天气、食物供应、捕食条件或其他因素的季节性变化，从一个环境迁徙到另一个环境，这是一种持续的、相对可重复的方式。即使是相对较小的动物，如昆虫，也能表现出引人注目和令人惊讶的漫长迁徙模式。

最著名和最神秘的昆虫迁徙故事的主角是帝王蝶，它的亚种可以在世界各地找到。每年9月或10月，来自美国东部和加拿大南部的黑脉金斑蝶会迁徙3200千米或更远的距离到墨西哥过冬。加拿大动物学家弗雷德·厄克特是研究帝王蝶迁徙的先驱，他从20世纪30年代起就一直在寻找帝王蝶越冬的地点，最终在1975年获得巨大进展。当时，墨西哥中部的几位居民对他在报纸上刊登的寻找蝴蝶的广告做出了回应。当地人把弗雷德带到墨西哥米却肯州的一个山顶，在那里，人们发现了数以亿计的帝王蝶。这是赫赫有名的第一个被发现的过冬避难所。这促使墨西哥政府将该地区设立为一个独特的生态保护区——帝王蝶生物圈保护区。

帝王蝶通过多代迁徙来完成每年的旅程。它们的父母在南飞的途中死去，但它们的后代却知道如何到达传统的越冬地点。它们中没有一个能幸存到3月开始的北方之旅，但是它们的孩子或孙子将完成归程。

许多种类的飞蛾、蜻蜓、蝗虫和甲虫会季节性迁移，有些也会像帝王蝶一样长途迁徙。这样的迁移也是跨代完成的，在某些情况下跨越六代进行往返。人们仍然不知道迁徙的准确信息怎样在动物中代代相传，也许只是一种遗传的本能，也许它们沿着太阳、地球磁力线或特定的地理特征运动。为了弄清这个地球上最吸引人的迁移行为之一，昆虫学家和其他人进行了大量的研究和激烈的争论。■

磁导航

塞尔瓦托·贝里尼（Salvatore Bellini, 1925—2011）
理查德·布莱克莫尔（Richard Blakemore, 1942—　）

趋磁螺旋菌（又名 MS-1）的单细胞细菌的高分辨率照片。这种细胞长约 2 微米，体内有 1 条由磁铁矿矿物构成的线性磁小体链。

磁铁矿（约公元前 2000 年），磁极倒转（1963 年），
磁导航（1975 年），磁层振荡（1984 年）

随着时间的推移，动物通过自然选择过程进化出了视觉、听觉、嗅觉、触觉、味觉的感官能力，这使得它们在夜间能够更好地看东西，或者能够比捕食者更好地闻味或听声。一个物种可以利用其主要栖息地的特定环境条件来繁衍生息，这不无道理。甚至有些动物已经发展出其他物种所缺乏的特殊感觉，例如蝙蝠和海豚的回声定位，这赋予了它们独特的能力。

更令人惊讶的是，1963 年意大利医生塞尔瓦托·贝里尼一项未发表的研究发现，某些细菌可以对磁场做出反应，并随磁场移动，这一行为过程现在被称为"趋磁"。1975 年，美国微生物学家理查德·布莱克莫尔发表了一篇经过同行评议的论文，对这些细菌如何感知磁场有了更全面的了解。他发现，这些细菌的细胞膜和蛋白质包裹着微小的磁性矿物晶体链，如磁铁矿这种强磁性氧化铁。布莱克莫尔将这种磁铁矿链称为磁小体，推测它们代表了一种全新类型的感应器官，至少在当时看来，这是他所称的趋磁细菌所特有的。

从那以后，人们发现包括节肢动物、软体动物和某些脊椎动物在内的许多更复杂的物种，都能感知地球磁场的强度和方向，并根据这种感知移动或做出其他决定，即所谓的磁感应。例如，信鸽利用它们相对于地球磁场的方向作为导航系统的一部分。人们在它们的喙部发现了微小的磁性颗粒，但是这些磁性颗粒在鸟类导航中的作用和功能还不清楚。甚至一些哺乳动物似乎也有磁感应能力，如老鼠和蝙蝠，但不包括人类。然而，到目前为止，还没有像鼻子或舌头一样明显的"器官"在磁敏感动物中被识别出来。这些动物如何传递它们对地球磁场的"感觉"仍是一个谜。■

1975 年

一张 2007 年的照片，拍摄于美国华盛顿州奥林匹克国家公园的可可雨林。展示了沿着苔藓步道的郁郁葱葱的温带植被。

 花（约 1.3 亿年前），现存最古老的树（约公元前 3000 年），森林砍伐（约 1855—1870 年），国家公园（1872 年），热带雨林 / 云雾林（1973 年），北方森林（1992 年），温带落叶林（2011 年）

1976 年

热带雨林一般位于赤道两侧北纬 25° 和南纬 25° 以内，拥有地球上生物密度最高、物种多样性最广的生物群落。而紧随其后的是北回归线和北极圈之间（北纬 23.5°～北纬 66.5°）以及南回归线和南回归线之间（南纬 23.5°～南纬 66.5°）不同种类的温带雨林。

温带雨林是树木茂密的地区，年降雨量大、超过 140 厘米，既有针叶树和阔叶树，也有各种各样的苔藓和蕨类植物。这些树形成的树冠，是一个可以收集大部分雨水和阳光的顶部栖息地，可以长到离地 100 米以上的位置，在夏季可以遮蔽高达 95% 的地面。缺少光照和凉爽的温度使森林地面全年保持湿润，并促进苔藓、蕨类植物、地衣、蛞蝓（俗称鼻涕虫）和各种耐阴灌木的生长。

温带雨林只出现在世界上少数几个地方，通常分布在那些可以从海洋获得大量水分的地区；其中最大的地区包括北美太平洋西北沿岸、南美西南沿岸、中国南部和朝鲜北部。包括美国最大的温带雨林——可可雨林在内的太平洋西北部的大部分温带雨林，在 1909 年被纳入国家保护区，并于 1938 年被纳入奥林匹克国家公园，成为受保护的土地。1976 年，因为奥林匹克国家公园是世界上为数不多且数量不断减少的特殊生态系统之一，所以联合国教科文组织认定其为生物圈保护区。

华盛顿州奥林匹克半岛上郁郁葱葱的可可雨林，每年的降水量超过 323 厘米，是典型的"原生态"温带雨林。可可雨林巨大的树冠由直径 7 米的云杉、铁杉、道格拉斯冷杉、雪松、枫树和棉白杨组成，其中许多都有 150 ～ 300 年的树龄。■

旅行者金唱片

右图：这是一个直径 30.5 厘米的镀金铜盘，被称为"航行者金唱片"，有两张这样的唱片携带着来自地球的录制好的歌曲、问候和图像，正在进行一次穿越银河系的航行。

左图：旅行者号航天器。

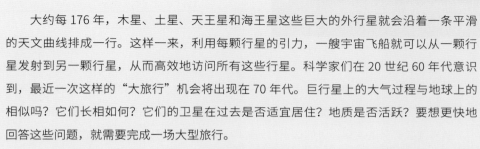

 行星运动定律（1619 年），人造卫星（1957 年），
地球辐射带（1958 年），地球自拍照（1966 年），
长时间的太空旅行（2016 年）

大约每 176 年，木星、土星、天王星和海王星这些巨大的外行星就会沿着一条平滑的天文曲线排成一行。这样一来，利用每颗行星的引力，一艘宇宙飞船就可以从一颗行星发射到另一颗行星，从而高效地访问所有这些行星。科学家们在 20 世纪 60 年代意识到，最近一次这样的"大旅行"机会将出现在 70 年代。巨行星上的大气过程与地球上的相似吗？它们长相如何？它们的卫星在过去是否适宜居住？地质是否活跃？要想更快地回答这些问题，就需要完成一场大型旅行。

在 20 世纪 60 年代末，针对这一旅行的任务被设计出来，并于 1977 年启动。在发射后的 12 年内 NASA 的旅行者 1 号和旅行者 2 号探测器完成了对这些巨大外行星的首次详细勘察。自 1989 年以来，它俩一直在缓慢地向外飘移，探索太阳磁场的最远处。而现在，因为它们的速度足够快，可以逃离太阳的引力，已经开始探索星际空间。

一个带有唱针的铜质镀金留声机唱片形式的"时间胶囊"是每个航天器都会携带的一个"漂流瓶"，上面有用 55 种语言编码的、从孩子到世界各国领导人的祝福，有风、雨、蟋蟀、狗、拖拉机、火车和亲吻等 21 种声音，有包括贝多芬的《第五交响曲第一乐章》在内的 27 首各国歌曲组成的 90 分钟音乐，有包括数学符号、人物、食物、建筑和自然奇观在内的 115 幅图像。"航行者金唱片"是天文学家卡尔·萨根和一批科学家、艺术家和梦想家们的创意，他们接受了美国国家航空航天局的任务，向将来有一天可能发现这艘宇宙飞船的任何人或任何生物简明扼要地展示 20 世纪 70 年代的地球。

据预测，金唱片的记录将保存数十亿年甚至更长时间，甚至可能比地球和太阳还要长久，因为它们被包裹在镀金的铝壳里，而且两艘宇宙飞船在环绕银河系的旅程中，除了偶尔遇到一个氢分子或者可能是一点宇宙尘埃之外，预计不会遇到其他任何东西。也许有一天，这些被扔进了宇宙海洋的"漂流瓶"，将成为我们这个淡蓝色的小点所剩下的一切。■

1977 年

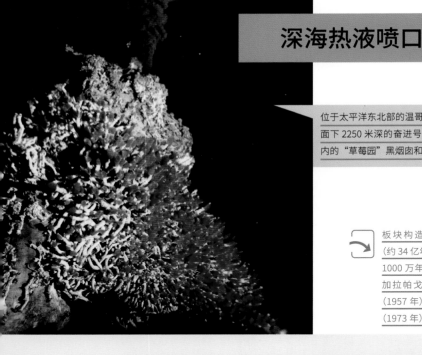

深海热液喷口

位于太平洋东北部的温哥华岛西南方海平面下 2250 米深的奋进号深海热液活动区内的"草莓园"黑烟囱和管状蠕虫群落。

板块构造（约 40 亿—30 亿年前?）光合作用（约 34 亿年前），喀斯喀特火山群（约 3000 万—1000 万年前），夏威夷群岛（约 2800 万年前），加拉帕戈斯群岛（约 500 万年前），海底测绘（1957 年），极端微生物（1967 年），海底扩张（1973 年），水下考古（1985 年）

1977 年

火山活动是地球释放内部热量的方式之一。我们往往认为火山只能喷发出熔岩或火山灰覆盖地球表面。但事实上，火山口和裂缝也可以向大气和海洋释放大量的水和其他挥发性气体。那些有火山释放过热的水、蒸汽和其他气体的地方被称为温泉或热液喷口。

随着海底扩张的发现，人们认识到大洋中脊和热点是活火山喷发形成新大洋地壳的场所，许多科学家认识到可能存在与大洋中脊扩张中心相关联的深海热液喷口。在 20 世纪 70 年代中前期，来自斯克里普斯海洋研究所、伍兹霍尔海洋研究所和其他主要海洋学机构的研究人员在加拉帕戈斯群岛附近的海底寻找，并最终发现了海底热液喷口存在的第一个证据。

1977 年 2 月，3 名海洋地质学家驾驶阿尔文号深潜器第一次直接在加拉帕戈斯裂谷热液喷口取样。在热液喷口，他们发现冰冷的海水从地壳的裂缝中渗透下去，并与地下岩浆接触，然后以 5 ～ 15℃的温度被释放回海底，比周围海底平均水温高 2℃左右。令人惊讶的是，他们还发现了生活在喷口附近高压环境下的多种多样的极端微生物，包括简单的细菌和古生菌，以及复杂的生物，如管状蠕虫、蛤和虾。

随后，在世界各地的大洋中脊发现了温度非常高的热液喷口和黑色的烟囱 —— 像石笋一样高大的柱状沉积物，在那里超过 370℃的过热海水从喷口涌出并迅速冷却，沉淀出像硫化物这样的黑色矿物。在浅色硅酸盐矿物沉淀的地方也发现了温度较低的白烟囱。海洋生物学家后来发现，这些生机勃勃的深海生态系统的食物链基础是细菌，它们并非通过光合作用，而是通过化学合成的过程，利用过热海水中的硫化物作为它们的能量来源。■

风能

2006 年，美国加利福尼亚州棕榈泉附近圣哈辛托和圣贝纳迪诺山脉之间一座风力发电场。有超过 4000 个涡轮机在为棕榈泉和附近的科切拉山谷提供充足的电力。

 工业革命（约 1830 年），核能（1954 年），控制尼罗河（1902 年），太阳能（1982 年），水能（1994 年），化石燃料的终结？（约 2100 年）

就像阳光一样，如果能得到适当的利用的话，风能似乎是一种潜在的无穷无尽的能源。自史前时代起，风力就为帆船提供动力，而最早的实验风车的历史证据可以追溯到几千年前的罗马帝国。7 世纪的波斯工程师发明了第一个广泛实用的风车，可用于抽水或碾磨谷物。

在过去的几个世纪中，风车被越来越多地用于抽水和碾磨，到 19 世纪末，第一批用于发电的风车开始出现。起初，这些风力涡轮机只能产生少量的电力，为 5000 ～ 25 000 瓦，只够个人农场或小社区使用。然而，在有些常年多风的地方，这种潜在丰富、可持续的"低碳"能源的优势，激励政府、企业、甚至社区开发出规模更大、容量更高的风力涡轮机。1978 年，在丹麦多风的北海沿岸温德地区，第一台可靠的多兆瓦（2 兆瓦容量）风力涡轮机上线了，这是风力涡轮机技术发展的里程碑。

升级后的温德涡轮机今天仍在为该地区发电。自 20 世纪 70 年代以来，化石燃料成本的不断攀升和对其终将耗尽的预测，以及对核能安全的担忧，以及高容量太阳能发电设施的发展速度低于预期，都促使涡轮机公司建造更大、更高效、电力容量更高的系统。例如，今天最大的风力涡轮机高达 180 米，可以产生高达 8 兆瓦的电力，一台风机就足以为成千上万的家庭提供电力。

根据英国政府的研究，风力发电，特别是来自大型的多兆瓦海上风力发电场（一些固定在浅水地带，另一些漂浮在深水地带）的风力发电，是目前大规模低碳发电中成本最低的选择。从全球范围来看，风力发电目前约占全球发电总量 8%，但随着化石燃料的经济成本和环境成本持续增加，预计到 2040 年，这一数字将增至 15% 甚至更多。■

1978 年

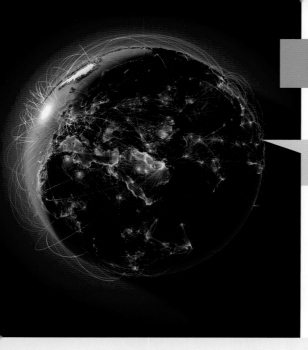

当今世界的电子化程度就像蜘蛛网一样，比以往任何时候都要高。

 人口增长（1798 年），工业革命（约 1830 年），人类世（约 1870 年），地球同步卫星（1945 年），全球定位系统（1973 年）

1979 年

20 世纪 40 年代第一台计算机的发明不仅使地球科学和其他学科的科学和工程应用的快速计算成为可能，而且使每个科学家和他们的研究小组之间的更广泛的交流成为可能。最早的计算机是所谓的主机系统，它有一个庞大的中央处理器核心，可以从终端访问。一开始，这些终端与主机是同处一地的，但随着它们之间的距离加大，比如另一层的办公室、校园对面的大楼，计算机科学家不得不为多个终端设计协议和标准，以便与中心枢纽以及彼此之间开展通信。

在 20 世纪 60 年代，建立一个扩展的互联网络系统的最初概念和方法得到了发展。其中包括以各方都认可的方式发送短数据包，并指定称为路由器的特殊计算机将这些数据包发送到指定的目的地。在 20 世纪 70 年代，一些顶尖的计算机科研大学和美国国防部高级研究计划局等政府机构之间建立了小型互联网。在 1979 年，计算机科学家开发了一种特定的标准方式，可以在互联网的特定用户之间发送基于文本的新闻故事和消息。同年，一家名为 Compu Serve 的公司开始向大型计算机和新出现的个人计算机互联网用户提供使用该标准发送电子邮件的功能。我们今天所知道的互联网以及信息时代，就这样诞生了。

在那以后的几十年里，人们在速度、带宽和路由方面取得了重大进展。另一个重要的里程碑是 1989 年开发的软件工具和协议，这些工具和协议将允许在不断扩展的互联网上存储信息，并允许其他人在被称为"万维网"的特定节点或页面上查看这些信息。今天，"网络"已经走向全球，世界上任何地方都可以访问互联网，任何人都可以买得起移动电话、笔记本电脑、平板电脑或个人电脑等"终端"。科学、教育、政治和我们的文明总体上都因为能够接触到不断扩大的世界知识网络而发生了深刻的变化。■

动物大迁徙

作为一种大型动物，斑马会进行大规模季节性迁徙。

农业的出现（约公元前1万年），昆虫迁徙（1975年），磁导航（1975年），苔原（1992年），北方森林（1992年），草原和浓密常绿阔叶灌丛（2004年），温带落叶林（2011年），稀树草原（2013年）

1979年

在农业发明和城市建立之前，人类是迁徙物种。他们随季节的变化而迁移，以获取食物和水。同样，动物王国的其他成员也建立了季节性迁徙模式，它们随着季节变化从一个栖息地迁移到另一个栖息地，其中许多延续至今。鸟类迁徙可能是最著名的，也是除昆虫外涉及的个体动物迁徙数量最多的。不过，大量的鱼类和水生哺乳动物如鲑鱼、沙丁鱼、鲸鱼和海豚，以及陆地哺乳动物如斑马、角马、跳羚和羚羊，甚至爬行动物和甲壳类动物也会进行长途季节性迁徙。

迁徙的动力似乎来自各种环境、本能或遗传因素。环境、季节的变化以及随之而来的食物和水供应的短缺迫使动物们必须去寻找另一个地方生存，这显然是令人信服的理由。在一些迁徙的物种中，似乎有某种遗传的地图，也许是根据太阳经过天空的路径、地球磁场或者特定的洋流来找到特定的方向，而且好像应该通过自然选择以某种方式得到加强。因此，人类的侵犯和栖息地的破坏可能对许多移栖物种的本能计划造成破坏。这促成了联合国于1979年制定《保护野生动物迁徙物种公约》（*Convention on the Conservation of Migratory Species of Wild Animals*，CMS），旨在帮助保护迁徙动物通过的跨国栖息地。

一些生物学家试图定义动物迁徙的典型特征，以便更好地理解其起源，并预估如何帮助自然资源保护论者保护这种重要的动物行为。这些特征包括长时间的线性迁移到新的栖息地；特殊的提前准备或过量进食等到达行为；特殊的或储存的能量分配；以及避免分心、专注于到达新目的地的能力。事实上，生物学家们并不完全理解关于迁徙路线和目的地的信息是如何在代与代之间以及在迁徙途中互相传递的，也不清楚这个群体最初是如何达成共识，决定何时离开的。■

圣海伦斯火山喷发

1980 年 5 月 18 日，美国华盛顿州西南部的层状火山——圣海伦斯火山正在猛烈喷发出火山灰和蒸汽。

板块构造（约 40 亿—30 亿年前？），内华达山脉（约 1.55 亿年前），喀斯喀特火山群（约 3000 万—1000 万年前），夏威夷群岛（约 2800 万年前），安第斯山脉（约 1000 万年前），庞贝城（79 年），于埃纳普蒂纳火山喷发（1600 年），喀拉喀托火山喷发（1883 年），岛弧（1949 年），火山爆发指数（1982 年），皮纳图博火山喷发（1991 年），埃亚菲亚德拉冰盖火山喷发（2010 年）

1980 年

一个板块向另一个板块下俯冲会形成火山岛弧和高耸的山脉，这是地球上构造板块边界的共同特征。西半球著名的例子有美国西北部和加拿大西南部交界处的喀斯喀特火山群。

像喀斯喀特这样的火山与形成于洋中脊或板块内部热点地区（如夏威夷群岛或冰岛）的火山类型有着根本的不同。在洋中脊或热点的火山活动中，来自上地幔的岩浆相对温和地直接喷发到地表，产生较慢流动的熔岩流，缓慢地增加山脊或岛屿的高度。而在俯冲带火山作用中，海洋地壳下沉板块的熔融导致了上覆大陆地壳的熔融，从而形成了低铁、高硅、更黏稠、更厚的岩浆。较黏稠的岩浆堵住了地下裂缝，导致气体积聚，直到引起地表的爆发性喷发，释放出大量的火山灰和灰尘。

1980 年 5 月 18 日上午，华盛顿州西南部的圣海伦斯火山喷发，这是美国历史上最剧烈的火山爆发之一。在几分钟内，山顶 15% 的火山灰被吹走，一团 64 千米宽的厚厚的、翻滚的火山灰云被喷射到 24 千米高的平流层。距离火山 31 千米范围内的树木、其他植被、动物和 50 多人都被摧毁，厚达近 13 厘米的火山灰覆盖了华盛顿州、俄勒冈州和爱达荷州的部分地区。爆炸形成的巨大火山口内外的景观看起来更像月球表面，而不是地球。

幸运的是，在火山爆发前的几周，集中的强烈地震使得地质学家能够预测火山即将爆发，该地区的大多数人都被疏散了。如今，这座火山仍在周期性地喷发，最近的一次是在 2008 年。圣海伦斯火山或喀斯喀特火山群的其他火山下一次喷发的确切时间尚不清楚，但可以肯定的是，沿着活跃的板块边缘将会发生更多的火山喷发。■

灭绝撞击假说

路易斯·阿尔瓦雷斯（Luis Alvarez, 1911—1988）
沃尔特·阿尔瓦雷斯（Walter Alvarez, 1940—　）

1981 年，路易斯·阿尔瓦雷斯（左）和沃尔特·阿尔瓦雷斯在意大利古比奥对层状沉积岩进行采样，采样点位于 6500 万年前的白垩纪（下）和古近纪（上，旧称第三纪）这两个地质时期的交界处。

奥陶纪末期（大约 4.5 亿年前）以来，在化石记录中共发现了五次生物大灭绝，人们认为其中的一次或多次可能是由一颗大的小行星或彗星撞击造成。在 20 世纪中叶以前，撞击坑在改变行星表面和环境方面作用的研究还没有发展起来，地质学家基本上不可能接受这种说法。

然而，这个想法在美国地质学家和考古学家沃尔特·阿尔瓦雷斯的脑海中留下了深刻的印象。20 世纪 70 年代，阿尔瓦雷斯来到了意大利古比奥附近的山区，通过分析各种手工艺品的地球化学特征，研究了罗马人的殖民模式。在那里，他发现了一层广泛的、又黑又薄的黏土层，形成于大约 6500 万年前，和白垩纪-古近纪之交的一次灭绝事件发生的时间相同，当时所有的非鸟类恐龙都灭绝了。

阿尔瓦雷斯在分析这些黏土样本方面有一个优势：他的父亲、诺贝尔奖得主、美国核物理学家路易斯·阿尔瓦雷斯可以进入特殊的实验室，对这些样本中的微量元素进行最精确的测量。父子研究小组发现，与"正常"的地球岩石相比，这些黏土富含铂族重金属元素铱。他们和同事在 1980 年的一篇著名的研究论文中假设，由于地球上的大多数重金属在地球刚形成时就沉入地核，因此样品中铱的富集可能来自一颗地外小行星或彗星的撞击，而这种撞击是导致恐龙灭绝的直接原因。

由于缺乏足够的证据，灭绝撞击假说遭到了广泛的质疑。然而，1990 年，人们在墨西哥尤卡坦半岛的希克苏鲁伯附近发现了一个巨大的、被严重侵蚀的陨石坑，其年龄约为 6500 万年。这正是科学共同体所需要的确凿证据。今天的科学共识是，希克苏鲁伯撞击至少是恐龙灭绝的部分原因，可能与其他主要地质事件综合造成最终的灭绝，如几乎同时发生的德干地盾火山喷发。■

1980 年

栖息于澳大利亚昆士兰海岸外大堡礁海洋公园弗林礁的浅水热带珊瑚和鱼类。拍摄于 2014 年。

地球的海洋（约 40 亿年前），寒武纪生命大爆发（约 5.5 亿年前），大灭绝（约 2.52 亿年前），珊瑚地质学（1934 年），探索海洋（1943 年），内共生（1966 年），空间海洋学（1993 年），海洋保护（1998 年）

1981 年

生态学家依靠特定种类的生物指示物（或指示种）来揭示不同环境的特征，无论是在过去还是现在。例如，在浅水区堆积出珊瑚礁的珊瑚对其生长水域的温度、盐度和酸度特别敏感。这种环境敏感性使古生物学家能够重建远古浅海环境的细节，这些细节可以追溯到 5.5 亿年前寒武纪生命大爆发、珊瑚首次出现时。尽管在 2.5 亿年前二叠纪末期的"大灭绝"事件中，绝大多数的珊瑚物种以及 96% 的其他物种就灭绝了，但有一小部分的珊瑚物种幸存了下来，并存活至今，成为今天的海洋生物指示种。

今天地球上最大的珊瑚礁出现在大堡礁，它位于澳大利亚东北海岸的浅水区。大堡礁长约 2300 千米，由数千个独立的珊瑚礁和数百个小岛组成，面积相当于德国大小。它是世界上最大的单一结构生物。1975 年，澳大利亚政府建立了大堡礁海洋公园，以彰显这一地区对国家的特殊性。也许更重要的是，大堡礁在 1981 年入选联合国世界遗产，以承认其作为一个独立和特殊的生态系统的全球地位，需要持续的保护。

珊瑚为内共生提供了一个完美的例子，因为它们依靠藻类和其他生物通过光合作用提供能量，并帮助钙化，使珊瑚礁得以生长。然而，由于海洋温度上升、过度捕捞、海洋酸化和污染，珊瑚无法为藻类提供足够的二氧化碳和其他营养物质，共生关系受到破坏。其结果是，随着藻类数量的减少，全球范围内的珊瑚将出现"白化"问题（"漂白"），最终导致珊瑚自身的缓慢饥饿和死亡。珊瑚可以从白化中恢复，但需要全世界的帮助，否则就真的是万劫不复了。■

农作物基因工程

来自拉丁美洲色彩和形状各异的玉米，与美国的玉米作物进行基因组合，促进它们的基因多样性。

动物驯化（约 3 万年前），农业的出现（约公元前 1 万年），酿制啤酒和葡萄酒（约公元前 7000 年），人口增长（1798 年），工业革命（约 1830 年），自然选择（1858—1859 年），人类世（约 1870 年），土壤科学（1870 年），地球化改造（1961 年），植物遗传学（1983 年）

1982 年

从史前时代起，人们就一直在操纵其他生物的基因，例如通过选择性育种的方法来提高许多动物的驯养水平，或者通过类似的方法来提高农作物的耐寒性和产量。这一类基因工程方法依赖于对动物行为或植物大小和强壮指标中自然变异的利用和增强，因此代表了一种人类引导的自然选择方法。

自从工业革命以来，并受其部分影响，人口快速增长，特别是由于到 21 世纪中叶人口可能超过 100 亿，传统的"自然"基因工程方法已很难满足世界对食物的需求。这一现实再加上从 20 世纪初开始我们对微生物学理解有了极大的提高，推动了现代生物技术的进步，人们开始使用活的有机体来生产培育新品或控制过程。

生物技术在全球的一项重要应用是农作物的人工基因工程，既提高农作物对害虫、杀虫剂、疾病以及干旱等极端环境的耐受性，也提高作物收获后的货架存放期（俗称保质期）以及作为食品的营养价值。1982 年，孟山都化学公司的研究人员在实验室中培育出了一种具有抗生素抗性的烟草植物，这是第一种可用于农业生产的转基因生物（GMO）。在 20 世纪 80 年代，对其他改良烟草品种的实验室和田间试验培育了对昆虫和除草剂具有抗性的作物。世界各地的农民很快就采用了这项技术，被应用于多种作物后，农作物产量平均增加了 20%，农药使用量减少了 35% 以上，因此农场利润大幅增加。

基因工程无疑帮助养活了世界上不断增加的人口。虽然科学界的共识是转基因食品可以安全食用，但很多公众对此表示怀疑。一些国家对转基因作物的种植或进口进行了严格的监管，一些国家则直接禁止或限制转基因作物的种植。即使是科学倡导者也同意还有很多工作要做，比如需要证明转基因作物及其食物从长远来看是环保无害的。■

主图：美国内华达州盆岭构造国家保护区。小图：约翰·麦克菲，著有多部地球科学领域的科普书籍。

工业革命（约1830年），控制尼罗河（1902年），核能（1954年），气象卫星（1960年），地球科学卫星（1972年），风能（1978年），水能（1994年），化石燃料的终结？（约2100年）

1982年

任何曾经飞过、驾车经过美国西南部沙漠或看过卫星照片的人都会不由自主地注意到这片土地起伏的、颇具节奏感的自然景观。它横跨新墨西哥州南部、亚利桑那州和加利福尼亚州的大片沙漠低地，以及北至内华达州和南至邻国墨西哥的地区。这些地区交替出现一系列狭长的平行山脊，它们之间被狭长的平行山谷分隔开来，其中最著名的是死亡谷。由于这些山谷和丘陵，地质学家称这个地区为盆岭省。

尽管在名称上达成了一致，但地质学家们对盆岭地形的成因却无法达成一致，部分原因是该地区有着非常复杂的地质历史。主要的假设是，大约在1亿5500万年前，前法拉隆板块在北美大陆下的俯冲导致了长时间的抬升和挤压山脉的形成，如内华达山脉和落基山脉。现在，这个板块的残余完全在大陆的下面，沉入地幔，导致地壳伸展而不是压缩。当拉伸力作用在地壳上时，垂直于拉伸方向形成一系列平行断层。在相邻断层之间下降的地壳块形成长长的山谷或盆地称为地堑；下降块体之间的山脊形成长长的山脉或山岭称为地垒。

西南沙漠稀疏的植被突显了盆地和山脉中戏剧性的地质故事。美国作家、普林斯顿大学教授约翰·麦克菲是这些故事讲述者中最受称赞的一位。他在1982年出版的《盆地与山脉》（*Basin and Range*）一书是他的普利策得奖作品四卷《前世界大事记》（*Annals of the Former World*）的第一本。在书中，他用通俗的语言、地质学家的眼光来描述自然世界，包括北美的地质历史和许多试图努力揭示并着迷于这段历史的人物。麦克菲的著作有助于向公众传达科学共识，令公众关注地球科学界正在进行的辩论。科学作为人类的事业，不仅需要伟大的观察家和理论家，也需要伟大的说书人。■

太阳能

西班牙安达卢西亚一个大型太阳能集热器发电站。拍摄于 2017 年。

工业革命（约 1830 年），控制尼罗河（1902 年），核能（1954 年），气象卫星（1960 年），地球科学卫星（1972 年），风能（1978 年），水能（1994年），化石燃料的终结？（约 2100 年）

在 19 世纪后期，物理学家发现光照射在某些材料上会产生电流，而在 20 世纪早期，阿尔伯特·爱因斯坦因为解释了这种所谓光电效应背后的物理学原理而获得了诺贝尔奖。到 20 世纪四五十年代，人们发明第一批太阳能电池，可以利用太阳光发电。自 20 世纪 50 年代末以来，它们被应用于电信、气候、地球和行星的科学卫星。

20 世纪 70 年代，在石油禁运和全球能源危机的推动下，用于发电的太阳能电池开始得到更广泛的开发和应用。一个重要的里程碑是 1982 年在美国加利福尼亚州赫斯珀里亚郊外的莫哈韦沙漠中建设了首个试验性的兆瓦级太阳能发电厂。这家工厂由一家主要的化石燃料供应商 —— 大西洋里希菲尔德公司（ARCO）投资建造，他们推测未来几十年石油价格将会飙升。试验工厂为附近建造一个更大（5.2 兆瓦）的 ARCO 太阳能发电厂铺平了道路，后者由超过 10 万个独立的太阳能电池阵列组成。然而，石油价格并没有大幅上涨，因此这些早期进入工业规模的太阳能发电尝试在 20 世纪 90 年代末被放弃。

但从那时起，太阳能电池效率和电力分配方面的重大技术进步，化石燃料成本的缓慢增长，以及对不可再生能源日益增长的环境担忧，都促使了太阳能发电的复苏。住宅和商用屋顶的太阳能电池板已经变得越来越普遍，价格也越来越便宜，世界各地都建立了太阳能"农场"，发电能力最大可达 850 兆瓦。在过去的五年中，太阳能发电的能力翻了两番，目前全球约 1.7% 的电力生产来自太阳能。与其他能源如风能、水能或核能相比，这只是一小部分，但太阳能是增长最快的可再生能源。许多分析人士认为，随着效率的提高和太阳能电池成本的持续下降，到 21 世纪下半叶，太阳能可能会成为世界主要能源来源。■

1982 年

夏威夷大岛的基拉韦厄火山的莫纳乌鲁火山口喷发出 30 英尺（10 米）高的熔岩喷泉。拍摄于 1970 年。

庞贝城（79 年），于埃纳普蒂纳火山喷发（1600 年），坦博拉火山喷发（1815 年），喀拉喀托火山喷发（1883 年），探索卡特迈（1915 年），岛弧（1949 年），瓦尔迪维亚地震（1960 年），圣海伦斯火山喷发（1980 年），皮纳图博火山喷发（1991 年），苏门答腊地震和海啸（2004 年），埃亚菲亚德拉冰盖火山喷发（2010 年），黄石超级火山（约 10 万年后）

1982 年

　　自史前时代以来，火山爆发就一直影响着人们的生活。即使在相对较近的年代里，著名的火山喷发也对当地区域甚至全球产生了重大影响。大型火山喷发引起短期气候变化，如公元 79 年维苏威火山喷发，1883 年喀拉喀托火山喷发，1980 年圣海伦斯火山喷发，1991 年皮纳图博火山喷发和 2010 年冰岛的埃亚菲亚德拉冰盖火山喷发。即使是相对"温和"的火山喷发，也会对当地造成严重破坏。

　　就像地球物理学家认为的那样，设计一个标尺来测量和记录地球上随时间变化的多次地震的能量是很重要的，火山学家也要对火山爆发做类似的事情，提供一种方法来阐明单个火山事件的性质以及个别火山可能对生命或财产构成的潜在危险。因此，在 1982 年，人们建立了一个衡量单个火山威力的标准体系，其依据主要是火山口或破火山口喷出物质的体积和类型。由此产生的火山爆发指数（VEI）范围从 0 到 8，对应的火山威力从像夏威夷基拉韦厄火山和莫纳罗亚火山那样较温和、持续、小体积、小烟柱的喷发，到极为罕见的特大爆炸——烟柱可高达 20 千米以上，向平流层注入大量的火山灰和尘埃，对全球气候产生重大影响。

　　VEI 0～3 的火山喷发在地球的有些地方屡见不鲜，在这个 VEI 值范围内最大的火山喷发大约每三个月爆发一次，而且大多数只对天气和气候产生局部影响。VEI 4～5 火山喷发一年到十年一次，会向大气和当地城镇中注入大量的火山灰和尘埃，对区域天气有显著的影响，公元 79 年摧毁了庞贝古城的维苏威火山喷发就是一次 VEI 5 事件。威力最大的 VEI 6～8 火山喷发一百年到十万年发生一两次，不仅会造成大规模的局部和区域破坏，而且会对全球气候产生重大影响。■

《迷雾中的大猩猩》
黛安·福西（Dian Fossey, 1932—1985）

动物学家和自然资源保护主义者黛安·福西与她的山地大猩猩朋友在非洲中部卢旺达的家中。

灵长类（约 6000 万年前），最早的人科动物（约 1000 万年前），智人出现（约 20 万年前），探寻人类起源（1948 年），热带雨林 / 云雾林（1973 年），黑猩猩（1988 年）

对灵长类动物起源和进化的研究很大程度上依赖于化石、工具和其他手工艺品的考古发现。同时，由于许多灵长类物种仍然存在，也可以对现有种群的遗传学、动物学和社会学研究提供有关其进化和相互关系的重要信息。灵长类动物学是一个专门的分支学科，专门研究现存和已灭绝的灵长类动物。灵长类动物学家在人类学、生物学和遗传学、动物学、兽医学、解剖学、心理学和社会学方面具有专长，能够胜任博物馆、动物园、动物研究救援机构和野外工作。

美国动物学家和灵长类动物学家黛安·福西是 20 世纪研究灵长目动物，特别是研究大猩猩的权威人士之一。福西原来是一名职业治疗师，1963 年她前往中非，在那里遇到了考古学家玛丽和路易斯·利基，并首次遇到了野生山地大猩猩。这次旅行也因此成为了她的一次转型之旅。三年后，受利基夫妇的邀请，并在国家地理学会的资助下，福西搬到了刚果，开始了一项历时近 20 年的濒危山地大猩猩研究。

在为《国家地理》杂志撰写的一系列文章和 1983 年出版的具有里程碑意义的《迷雾中的大猩猩》(Goriuas in the Mist) 一书中，福西揭示了这个最神秘的类人猿物种的社会生活、行为和习惯的私密细节。人类偷猎和对栖息地的侵占一度使山地大猩猩的数量减少到只有 800 只左右；福西通过自己的工作和写作，成为保护大猩猩和保留栖息地工作的热心倡导者，旨在永久保护这个种群。而她自己也成了当地偷猎者和幕后黑手、利益链的眼中钉。不幸降临在 1985 年，她在卢旺达的野战营地被杀害，这可能是对她大力反偷猎行动的报复。

在卢旺达、乌干达和刚果民主共和国，政府和私人资助的保护工作一直延续着福西保护山地大猩猩种群的传统，国家公园就是为了保护这些物种而建立的。尽管山地大猩猩的数量在缓慢增长，国际保护组织也在努力，目前山地大猩猩仍然处于极度濒危状态，只有持续的保护工作才能让它们生存下去。■

1983 年

植物遗传学

格雷戈尔·孟德尔（Gregor Mendel，1822—1884）
芭芭拉·麦克林托克（Barbara McClintock，1902—1992）

主图：1947 年，植物遗传学家芭芭拉·麦克林托克在她的实验室里。麦克林托克在基因如何控制和改变有机体的生理特征上做出了重要发现。

左下方小图：2008 年伦敦南肯辛顿科学博物馆的多种植物染色体对图片。

 性的起源（约 12 亿年前），最早的陆地植物（约 4.7 亿年前），花（约 1.3 亿年前），农作物基因工程（1982 年）

1983 年

基因这一地球上所有生命形式的基本遗传单位是在 19 世纪晚期由奥地利植物学家孟德尔发现的。虽然孟德尔没有可以看见基因的技术工具，但他于 1856—1863 年在豌豆上进行的一系列巧妙实验，推断出了基因的存在。通过仔细观察种子、花的颜色和株高等各种性状的表达，他证明了遗传性状可以是显性，也可以是隐性，并且可以通过一系列的遗传规律，根据父母的已知性状预测后代的性状。因此，孟德尔被公认为现代遗传学的奠基人。

20 世纪早期遗传学最重要的进展之一，是最终拥有了窥见单个染色体这一细胞内 DNA 载体的能力。这一领域早期的一些最重要发现是由美国植物学家和遗传学家芭芭拉·麦克林托克完成的。她在 20 世纪 20 年代末到 50 年代初研究了玉米的染色体，发展了一种新的显微镜方法，可以直接观察细胞分裂过程中染色体的变化，并描述染色体的不同部分在给后代传递遗传信息时所起的作用。她还是最早提出 DNA 结构的一部分可以控制或调节某些基因或遗传特征的表达的人之一。不过，她的同代人并不理解或接受这个观点。之后更先进的技术为她的假设提供了分子证据，她提出的许多观点直到 20 世纪 60—70 年代被证明是正确的。

像孟德尔这位奥古斯丁修士一样，麦克林托克在孤独中进行了艰苦的观察性研究，她的贡献在当时没有得到广泛认可。然而，与孟德尔不同的是，她最终在有生之年得到了认可，并因其早期的遗传学研究获得了 1983 年诺贝尔生理学或医学奖。同年，E. F. 凯勒（E. F. Keller）出版了麦克林托克传记《对有机体的感觉》（*A Feeling for the Organism*）并广受好评，进一步揭示了麦克林托克对遗传学的重要贡献。■

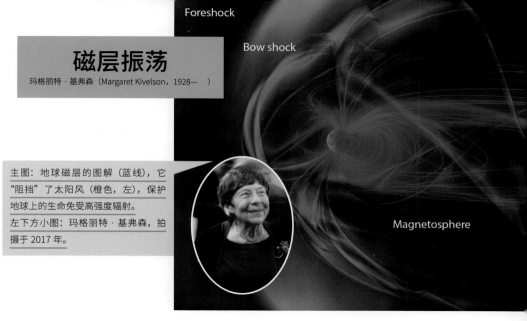

Foreshock

Bow shock

Magnetosphere

磁层振荡

玛格丽特·基弗森（Margaret Kivelson，1928— ）

主图：地球磁层的图解（蓝线），它"阻挡"了太阳风（橙色，左），保护地球上的生命免受高强度辐射。

左下方小图：玛格丽特·基弗森，拍摄于 2017 年。

 地核形成（约 45.4 亿年前），地幔和岩浆海（约 45 亿—40 亿年前），地球科学中的女性（1896 年），地球内核（1936 年），地球辐射带（1958 年），极端微生物（1967 年），地球科学卫星（1972 年），地核固结（约 20 亿—30 亿年后）

1984 年

地球被称为磁层的磁场保护罩所包围。地球的磁场产生于内部深处，地球部分熔融的金属铁芯绕地轴旋转而成。就像铁质条形磁铁上看不见的磁力线一样，地球的磁力线远远超出了地球表面。如同快速移动的船前面的水波一样，来自太阳的强大高能粒子流即太阳风进入我们的磁层后，将地球的磁力线压缩成一个弓形波。

自 17 世纪以来，人们通过实验室的磁铁实验和对极地地区磁层与太阳风相互作用产生极光的长期观测，研究了磁层的基本轮廓和性质。然而，只有从 20 世纪 50 年代末有了直接探测磁层的卫星，我们才真正开始了解地球系统的这一关键部分。

美国空间物理学家玛格丽特·基弗森是磁层研究领域的领军人物之一。她于 20 世纪 50 年代末开始研究磁场，此后参与了众多研究磁层的太空卫星任务。1984 年，基弗森领导了一项重要的研究，发现磁层中存在巨大的超低频波。很明显，这些波是由脉动的太阳风撞击到磁层的最表层所产生的。就像海浪拍打着沙滩，这些巨大的电磁波帮助加速太阳风和外磁层的粒子，并将它们传送到内磁层的"海岸"上。在那里，可以对它们进行详细的研究。

基弗森因其工作获得了无数的荣誉和奖项，她还利用自己在地磁方面的专业知识来研究巨型行星及其卫星的磁场。事实上，她领导的团队发现了太阳系最大的卫星木卫三有自己的磁场，这也是唯一有磁场的卫星，他们还通过研究木星的磁场为木卫二上存在地下液体海洋这一观点提供了强有力的证据。■

主图：2004 年 6 月，在前往沉船现场的探险途中，大力神遥控潜水器拍摄的皇家邮轮泰坦尼克号船头。

左下方小图：海洋学家和探险家罗伯特·巴拉德。

探索海洋（1943 年），海底测绘（1957 年），马里亚纳海沟（1960 年），深海热液喷口（1977年），空间海洋学（1993 年），海洋保护（1998 年）

1985 年

　　考古学家通常可以挖掘出被丛林、沉积物或火山堆积物覆盖、掩埋的远古世界的历史文物和史前文物。但还是有一部分古代（甚至现代）世界历史被淹没了。

　　因此，海洋考古已经成为一个专门的子领域，致力于研究过去人类与海洋、湖泊和河流之间相互作用的物理遗迹，包括沉船、水下定居点和其他人工制品。经过几个世纪的实践，潜水钟、头盔、水肺设备和深海潜水器的发展取得巨大进步，使人们可以在水下停留更长的时间。

　　美国海洋学家和探险家罗伯特·巴拉德是现代水下考古最成功的实践者和推广者。1977 年，巴拉德驾驶阿尔文号潜水器进行了第一次前往深海热液喷口的探险。他的兴趣也经常转向寻找和探索沉船或者那些有助于填补过去历史研究中重要漏洞的文物。最著名的发现是在 1985 年，他用水下机器人阿尔戈号成功地找到了 1912 年沉没的皇家邮轮泰坦尼克号的残骸。当时泰坦尼克号正躺在纽芬兰附近的北大西洋海底 3800 米深处。尽管巴拉德请求"寻宝者不要打扰它"，但从那时起，大量探险队对泰坦尼克号残骸进行了拍摄并从这艘著名的船上移走了文物。

　　巴拉德和其他海洋考古学家此后探索了世界各地许多沉船和已沉没的古代海岸遗址、飞机和其他文物，跨越青铜时代、古希腊、斯堪的纳维亚和罗马再到现代工业时代。他们在地中海、黑海，甚至第二次世界大战期间的太平洋海上战场，都发现了特别重要的水下历史遗存。许多文物在缺氧的深水中保存得非常好，因此可以提供独特的"时间胶囊"来研究这些文物被淹没时相关的人物、地点和事件。■

切尔诺贝利灾难

切尔诺贝利受害者纪念碑，位于核电站的 4 号反应堆建筑前，部分建筑现在是一个水泥石棺，扣住了原来的反应室，拍摄于 2017 年。

工业革命（约 1830 年），放射性（1896 年），核能（1954 年），风能（1978 年），太阳能（1982 年），水能（1994 年），化石燃料的终结？（约 2100 年）

1986 年

从 20 世纪下半叶开始，核能作为化石燃料发电的一种替代方法横空出世。目前世界各地已建造运行了 450 多座核电站，占世界总发电量的 10%。然而，这个不断发展的行业安全问题总体上很突出，因为使用的系统涉及高压、高温和放射性，确实容易发生事故。

迄今为止最严重的核事故发生在 1986 年 4 月，在当时苏联统治下乌克兰普里皮亚季镇附近的切尔诺贝利核电站。安全测试期间，因核电站的一个核反应堆过热，造成了一个失控的核连锁反应或临界事故，导致灾难性的蒸汽爆炸和强烈的露天火灾，释放了大量辐射进入大气层，放射性沉降物也直接影响了当地环境。包括切尔诺贝利和普里皮亚季两个城镇在内的超过 5 万人从核电站周围地区撤离。包括许多雇员和急救人员在内的 50 多人在事故发生当场或不久后死亡，预计在该设施附近的居民会增加多达 4000 例癌症死亡病例。事故发生和疏散后不久，政府在切尔诺贝利周围建立了 2600 平方千米的"隔离区"。直到今天，这片被称为"无人区"的区域仍然展现出一片广阔的、无人居住的半城市景观，它严肃地提醒人们，核电站事故可能造成的破坏性影响。

1990 年，国际原子能机构（IAEA）建立了"国际核事件等级表"，将核事故等级从无安全顾虑到对健康和环境有广泛影响的重大事故，划分为 0 ～ 7 级。切尔诺贝利是 2011 年之前唯一的 7 级核事故，直到 2011 年的大地震和海啸导致日本东京郊外的福岛第一核电站的部分反应堆过热并出现泄漏。美国最严重的核事故发生在 1979 年，宾夕法尼亚州三里岛核电站的一座反应堆发生部分熔毁，被国际原子能机构（IAEA）认定为 5 级核事故。■

2013 年，一只加利福尼亚秃鹫栖息在美国亚利桑那州科罗拉多大峡谷的一块岩石上，这里是这种极度濒危鸟类的栖息地之一。加利福尼亚秃鹫的翼展在现存鸟类中最宽，约为 3 米。

最早的鸟类（约 1.6 亿年前），末次冰期的结束（约公元前 1 万年），人口增长（1798 年），森林砍伐（约 1855—1870 年），地球日（1970 年），大堡礁（1981 年），稀树草原（2013 年）

1987 年

就像海洋孕育着某些具有指示意义的物种一样，如大堡礁的珊瑚，许多陆地动物也提供了有关大陆或岛屿生态系统健康状况的重要信息，以及关于人类可能对这些生态系统造成灾难性影响的教训。一个典型的例子就是来自加利福尼亚秃鹫的困境，这种鸟在人类首次定居北美大陆之前，曾经在北美的大部分地区翱翔，但是到 1987 年，这一物种就在野外灭绝了。

加利福尼亚秃鹫属于秃鹫家族，是北美最大的陆地鸟类，通常翼展约 3 米。秃鹫是食腐动物，主要以动物死亡和腐烂后的残骸为食。化石证据表明，加州秃鹫的数量大约在最后一次冰河时期的末期（约 12000 年前）开始下降，与此同时，许多大型巨型动物物种（猛犸象、貘、野牛、马等）也灭绝了。尽管存在争议，但许多研究人员认为，石器时代人类的过度捕猎可能在这些冰河时代后的物种灭绝中扮演了重要角色。无论如何，在北美的欧洲人殖民期间，偷猎、铅中毒、农药中毒和栖息地破坏最终使数量本已稀少的加州秃鹫种群濒临灭绝。

到 1987 年，北美地区仅剩下 22 只被圈养的加州秃鹫。包括圣地亚哥野生动物园和洛杉矶动物园在内的一些组织发起了一项美国政府的圈养繁殖计划，试图让公众了解秃鹫的困境，并让秃鹫重新回到它们原来的栖息地。这个过程进展缓慢，一方面是加州秃鹫寿命长达 60 年；另一方面，与其他物种相比，它们开始繁殖的时间相对较晚，一部分原因是它们只选择一个终身伴侣，还有一部分原因是雌性通常每两年只产一颗蛋。

尽管困难重重，加州秃鹫恢复计划仍在蓄势待发。从 20 世纪 90 年代开始，人工放养的加利福尼亚秃鹫开始被重新引入位于加利福尼亚和亚利桑那的原生栖息地。今天加州秃鹫的总数量估计在 500 只左右，其中大约 300 只生活在野外。■

尤卡山

主图：在美国内华达州南部尤卡山下挖掘的初步勘探隧道的一部分，作为该地点可以长期储存核废料的初步评估研究的一部分。

左上方小图：尤卡山顶的照片，拍摄于 2006 年。

工业革命（约 1830 年），放射性（1896 年），控制尼罗河（1902 年），核能（1954 年），风能（1978 年），太阳能（1982 年），切尔诺贝利灾难（1986 年），水能（1994 年），化石燃料的终结？（约 2100 年）

虽然核能作为一种替代能源具有巨大的潜力，但它也面临着许多挑战，这些挑战使它无法占到世界能源需求的 10% 以上。其中一个挑战是安全性，1986 年切尔诺贝利那样的重大核事故证明了核电站对人类和环境的巨大潜在危害。另一个重大挑战可能同样难以克服，那就是如何处理核废料。

自从第一个核反应堆在 20 世纪 50 年代投入使用以来，人们关于如何处理核废料有了很多想法。其中一些核废料经过再加工，可为核武器生产新的放射性材料，但这也会产生高放射性废物，必须安全处理。一些用过的核燃料被暂时储存在地下深处的地洞或其他较浅的地下储存设施中。然而，越来越多的废弃燃料被储存在核电站的一个个钢桶或混凝土桶中。这种情况是不可持续的，因为这些用过的燃料要经过 1 万多年的时间才能衰变到安全的放射性水平，而现有的储存地点正在被填满。

美国能源部在 20 世纪 70 年代末开始为一个更持久、更宽敞、更长期的核废料地质储存库开展选址，并在 1987 年确定了一个主要地点。它位于拉斯维加斯西北约 100 英里的内华达核试验场附近的尤卡山。选址于此一是因为该地区地处地震活动较少的偏远地区，二是地面标高远远高于地下水位，三是该地区由火山岩组成，有助于阻止放射性物质泄漏到地表。

按计划从 1998 年开始，来自美国各地的大量核废料将临时储存在尤卡山，但由于公众反对、法律规制和政治因素，这里直到 2002 年才开始建设和挖掘隧道。尽管现在已经打通了几千米长的隧道，但是公众和政治上对该设施的反对进一步推迟了开工日期。直到今天，该设施的未来仍然存在法律和政治上的疑问，其核废料储存许可仍在被审查。■

1987 年

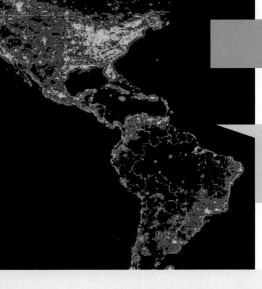

美国国防气象卫星计划绘制的西半球部分地区的人造夜空亮度图。最红的地方，大部分在美国东部和西部，光污染使夜空几乎比自然天空亮 10 倍。

人口增长（1798 年），工业革命（约 1830 年），环保主义的诞生（1845 年），人类世（约 1870 年），地球自拍照（1966 年），地球日（1970 年）

1988 年

对我们的祖先来说，夜空是崇敬、灵感和奇迹的源泉。在一个晴朗无月的夜晚，即使是在古代的城市，人们用肉眼也可以看到成千上万颗星星，包括宏伟壮丽的银河拱门。但是，随着现代文明的到来，特别是主要城市和城市中心的发展，以及人工照明电力的普及，极大地改变了我们与夜空的关系。在工业化国家的城镇里，大多数人在晴朗的夜晚通常只能看到几百颗星，而不是成千上万颗。大城市的居民能看到一二十颗星和大量的飞机就很幸运了。对大多数人来说，夜空已经失去了它的奇妙之处，变成了背景中黯淡、微弱的光亮和毫无特色的一部分。

造成夜间宇宙变暗的罪魁祸首是光污染，即人造光源对自然室外光线水平的改变。对于居住在城市或郊区的人来说，光污染会使微弱的恒星变得模糊，干扰对微弱光源的天文观测，甚至会对夜间生态系统的健康产生不利影响。这在经济上也是低效的，因为人们是为了给房子或建筑物照明，照亮夜空纯粹是浪费金钱和电力。

1988 年，人们意识到全球光污染问题日益严重，一群关注此事的市民成立了一个名为国际黑暗天空协会（IDA）的组织，其使命是"通过高质量的户外照明来保护夜间环境和我们的黑暗天空遗产"。国际黑暗天空协会目前在全球拥有约 5000 名会员，他们与城市和地方政府、企业和天文学家合作，提高人们对黑暗天空价值的认识，帮助实施更节能、更经济的照明解决方案，减少光污染。

尽管在制定减少光污染的法令和建筑法规方面成效明显，但光污染对天文学的影响仍然限制了大城市附近天文台的使用，比如坐落在洛杉矶山上的威尔逊山天文台。现在，人们通常在偏远的沙漠或偏僻的黑暗山顶上建造新的望远镜，以躲避夜空中越来越亮的光线。■

黑猩猩

珍妮·古道尔（Jane Goodall，1934—　）

英国人类学家珍妮·古道尔和她的黑猩猩朋友。

灵长类（约 6000 万年前），最早的人科动物（约 1000 万年前），智人出现（约 20 万年前），探寻人类起源（1948 年），热带雨林／云雾林（1973 年），《迷雾中的大猩猩》（1983 年）

在灵长类动物尤其是在人科动物中，黑猩猩是与现代人最接近的现存遗传亲属。我们有 99% 的 DNA 相同，我们有共同的人科动物祖先。直到大约 1000 万到 500 万年前，两个物种才彼此分离。因此，黑猩猩的研究在医学、遗传学、社会学和动物学领域引起如此大的兴趣就不足为奇了。

黑猩猩生活在中非和西非的荒野，它们的近亲倭黑猩猩也生活在刚果丛林。研究人员估计，野生黑猩猩和倭黑猩猩的数量可能为 20 万到 30 万。直到 20 世纪 40 年代至 50 年代，像玛丽和路易斯·利基这样的人类学家开始对人类和其他人科物种的起源产生兴趣，猩猩们的生活才为人所知。1957 年，他们雇用了一位名叫珍妮·古道尔的年轻英国妇女，为他们在坦桑尼亚的研究提供秘书服务。古道尔很快就对野外研究产生了浓厚的兴趣。1960 年，她花了两年时间在贡贝国家公园了解黑猩猩的生活。

自从在剑桥大学获得正式教育以来，珍妮·古道尔已经成为世界领先的黑猩猩研究者，她花了几十年的时间在黑猩猩中间生活、研究和写作。在她 1988 年出版的畅销书《我与黑猩猩的生活》（*My Life with the Chimpanzces*）中，古道尔认为黑猩猩有各自的个性，这在当时是有争议的：它们会经历喜悦和悲伤这样的情感，它们会有和人类相似的习惯比如亲吻、拥抱甚至挠痒痒，它们有复杂的社会等级制度和性生活。也许最令人惊讶的是，她发现猩猩们会制造和使用工具，而且并非素食者。事实上，她对黑猩猩捕猎行为的观察揭示出，黑猩猩和人类一样似乎有更黑暗、更残忍的一面。

大约有 1000 只黑猩猩和倭黑猩猩生活在研究型实验室里，主要分布在美国。过去，实验室黑猩猩对于开发人类医学问题的治疗方法非常有用，但现在古道尔和其他人提出了不同意见，而争论的焦点是，是否仍需要对这些黑猩猩进行研究，还是应该将它们放归保护区。■

1988 年

生物圈 2 号

生物圈 2 号内部的湖泊和雨林生物群落。拍摄于 2003 年。

 撒哈拉沙漠（约 700 万年前），热带雨林／云雾林（1973 年），温带雨林（1976 年），苔原（1992 年），北方森林（1992 年），草原和浓密常绿阔叶灌丛（2004 年），温带落叶林（2011 年），稀树草原（2013 年）

1991 年

　　地球的生物圈是地球上所有生物的自给自足、自我调节的区域，它的特征是这些生物与它们各自的生态栖息地（生物群落）以及地球上其他重要区域大气圈、水圈和岩石圈相互作用的结果。理解生物圈各组成部分之间的相互关联和相互依赖对于理解地球上生命的起源、进化和可持续性发展十分重要。如果我们希望将生命扩展到地球以外，那么了解我们的生物圈如何运作的复杂细节，对于在其他世界建立新的人工生物圈绝对是至关重要的。

　　这就是生物圈 2 号项目背后的指导思想。这个由私人资助的技术和社会学实验于1991 年在美国亚利桑那州图森市附近的一个专门设计的设施中启动。经过 4 年的建设和测试，一个超过 1.2 公顷的室内结构拔地而起。它由 7 个不同的生物群落区域组成，共有 6 个"生物圈人"进入其中，看看他们是否能在除了阳光以外完全隔绝外界资源的情况下生存 2 年。设施中选取了海洋、雨林、珊瑚礁、湿地、稀树草原和沙漠这六类生物群落，试图帮助参与者达到生存所需的生态平衡，并促使他们必须小心地监测和回收他们所需的食物和氧气。

　　生物圈 2 号参试人员遇到了许多意想不到的挑战。例如，设施中混凝土的排气和吸收明显影响着二氧化碳水平，而意想不到的水蒸气冷凝水平又明显影响着土壤湿度，尤其是在"沙漠"环境中。一些植物的生长速度比预期的要快，挡住了阳光，从而破坏了理想的能量平衡。可能源于土壤微生物的作用，导致氧气水平也缓慢下降，不得不多次从外界补充，这引起了媒体的一些批评和对实验的怀疑。

　　1991—1993 年生物圈 2 号实验中遇到的问题是否意味着实验失败呢？答案是几乎没有。项目组成员和科学支持人员从这个前所未有的有远见的实验中了解了大量关于大型封闭生态系统的复杂性，推而广之也自然包括地球这个生物圈 1 号。■

皮纳图博火山喷发

1991 年 6 月 12 日清晨，皮纳图博火山喷发出巨大的烟柱。这次火山喷发向平流层注入了自 1883 年喀拉喀托火山爆发以来最多的火山灰和尘埃。

板块构造（约 40 亿—30 亿年前？），喀斯喀特火山群（约 3000 万—1000 万年前），安第斯山脉（约 1000 万年前），庞贝城（79 年），于埃纳普蒂纳火山喷发（1600 年），坦博拉火山喷发（1815 年），美国地质调查局（1879 年），喀拉喀托火山喷发（1883 年），探索卡特迈（1915 年），圣海伦斯火山喷发（1980 年），火山爆发指数（1982 年），埃亚菲亚德拉冰盖火山喷发（2010 年），黄石超级火山（约 10 万年后）

1991 年

　　地球上最强烈的地震和火山活动大多发生在俯冲板块边界附近，通常是海洋板块俯冲到大陆板块之下的区域。世界上大多数这样的区域人烟稀少，部分原因是频繁发生地震和火山爆发。然而，像菲律宾群岛所在的太平洋板块和欧亚板块之间复杂的碰撞边界周围，却有一些世界上人口密度最高的地区。

　　因此，形成于俯冲带之上众多层状火山之一的皮纳图博火山在 1991 年灾难性喷发，可能给生活在该火山影响区内的大约 600 万人造成巨大的经济损失。皮纳图博火山已经休眠了 500 多年，它的底部和两侧形成了茂密的热带雨林和密集的城市聚落。幸运的是，菲律宾政府在美国地质调查局等其他机构的协助下，积极监测与该火山有关的地震活动，并于 1991 年春季得出结论，认为即将发生大爆发。从 4 月到 6 月初，在火山方圆 32 千米范围内的 6 万多人被要求撤离。

　　6 月 15 日，火山爆发，并将大量的火山灰、灰尘和有毒气体送入平流层。几乎与此同时，一场较大的热带台风袭击了该地区，引发了山体滑坡和火山泥流，以致摧毁了距离火山很远的道路、村庄和建筑。平流层的尘埃颗粒环绕地球，在火山喷发后的几个月里创造了壮观的日落景象，还使高层大气升温，并使地表的平均温度降低了 0.4℃。作为现代太空传感器时代的第一次大规模火山喷发，它证明了火山可以改变地球的气候。

　　这次火山爆发是 20 世纪城市地区发生的最强烈的火山爆发，火山爆发指数为 6。尽管有近 1000 人在火山爆发中丧生，但当地和国际地质学家对火山的预报和监测无疑挽救了数万人的生命。■

位于美国科罗拉多州落基山脉高海拔苔原环境中的迷人小路。

撒哈拉沙漠（约 700 万年前），热带雨林 / 云雾林（1973 年），温带雨林（1976 年），北方森林（1992 年），草原和浓密常绿阔叶灌丛（2004 年），温带落叶林（2011 年），稀树草原（2013 年）

1992 年

　　根据生物学家和生态学家的不同组织的分类，世界可分为 1 到 20 多个不同的生态区域，即生物群落。有一种生物群落在所有分类方案中都很常见，存在于世界上很多地方，那就是苔原。那里温度相对较低、生长季节较短，树木生长受到限制，植被主要由灌木、草、苔藓和地衣组成。苔原分布在地球的三个主要地区：北极、南极和高海拔山地。在山区，苔原是指林线以上的生态区。

　　植被支配着苔原带的生物多样性，尽管每年有数百万只鸟类迁移到那里，但只有一小部分陆地哺乳动物和鱼类物种可以在苔原上终年居留，例如，北极驯鹿、兔子、狐狸和北极熊。在北极和南极苔原地区以及一些高山苔原带，地下浅层以永冻层或多年冻土为特征。这些土壤可以储存大量的淡水，当它们冻结时会吸收来自腐烂的植物和动物产生的大量二氧化碳和甲烷，这些都是强有力的温室气体。因为苔原带的冻土融化会明显加剧全球变暖，所以苔原在全球气候中扮演着重要的潜在角色。

　　科学家们并不完全知道世界苔原土壤中储存了多少水、二氧化碳或甲烷，也没有对苔原地区的生物多样性进行全面的统计，部分原因是它们的地理位置偏远，又分布较广。因此，联合国制定了全球生物多样性行动计划（Biodiversity Action Plan，BAP），主要目的就是了解这一特定生物群落以及其他生物群落的详细性质和资源状况，该计划是具有里程碑意义的 1992 年《生物多样性公约》（*Convention on Biologic Diversity*）的一部分。

　　这项国际条约着力于指导各国制定保护和可持续利用生物多样性的战略。例如，加拿大和俄罗斯苔原的主要部分受 BAP 规定的保护。所有联合国成员国都签署了该条约，但只有一个国家例外，那就是美国。■

北方森林

瑞典北部云杉林。
拍摄于 2017 年。

撒哈拉沙漠（约 700 万年前），热带雨林 / 云雾林（1973 年），温带雨林（1976 年），苔原（1992年），草原和浓密常绿阔叶灌丛（2004 年），温带落叶林（2011 年），稀树草原（2013 年）

到目前为止，地球上覆盖面积最大的生态区域是北方森林，也被称为针叶林。针叶林的特点是年平均气温较低，通常为 −5 ～ 5℃；适度的降水多以雪的形式出现；土壤贫瘠、相对缺乏营养。针叶林地带的夏季短暂、温暖、潮湿，冬季漫长、寒冷、干燥。大多数针叶林位于北半球，在北纬 50°～ 60°。世界上大约三分之二的针叶林分布在西伯利亚，其余的分布在斯堪的纳维亚、阿拉斯加和加拿大。

针叶林的植被主要是耐寒的常绿乔木，比如松树、冷杉和云杉。因为它们厚重的树冠吸收了这些高纬度地区相对微弱的阳光，所以林下通常只生长苔藓、地衣和蘑菇。只有一小部分动物种在针叶林中茁壮成长，比如熊、驼鹿、狼、狐狸、鹿和一些小型哺乳动物。除了几种鸟类长期生活在针叶林，比如啄木鸟和鹰，还有数百种鸟类在夏季季节性地迁徙到针叶林筑巢。

由于针叶林覆盖了地球表面的很大一部分，因此它是人类活动重要潜在自然资源的来源。例如，世界上大部分的木材都是从针叶林砍伐而来的。许多采矿和石油天然气开采项目也发生在针叶林地区。由于担心针叶林资源可能存在管理不善的问题，人们成立了诸如"针叶林行动网"这样的宣传团体。"针叶林行动网"于 1992 年成立，由 200 多个非政府组织、当地人和致力于保护世界针叶林的个人组成。1992 年，通过签署《联合国生物多样性公约》，与针叶林资源开发相关的政府管理工作也正式确定下来。该公约规定了森林管理责任，尊重土著居民，遵守环境法，森林工人安全、教育和培训以及其他环境、商业和社会要求。

管理和监测世界针叶林的健康很重要，因为它们在全球气候中扮演着重要的角色：它们在湿地和泥炭沼泽中储存了大量的碳元素，其储存量超过温带和热带森林的总和。■

1992 年

空间海洋学

凯瑟琳·D. 苏利文（Kathryn D.Sullivan, 1951— ）

主图：2016 年的合成图，来自美国国家航空航天局的索米海洋科学卫星，显示了加利福尼亚洋流中浮游植物（绿色）的分布。
插图：1984 年，宇航员凯瑟琳·苏利文在通过挑战者号航天飞机的窗户看地球。

 地球的海洋（约 40 亿年前），航空遥感（1858 年），探索海洋（1943 年），人类进入太空（1961 年），地球科学卫星（1972 年），月球地质（1972 年），海洋保护（1998 年）

1993 年

驾驶飞机或卫星飞越大陆或岛屿，研究和监测它们的地质、气象、植物健康、土地利用模式等，这样的想法似乎是现代传感器和地球科学能力的直接和合理的应用。那么，在海洋上能否采用这种遥感方式呢？又可以看到些什么呢？

事实证明，能看到的东西有很多。第一颗用于海洋遥感的卫星是美国国家航空航天局在 1978 年发射的一颗名为"Seasat"的卫星。作为一项试验任务，它的发射是为了证明从太空中可以获得关于海洋的有用信息。"Seasat"仅运行了 106 天，但显示出了可以测量海面风、温度、海浪高度、内部波浪和海冰特征的能力。

短暂的季度试验任务的成功，有助于证明在 20 世纪 80 年代开始飞行的美国国家航空航天局航天飞机上宇航员的海洋观测是正确的。海洋学家和宇航员凯瑟琳·苏利文是其中的一个重要参与者，她在 1984 年、1990 年和 1992 年参加了三次航天飞机任务，并参加或领导了一系列从太空研究地球的重要实验。为了完成博士研究，苏利文登上了海洋考察船，研究了大西洋中脊、纽芬兰盆地和南加州海岸的断裂带。离开美国国家航空航天局之后，她在 2013—2017 年担任美国国家海洋和大气管理局（NOAA）局长。几年间，苏利文成功地推动空间海洋学研究取得了重大进展。

也许，空间海洋学的最大进步发生在 1993 年。当时，第一颗大型海洋学研究卫星投入使用，这颗卫星是美国国家航空航天局和法国航天局联合发射的 TOPEX（也称波塞冬卫星）。这一任务一直持续到 2006 年，它首次对全球海洋表面的地形开展了连续观测，揭示了此前不为人知的海洋环流模式，即海洋是地球气候的驱动力，究其原因是地球上大部分来自太阳的热量都储存在海洋中。像"贾森"系列卫星这样的后续海洋学卫星任务，以及宇航员从航天飞机和国际空间站进行的补充观测，都极大地扩展了我们对海洋的认知。■

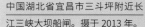

水能

中国湖北省宜昌市三斗坪附近长江三峡大坝船闸。摄于 2013 年。

 科罗拉多大峡谷（约 600 万—500 万年前），金字塔（约公元前 2500 年），渡槽（约公元前 800 年），中国长城（约 1370—1640 年），土木工程（约 1500 年），控制尼罗河（1902 年）

人类从史前时代就开始利用水能，他们将河流和小溪的能量转换成机械能，比如用来磨面粉和抽水上山。从 19 世纪后期开始，水能被用来发电，比如利用水流来推动涡轮发电机的叶片。为了保证在干旱季节也能有稳定的水流，人们在许多河流和小溪上游筑起堤坝，在大坝上形成一个大水库，从而保证了全年需要。工业革命之后，许多工业城市就是围绕着这些水力发电中心发展起来的。

1928 年在美国科罗拉多河上修建的胡佛大坝是水力发电发展的里程碑，其发电量为 1345 兆瓦，但它很快被哥伦比亚河上的大古力大坝所超越，后者从 1942 年开始发电量超过 6800 兆瓦。1984 年，南美洲巴拉那河上的伊泰普大坝以 1.4 万兆瓦的发电量成为世界上最大的水力发电设施。但与中国长江三峡大坝 2.25 万兆瓦的发电能力相比，所有这些设施都相形见绌。三峡水电站于 1994 年开始建设，已经成为世界上最大的水力发电设施，也是地球上最大的发电设施。

目前，水力发电约占世界总发电量的 16% 并仍在增长，同时，约占世界总可持续能源即非化石燃料产量的一半。然而，采用水力发电作为可再生能源可能付出社会和环境代价。这些问题包括被人造水库淹没的独特的生态系统和大量土地的损失，库区居民和野生动物的迁移，大坝下游水生生态系统的破坏，水量的减少和新的营养物质和沉积物的损失，水库甲烷排放量的增加，以及因大坝倒塌（包括废弃的大坝）而造成重大生命和财产损失的风险。

因此，人们必须针对具体地区和具体应用，不断评估水力发电的风险与优势。各国政府已承担了与水电设施有关的环境管理责任，并得到了公民倡导类社会组织的大力支持。■

1994 年

红矮星"格利泽 581"周围行星系统的艺术概念图。天文学家已经找到证据，证明有三颗"类地"行星，质量分别是地球质量的 5 倍、8 倍和 15 倍。然而，与我们地球不同的是，这些行星的轨道非常接近它们的"太阳"。

行星运动定律（1619 年），
极端微生物（1967 年）

1995 年

1992 年，人们发现了第一颗围绕着太阳以外的恒星运行的行星，令人惊讶的是，这颗系外行星围绕着一颗快速旋转的中子星（脉冲星）运行。在如此陌生和恶劣的环境中发现了最不适合居住的行星，促使天文学家寻找系外行星围绕着更"正常"的类太阳恒星运行的证据。

几十年来，人们知道了两颗围绕对方运行的恒星即双星在天空中缓慢运动时会出现"抖动"，因为这两颗恒星实际上都在绕着双星系统的质心运行。理论上，如果一颗类似木星或更大的行星在围绕一颗恒星运行，也会发生类似的摆动，尽管幅度要小得多。这是一个重大突破，天文学家意识到他们不需要测量恒星随时间变化的精确位置，相反，他们可以利用多普勒频移来推断它的摆动运动，因为恒星在靠近和远离我们时光谱会发生变化。这种寻找行星的方法被称为径向速度法。

1995 年，根据径向速度法，天文学家在一颗类似太阳的恒星周围发现了第一颗系外行星，它围绕着附近的飞马座 51（51 Peg）恒星运行。据推断，行星"51 Peg b"是一颗比木星大很多倍的气体巨星，它的轨道离太阳非常近，只有地球到太阳距离的二十分之一。从那时起，根据径向速度法已经发现了超过 750 个围绕其他邻近恒星的行星。这类行星中的大多数被称为"热木星"，因为它们体积庞大，而且其轨道也非常靠近它们的母恒星。

"凌日"也是寻找系外行星的方法，美国国家航空航天局的开普勒任务就是采用的这一方法。当行星从母恒星前面经过时，通过引力透镜进行探测，或者通过母恒星的强光直接对其成像。事实上，利用这些方法，在附近的恒星周围已经发现了 3000 多颗系外行星。其中许多是地球大小的行星，包括 2007 年在"格利泽 581"恒星周围发现的 3 颗行星，以及 2017 年在距离地球只有 40 光年"特拉比斯特 –1"恒星周围发现的 7 颗行星。银河系，甚至整个宇宙，可能充满了类地行星！■

海洋保护

西尔维娅·厄尔（Sylvia Earle，1935— ）

海洋生物学家和探险家西尔维娅·厄尔（戴着呼吸器的）正在检查一个受损的珊瑚礁样本。

地球科学中的女性（1896年），珊瑚地质学（1934年），海洋探索（1943年），海底测绘（1957年），马里亚纳海沟（1960年），深海热液喷口（1977年），大堡礁（1981年），空间海洋学（1993年）

地球的表面大部分是海洋，大陆只覆盖了地表的大约30%，从太阳到海洋的能量转移驱动着海洋环流，这是全球气候和天气模式的主要驱动力。海洋与我们星球上早期生命的起源和进化密切相关，今天，海洋直接关系到无数物种的生存，包括我们人类在内。

因此，人们会相信美国环保主义者西尔维娅·厄尔这样的海洋生物学家和海洋探险家所说的"如果海洋有麻烦，我们就有麻烦"。事实上，有证据表明海洋正处于困境。证据不仅仅来自于大量的珊瑚礁的死亡，比如澳大利亚东北部的大堡礁。由于过度捕捞或栖息地被侵占，海洋物种大量减少或消失；吸收不断增加的大气二氧化碳造成海洋酸化；石油泄漏、污水排放、塑料堆积等环境污染造成的栖息地破坏和物种的大量灭绝等。

从20世纪60年代中期开始，厄尔就一直致力于促进海洋保护。她是一名经验丰富的水肺潜水者，创造了许多潜水记录，游历了世界各地的海洋，记录了海洋的生物多样性，以及依赖海洋生存的生物所面临的威胁。她和同事们在深海勘探工程和技术方面做出了重大创新，并在1972年帮助倡导建立了美国国家海洋保护区系统。该系统可以为超过203万平方千米的海域提供特殊的环境保护。同时，她是一位直言不讳的专家，对1989年埃克森瓦尔迪兹号的阿拉斯加漏油事件和2010年墨西哥湾深水地平线钻井平台漏洞事件等的环境影响进行评估。在20世纪90年代，厄尔是第一位担任美国国家海洋和大气管理局首席科学家的女性。

1998年，《时代》杂志将厄尔誉为"地球英雄"，以表彰她在海洋保护方面的不懈努力。她和同道人持续努力的工作，使海洋保护成为全人类优先考虑的事情。■

1998年

位于捷克布拉格广场的天文钟。在科学研究中，精确的数字时钟和国际上统一的计时系统已经取代了像这样用来记录小时、分钟以及太阳、月亮运动的模拟时钟。

金字塔（约公元前 2500 年），地球是圆的（公元前 500 年），潮汐（1686 年），证明地球自转（1851 年）

1999 年

我们的地球每天绕轴自转一次。在天文学的大部分历史中，我们已经知道，我们的行星相对于遥远的"固定"恒星的自转速度大约是 23 小时 56 分钟。地球在绕太阳公转的过程中以这样的速度自转 365.25 次，这一事实导致了在日历中加入闰年的各种创造性方法，在 1582 年公历改革期间发展的现代闰年方法达到了顶峰。

在这个拥有数字计算机、全球定位系统卫星和星际空间探测器的现代社会，能够以更高的精度记录包括地球自转速度在内的时间变得越来越重要。原子钟在 20 世纪五六十年代投入使用，利用铯等元素的稳定原子能级跃迁频率来精确计算时间的流逝。基于这些原子钟的一个国际公认的计时系统被称为协调世界时（UTC Time）。利用现代技术，如今我们可以精确测量到一天时长的一百亿分之一。

然而，对于天文学家、航海家和计时员来说，问题在于地球的自转不是恒定的。月球和太阳引起的潮汐摩擦每年都在减缓地球自转的速度。此外，地球表面和内部质量分布的微小变化如冰川融化都会对地球的自转速度产生微小影响。因此，自 1972 年以来，为了使协调世界时精确地与太阳在天空中的运动时间一致，国际地球自转和参考系统服务组织不得不偶尔在协调世界时上增加额外的闰秒。

从 1972 到 1998 年的 26 年间，共增加了 22 闰秒，以确保协调世界时与地球自转速度减慢保持同步。然而，自 1999 年以后的 20 年里，地球自转减慢的速度已经放缓，只需要增加 5 闰秒即可。■

都灵危险指数

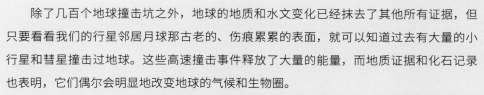

在这幅由行星科学家和艺术家威廉·K.哈特曼所绘的作品中，一个深色的、坑洞密布的近地小行星正在接近地球，它与99942近地小行星类似。

 恐龙灭绝撞击（约6500万年前），亚利桑那撞击（约5万年前），通古斯爆炸（1908年），侥幸脱险于阿波菲斯（2029年）

除了几百个地球撞击坑之外，地球的地质和水文变化已经抹去了其他所有证据，但只要看看我们的行星邻居月球那古老的、伤痕累累的表面，就可以知道过去有大量的小行星和彗星撞击过地球。这些高速撞击事件释放了大量的能量，而地质证据和化石记录也表明，它们偶尔会明显地改变地球的气候和生物圈。

在地球历史上，撞击率随时间呈指数下降，但即使是在现代，这个概率也不是零，例如，1908年西伯利亚上空的彗星或小行星爆炸，也就是通古斯事件。军事和民用行星监测卫星每年都会观测到几次大型大气火球爆炸，包括2013年在俄罗斯车里雅宾斯克上空出现的巨大火球。

在公众和政界对了解宇宙撞击风险的兴趣的推动下，小型小行星和彗星的发现率在过去几十年里不断上升，尤其是在近地天体（Near-Earth Objects，NEOs）中。专门的望远镜观测已经发现了50多万颗主带小行星和1000多颗近地天体。几百颗有可能对我们星球上的生命造成威胁的近地天体被称为"有潜在危险的小行星"（Potentially Hazardous Asteroids，以下简称为"PHA"）。

随着PHA发现率的增加，人们清楚地认识到，还没有一个系统或简单的方法来了解和交流PHA撞击的风险。因此，在1999年，一些行星天文学家开创了一个名为"都灵危险指数"的指数来量化风险。新发现的PHA的都灵值范围从0到10，依次代表从不可能发生撞击到可能发生灾难性后果的特定撞击。

所有已知的PHA都灵值都是0。大约有50个非零值，大多数在后续观察中被降级为0，迄今为止的记录是小行星阿波菲斯99942，它的都灵值为4，有1%或更大的碰撞概率，它将在2029年4月13日与地球擦肩而过。自那以后，阿波菲斯99942的风险将降至0，但天文学家仍将密切监测它。■

1999年

1999 年 12 月 15 日，委内瑞拉瓦尔加斯州卡拉巴尔达市发生灾难性山体滑坡，部分城区被毁坏。

 土壤科学（1870 年），加尔维斯顿飓风（1900 年），旧金山地震（1906 年），三州龙卷风（1925 年），瓦尔迪维亚地震（1960 年），苏门答腊地震和海啸（2004 年）

1999 年

　　人们倾向于认为侵蚀作用是一个相当缓慢的地质过程，山脉慢慢地被冰川侵蚀，海浪经年累月地冲垮海边的悬崖。但有时侵蚀可能是迅速、剧烈和致命的。最主要的例子就是滑坡，即地表区域的迅速和突然的破坏或崩塌。当然，重力在滑坡的形成中扮演着重要的角色，因为地形为物体沿坡下滑提供了势能。其他影响因素包括斜坡表面的稳定性，例如，它们是否由植被所固定，该地区土壤或基岩的组成和厚度，以及当地的天气和地震条件。

　　山体滑坡有多种不同的形式。它们可能发生在浅层，只有山坡表面薄薄的泥土覆盖层滑下；也可能发生在深层，涉及大量的土体和基岩的运动，通常沿着预先存在的薄弱结构面滑动，如断层或层面。泥石流是一种发生在富含水的土壤中的滑坡，它们可以是快速流动的泥石（mudflows），也可以是缓慢流动的更黏稠的土流（earthflows）。最后，更多的岩质滑坡的例子包括由岩石、土壤与水和（或）冰混合后形成的岩屑滑坡，以及大块的岩石和岩体突然崩落、垮塌造成的岩石崩塌。

　　热带山区降雨量大，地形崎岖，是地球上最容易发生大型滑坡的地区之一。1999 年 12 月 15 日，在委内瑞拉首都加拉加斯以北的瓦尔加斯州，连续几天的暴雨引发了大规模的泥石流和山体滑坡。一夜之间，在毫无预警的情况下，山体滑坡导致近 10 万所房屋被毁或损毁，造成 1.5 万～ 3 万人死亡。一些城镇被完全摧毁，其他一些城镇被 3 米深的泥土、岩石和瓦砾掩埋。在有记录的历史中，中国、哥伦比亚、秘鲁和其他地方发生过伤亡和破坏人数相当甚至更多的山体滑坡，大多是由地震或火山活动而引发。在未来，更好的地质勘察以及对滑坡风险的更多认知将有助于挽救许多生命。■

苏门答腊地震和海啸

2004 年 12 月的海啸冲上海岸后，泰国海岸沿线的房屋倾刻被洪水淹没。

板块构造（约 40 亿—30 亿年前?），坦博拉火山喷发（1815 年），喀拉喀托火山喷发（1883 年），加尔维斯顿飓风（1900 年），旧金山地震（1906 年），三州龙卷风（1925 年），岛弧（1949 年），瓦尔迪维亚地震（1960 年）

2004 年

　　海啸是由海底或沿海地区的所产生的巨大、持久的海浪，通常由地震引发。当板块沿着海底断层滑动时，它们的位移排开了大量的海水。海啸也可能由火山爆发、山体滑坡和可以想象的大型小行星或彗星撞击事件引发。从直观上看，最大的地震有可能引发最大的海啸。事实上，有记录以来最大的地震是 1960 年南美洲西海岸外的瓦尔迪维亚地震，造成了跨越太平洋的巨大海啸，摧毁了一些沿海城镇，导致数百人死亡。然而，一个地区的特定地质、地理和海底地形也在海啸的破坏因素中发挥着关键作用。

　　一个悲剧性的例子是在 2004 年 12 月 26 日，印度尼西亚苏门答腊岛西海岸外的印度洋海底发生了里氏 9.1 级地震，紧接着引发了灾难性海啸。自史前时代起，该地区就发生过类似的巨大地震，因为它是环太平洋火山地震带的一部分，印度和澳大利亚板块在欧亚板块下迅速俯冲，形成了巽他海峡和火山岛弧。2004 年的苏门答腊地震发生在海床下约 30 千米处，是迄今为止测量到的最长的地壳断裂，其震中位于一个长约 400 千米、宽约 100 千米的地带。海床上升了约 2 米，排开约 30 立方千米的海水，从而引发了海啸。

　　苏门答腊岛和泰国沿海地区的居民几乎没有收到任何预警，因为海啸开始时离海岸非常近。当波浪接近较浅的沿海水域时，它的速度减慢，高度增加。在印度尼西亚的一些地区，沿海聚落遭受高达 24 ～ 30 米海浪的冲击。这些聚落和印度洋沿岸的其他国家聚落因为没有足够的海啸预警系统或疏散计划而伤亡巨大，共有约 28 万人因此死亡，是历史上最致命的一次海啸。■

草原和浓密常绿阔叶灌丛

美国亚利桑那州图森市附近的圣卡塔丽娜山区的草原和浓密常绿阔叶灌丛。拍摄于 2016 年。

最早的陆生植物（约 4.7 亿年前），撒哈拉沙漠（约 700 万年前），大野火（1910 年），热带雨林／云雾林（1973 年），温带雨林（1976 年），苔原（1992 年），北方森林（1992 年），温带落叶林（2011 年），稀树草原（2013 年）

2004 年

地球上有超过 12 000 种不同种类的草。尽管它们遍布世界各地，但其中许多种在被称为草原的特定生态区域中占主导地位。草原通常位于降雨量适中的地区，每年 600 ～ 1500 毫米或更少，年平均气温为 –5 ～ 20℃。也许更重要的是，由于特定的环境条件阻止了大量木本植物的入侵，草原在这些地区占主导地位。这些地区极易发生野火，因此，树木和其他木质灌木丛无法正常生长，也可能是土壤或基岩成分无法满足大多数树木所需营养水平的区域。

由于这样的环境因素，这些特殊的生态区域已经演变成草和一些耐旱的木本灌木共生共存的地方，偶尔的野火实际上已成为控制其植物群落生命周期的重要组成部分。这样的灌木丛遍布世界各地，包括一个特殊的子类别，称为浓密常绿阔叶灌丛，在西班牙语中是指小的灌木丛状的冬青叶栎。它们形成于诸如南加州海岸之类的所谓地中海气候环境中。在智利、南非、澳大利亚西部和地中海的部分地区也发现了浓密常绿阔叶灌丛植物群落，那里冬季才有降雨且夏季干旱，偶发野火，并且土壤以富含钙的灰岩为主。

从史前到现代，人们经常努力清除浓密常绿阔叶灌丛等灌木丛，并将其转变为"有用"的环境，比如用作狩猎场或家畜放牧地的草原。此外，在许多灌木丛地区，大多数木本灌木物种只能够忍受偶发的火灾，而长时间、频繁的干旱自然地将更多的地形变成了草原。像浓密常绿阔叶灌丛等灌木丛地的消失减少了生物多样性，赶走了已经在这些环境中蓬勃发展的其他植物、昆虫和动物物种，并可能使该地区更容易发生更广泛的野火、水土流失和山体滑坡。因此，从 2004 年起，非营利性的美国加利福尼亚州浓密常绿阔叶灌丛研究所开始对政府和公众进行宣传教育，使其了解灌木林在全球生态系统中的作用和价值。世界各地的类似组织都在监测并倡导草原和浓密常绿阔叶灌丛的健康与保护。■

碳足迹

一张来自"绿色能源"公司锐能（RENERGY）的海报，展示了人们在地球大气层上留下"碳足迹"的多种方式。

动物驯化（约 3 万年前），农业的出现（约公元前 1 万年），人口增长（1798 年），工业革命（约 1830 年），环保主义的诞生（1845 年），森林砍伐（约 1855—1870 年），人类世（约 1870 年），温室效应（1896 年），核能（1954 年），地球日（1970 年），风能（1978 年），太阳能（1982 年），水能（1994 年），不断增多的二氧化碳（2013 年），化石燃料的终结？（约 2100 年）

足迹（footprint）实际上是在某物上留下的永久性标记，但是它也被广泛用作象征性的概念，用来描述对象、个人、事件、组织或社会对特定主题的影响。我们可以举个例子来更好地理解足迹，比如，想想计算机或打印机是如何占据我们的工作空间并留下它们的足迹的。更广泛地说，自 20 世纪 90 年代初以来，生态学家、经济学家和其他学者一直在思考人类社会在我们星球上留下的生态足迹。也就是说，相对于自然的全部生态能力，人类对自然的需求占多大比例？显然，这是一个很难精确计算的参数，部分原因是不清楚到底该测量什么。

为了尝试创建一个可用于评估环境或生态影响具体的、可测量的量值，2007 年，政府官员在为美国华盛顿州的林伍德市制订能源计划时，将生态足迹的概念缩小为只考虑碳足迹（carbon footprint）的概念。他们之所以设定该指标，是因为可以计算或至少合理估算各种活动如运输、发电、供热（制冷）、粮食生产等中使用燃料的碳排放量，以及大气圈、水圈、岩石圈和生物圈中的总碳排放量，包括二氧化碳、甲烷和有机分子。在这种计算中，必须考虑到由运输、供热（制冷）等方面的独立行为所产生的直接碳排放量，以及我们使用或消费的产品如食物、衣物等所产生的间接碳排放量。间接来源很容易被忽略，因为它们可能发生在远离我们使用产品和服务的地点和时间，但是它们占产品或活动的总碳足迹的很大一部分。

尽管这仍然是一个难以精确计算的参数，但是碳足迹概念至少对教育公众、公司和政府在向环境中添加碳或从环境中去除碳确实具有潜在作用，从而对全球变暖和气候变化等更大的问题产生潜在的影响。事实证明，碳足迹的概念在监测和抑制人类活动向全球大气中排放二氧化碳的努力中同样有用。■

2007 年

位于挪威斯瓦尔巴特群岛的全球种子库入口。拍摄于 2015 年。

 农业的出现（约公元前 1 万年），自然选择（1858—1859 年），人类世（约 1870 年），土壤科学（1870 年），地球化改造（1961 年），农作物基因工程（1982 年），植物遗传学（1983 年）

2008 年

　　"种子"的概念从史前时代就为农民所熟知。也就是说，一种农作物的一部分种子必须储存起来，以便在下一季播种。为了防止干旱或病害导致多年歉收，甚至可能需要在更晚的时候才能播种。

　　类似的理念促使世界各地建立了许多种子库，旨在保护世界野生植物和栽培植物的遗传多样性，以抵御自然或人类原因造成的灭绝威胁。世界上最大的种子库是由英国皇家植物园组织的千年种子库项目。它始建于 1996 年，位于英国南部西苏塞克斯郡的一个大型地下冷冻仓库中，目前已有近 20 亿粒种子，但只占世界野生植物物种的 15% 不到，2020 年，这一比例达到了 25%。

　　但是，即使是种子库也需要防止发生事故或灾难，这又促使人们建立世界上最偏远、最保险和最安全的种子库 —— 挪威斯瓦尔巴特群岛的全球种子库。它位于北纬 78°，距北极点仅约 1300 千米。人们把这座寒冷干燥的设施建在山上，并设计有能抵抗核战争的防爆门。新种子库于 2008 年启用，里面存放着来自北欧基因库的种子，自 1984 年以来，这些种子一直存放在斯匹次卑尔根岛的一个安全性较低的设施中。经过十多年的运作和国际收集捐助，如今在斯瓦尔巴特群岛的所谓"世界末日保管库"收集了来自大约 6000 种植物的大约 100 万种植物样品（包括数亿颗单独的种子）的种子，尽管这只是植物遗传多样性的一小部分，但至少保存了跨越 1.3 万年有组织耕作的全球主要农作物的种子。

　　其他主要种子库也存在于美国、中国、俄罗斯、澳大利亚、印度和其他地方。实际上，世界还没有将所有种子都放在一个"篮子"里。■

埃亚菲亚德拉冰盖火山喷发

2010 年 4 月 17 日，冰岛埃亚菲亚德拉冰盖火山喷发产生的蒸汽和火山灰云。

板块构造（约 40 亿—30 亿年前?），大西洋（约 1.4 亿年前），庞贝城（79 年），于埃纳普蒂纳火山喷发（1600 年），坦博拉火山喷发（1815 年），喀拉喀托火山喷发（1883 年），探索卡特迈（1915 年），圣海伦斯火山喷发（1980 年），火山爆发指数（1982 年），黄石超级火山（约 10 万年后）

2010 年

地球上大约每一两年就会有一次火山爆发指数（VEI）等级为 4 级（最高为 8 级）的火山喷发。就其影响而言，此类事件释放出的相对较少的火山灰、蒸汽以及熔岩一般只会造成局部而非全球性的后果。然而，令人惊讶的是，2010 年 4 月冰岛埃亚菲亚德拉冰盖火山喷发的火山爆发指数等级虽然只有 4 级，但是因对全球数百万人造成重大影响而被载入史册。

埃亚菲亚德拉火山是一座层状火山，由大西洋中脊扩张中心历经数百万年的熔岩喷发而成，是构成冰岛岛屿的一部分。由于冰岛的纬度较高，像埃亚菲亚德拉冰盖尔火山这样的高山顶部通常被雪和冰川覆盖。因此，当火山爆发时，炽热的熔岩和气体与冰雪的相互作用导致强烈的蒸汽爆炸，有助于迅速将冷却的、尖锐的、微小的玻璃状火山碎片喷射到很高的地方。

2010 年 4 月中旬，埃亚菲亚德拉火山的喷发就是这种情况。一股猛烈的火山灰和沙尘升入了平流层，高度超过了 8000 米。巧合的是，向东移动的极地急流此时正在经过冰岛上空，因此埃亚菲亚德拉火山的火山灰迅速被上层大气流吹扫，旋即扩散到英国、斯堪的纳维亚半岛以及欧洲大部分地区。由于火山灰会大大降低能见度，并且玻璃状磨蚀性粉尘可能会严重损害过境飞机的涡轮发动机，在大约 8 天的时间内，超过 10 万架往返于欧洲和北美的民用航班被取消，直到尘埃最终落定。

与历史上的火山喷发相比，埃亚菲亚德拉火山的喷发规模可能相对较小，但它对人类在地球上的移动方式产生了深远的影响。据估计，有 1000 万乘客不得不改变他们的计划，航空业每天因火山喷发损失约 2 亿美元。唯一值得欣慰的是，尽管有各种麻烦，但这场特殊的自然灾害并没有造成人员伤亡。■

泰国邦纳高速公路桥全长 54 千米，是
世界上最长的汽车桥和第六长的桥梁
（根据 2018 年数据）。

巨石阵（约公元前 3000 年），香料贸易（约公元前 3000 年），金字塔（约公元前 2500 年），渡槽
（约公元前 800 年），中国长城（约 1370—1640 年），土木工程（约 1500 年），水能（1994 年）

2011 年

　　古希腊、古罗马、古中国、古印度、古印加和其他文明用木头、绳子、砖和石头建造的桥梁的历史知识和描述可以追溯到几千年前。确切地说，它们是在何时被史前文明建造的还不得而知。很明显，人们很长一段时间以来都需要通过在障碍上建立一个建筑结构来解决跨越的实际问题。随着技术和科学的进步，以创新的方式使用更坚固的材料变得越来越寻常，桥梁的总长度、每个支撑跨度的长度以及承载能力都有所提高。

　　最初的桥梁可能是简单的梁式桥梁（通常由木材制成），其端部支撑着平坦的跨度。木材强度的实际限制将这种跨度限制在大约 9 米长，尽管多个木跨度可以组合并由桥墩支撑，以使高架桥的整体桥梁更长。现代化的钢制梁桥可以跨越 15～75 米，并且可以串成非常长的结构，例如美国路易斯安那州的庞恰特雷恩湖堤道，横跨水面 38 千米，还有泰国的邦纳高速公路，横跨陆地 54 千米。世界上最长的桥梁是中国的丹阳—昆山高速铁路大桥，这是一座长超过 164 千米的高架桥，于 2011 年投入使用。

　　使用石头或砖头建造拱桥，则提供了一种使用容易获得的材料来增加跨度长度的方法。拱桥在古希腊和古罗马很常见，尤其是古罗马渡槽，更现代的石拱桥跨度达到 90 米，相当于 1905 年建成的横跨德国西拉巴赫河流域的弗里登斯布鲁克大桥的长度。

　　现代桥梁使用钢铁来实现更长的跨度和新的设计，比如使用钢索来悬挂、支撑拱桥或梁桥，也可能由两端的高桥墩来支撑，比如美国旧金山著名的金门大桥。目前最长的悬索桥是日本明石海峡大桥，长 1990 米。■

温带落叶林

落叶山毛榉增添了美国宾夕法尼亚州威廉佩恩州立森林里壮观的秋色，拍摄于 2013 年。

 光合作用（约 34 亿年前），最早的陆生植物（约 4.7 亿年前），热带雨林/云雾林（1973 年），温带雨林（1976 年），苔原（1992 年），北方森林（1992 年），草原和浓密常绿阔叶灌丛（2004 年），稀树草原（2013 年）

2011 年

森林覆盖了地球大约 30% 的土地面积。虽然北方森林和热带、温带雨林占主导地位，但是温带落叶林也占了相当大的百分比。温带落叶林是由在冬天落叶的树木组成的阔叶林，主要分布在北美、欧洲、斯堪的纳维亚半岛南部和东亚，通常以橡树、榆树、山毛榉和枫树为主，此外还有灌木和森林地面植物。这些植物特别适合在林冠遮盖下形成的漫长而阴暗的环境中生长。顾名思义，这类森林是在温带气候条件下形成的：降雨适中，年降雨量为 75～150 厘米，拥有温暖的夏季和寒冷的冬天。

这些森林的标志性特征在于，春季林冠会季节性展开和生长，然后在秋季这些叶片再掉落。所以英文用"下落"一词来代指"秋季"，因为这是一个落叶的季节。随着冬季的临近，光合叶绿素色素分解，许多叶片从绿色变成黄色、红色和橙色的美丽色调，这也使这些森林成为极受欢迎的旅游胜地，尤其是在"秋色最浓"的时节。

温带落叶林维持着一个由相关植物、昆虫和动物组成的繁荣的生态系统。所谓的春季短命植物，在林冠展开和森林地面变阴暗之前开花。松鼠和鸟类如啄木鸟、鹰和红雀在高高的林冠上茁壮成长，而较大的哺乳动物如浣熊、狐狸、鹿和熊已经适应了季节的急剧变化，有些动物会像熊一样冬眠。大多数曾经主宰这种环境的大型掠食者，比如狼和美洲狮，已经被城市化驱赶了出去。

在全球范围内，上述 30% 的森林总覆盖率随着时间的推移逐渐减少，这主要是由于人们对森林栖息地的侵占或砍伐。随着人们认识到森林在生物圈的健康和可持续发展中所发挥的关键作用，以及森林不断面临的威胁，联合国宣布 2011 年为"国际森林年"，以提高人们对各种森林的持续管理、保护和可持续发展的认识。■

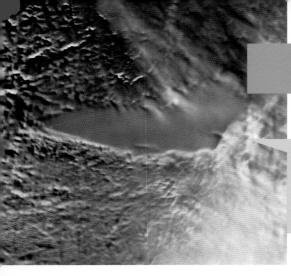

这是美国国家航空航天局通过雷达卫星拍摄的南极洲东方湖表面的图像（中间平滑的区域）。卫星雷达信号可以很容易地穿透超过 3650 米厚的冰层，从而揭示出下面埋藏的湖泊。

 南极洲（约 3500 万年前），里海和黑海（约 550 万年前），死海（约 300 万年前），维多利亚湖（约 40 万年前），末次冰期的结束（约公元前 1 万年），五大湖（约公元前 8000 年），国际地球物理年（1957—1958 年），极端微生物（1967 年）

2012 年

南极洲是一个几乎完全被冰覆盖的大陆。然而，在冰的下面有山脉、峡谷、河谷、盆地、沉积物和化石，反映了这个古老地壳地貌丰富的地质历史。南极洲自形成以来也发生过明显的移动。有证据表明，在联合古陆超级大陆时期，南极洲处于温带到热带的气候区。

因此，地质学家发现深层冰川冰之下保存的古老淡水湖泊的证据就不足为奇了。20 世纪 50 年代末到 60 年代初，参加国际地球物理年的苏联地质学家，通过向冰层中发送地震波并测量从下方大陆表面反射回来的反射波，发现了第一个这样的冰下湖泊，他们以苏联南极研究站东方站的名字命名为东方湖。此后，在南极冰层下还发现了 400 多个类似的冰下湖泊。

几乎在东方湖被发现的那一刻，一些科学家就开始呼吁开展钻探活动，用以采集湖水样本。据估计，该湖与世界其他地方隔绝了大约 1500 万～2500 万年，这为研究现存或已灭绝的生物提供了一个独特的机会，这些生物在大陆被冰川掩埋之前就已经繁盛。但是，由于这种环境的独特性，其他科学家和环保主义者呼吁保持湖泊的原始状态，只有在国际科学界同意并对钻探、取芯过程进行严格的污染控制后才能进行采样。

尽管存在很高的污染风险，科学家们也注意到了这些担忧，但研究仍在继续。20 世纪 90 年代，俄罗斯科学家启动了有史以来时间最长的冰上钻探作业，并于 2012 年 2 月成功钻入冰川下方约 3768 米处的东方湖。生物学家能够识别出与现存表面物种相似的微生物，但对外部污染的担忧使它们是否真的来自湖泊的问题变得模糊不清。未来重新打开钻孔并采用更清洁的方式采集湖水样本的努力，将揭示在寒冷、黑暗、高压、低营养的环境中是否存在生物。如果是这样，在更极端的地方，如木星的海洋卫星欧罗巴，生命存在的可能性将会有所提高。■

稀树草原

西非冈比亚的基昂西部国家公园内典型的稀树草原景观。拍摄于 2008 年。

最早的陆生植物（约 4.7 亿年前），动物驯化（约 3 万年前），农业的出现（约公元前 1 万年），热带雨林／云雾林（1973 年），温带雨林（1976 年），苔原（1992 年），北方森林（1992 年），草原和浓密常绿阔叶灌丛（2004 年），温带落叶林（2011 年）

稀树草原（savanna）是重要的地球生态系统，处于开阔的草原和人口稠密的灌木丛（如浓密常绿阔叶灌丛）之间。稀树草原被定义为草地和林地混合交错，但林地灌木丛或树木的间距不够紧密，或它们的树冠不够密集、无法阻止大部分阳光到达地面的区域。因此，充足的阳光使得草本和其他非木本植物可以和木本植物一起茁壮生长在这片广阔的土地上。

稀树草原地区遍布世界各地，分布在独特的生态和地理区域，包括热带、亚热带、温带、地中海和山地稀树草原。所有稀树草原环境共同的特点是每年的降雨变化相对较大，属于季风气候，偶尔会发生干旱，并且在旱季经常发生野火。事实上，许多人类学家和文化历史学家已经注意到，火似乎是世界各地许多土著民族用来促进稀树草原地域扩张的一种工具。在历史上，相比于茂密的森林，稀树草原提供了更好的狩猎、采集、种植以及放牧的场地。无论是自然的还是人为的，稀树草原的大火确实有助于抑制新树的生长，维持生态系统的整体结构。

坦桑尼亚的塞伦盖蒂平原是人们最熟悉的标志性的稀树大草原地区，从生物多样性的角度来看，这里有许多大型食草动物和食肉动物，比如斑马、长颈鹿、大象、狮子等。而实际上，稀树草原地区与其他地球生态系统一样，还有许多植物、哺乳动物、鸟类、两栖动物和昆虫物种，因此值得对其可持续性进行类似的主动监测和生态健康管理。此外，从史前时代起，人们就经常把稀树大草原用作放牧和饲养牛、绵羊、山羊等家畜的牧场，这常常使它们成为地方和区域经济的重要组成部分。■

2013 年

美国第二次世界大战时期的一家工厂浓烟滚滚的景象。拍摄于 1942 年。

地球诞生（约 45.4 亿年前），地球的海洋（约 40 亿年前），光合作用（约 34 亿年前），大氧化（约 25 亿年前），雪球地球（约 7.2 亿—6.35 亿年前），寒武纪生命大爆发（约 5.5 亿年前），工业革命（约 1830 年），森林砍伐（约 1855—1870 年），人类世（约 1870 年），温室效应（1896 年），核能（1954 年），风能（1978 年），太阳能（1982 年），水能（1994 年），化石燃料的终结？（约 2100 年）

2013 年

　　地球由岩石和高度活跃的挥发性化合物组成，后者从内部逃逸出来，形成了大气。这些挥发性物质就包括二氧化碳（CO_2）。二氧化碳最初是大气的主要成分，但在光合作用出现后不久，就开始被需要它的生物体大量消耗。如今，虽然二氧化碳在大气中只是一种相对较少的微量气体，但它仍然很重要。作为一种强温室气体，它能够吸收热量并助推大气变暖。事实上，如果我们的大气中没有像二氧化碳这样的温室气体，地球表面的温度会非常低，海洋会以固体形式存在。事实证明，轻微的温室效应是件好事。

　　了解大气中二氧化碳的含量非常重要，因为来自古代沉积岩、格陵兰岛和南极洲的冰芯研究、树木年轮研究和现代温度传感器的数据都表明，地球表面平均温度与大气中的二氧化碳的含量直接相关。随着二氧化碳的增加，地球表面的平均温度也会增加，反之亦然。在大约 2 万年前的末次冰期，地球大气中每百万个空气分子中大约有 180 个二氧化碳分子（180ppm）。在大约 1.2 万年前，随着气候变暖和冰川消融，这个数字开始非常缓慢地上升，直到 1830 年左右工业革命开始之前，二氧化碳平均含量约为 280ppm。

　　但也就从那时起，大气中的二氧化碳含量急剧上升，其增长速度超过了以往任何时候的数据或根据以往的数据推断出的水平。2013 年，地球大气中的二氧化碳含量突破了一个新的里程碑，超过了 400ppm，是至少 80 万年以来的最高值。与此同时，地球表面平均温度上升了 0.5 ～ 1.0℃。自工业革命以来，化石燃料的燃烧和森林砍伐是导致二氧化碳增加的最直接原因。人类活动使气候变暖的事实激发了人们对如风能、水能、太阳能和核能等替代能源的极大兴趣，同时也引起了人们对海平面上升、风暴强度增加和干旱发生频度加大的极大关注。■

长时间的太空旅行

斯科特·J.凯利（Scott J.Kelly, 1964— ）
马克·E.凯利（Mark E.Kelly, 1964— ）

美国国家航空航天局宇航员、双胞胎兄弟马克·凯利（左）和斯科特·凯利（右）在2016年参加了一项具有里程碑意义的医学研究，该研究的主题是长期航天飞行对人体的影响。

探索海洋（1943年），人造卫星（1957年），人类进入太空（1961年），月球地质（1972年），移民火星？（约2050年）

自20世纪60年代以来，太空机构的医生一直在追踪失重等环境变化对宇航员的影响。这些研究主要是为了维持机组人员的健康和安全，也在于了解人们长期暴露在空间环境中的可能性，因为在多年的火星之旅中会面临这种情况。这些研究的主要里程碑包括：1973—1974年，美国国家航空航天局的天空实验室四号太空站的三人机组进行了84天的飞行；1987—1988年，和平号空间站的两名苏联人进行了为期一年的飞行；1994—1995年，俄罗斯宇航员瓦列里·波利亚科夫（Valery Polyakov）进行的437天飞行任务，至今仍是人类在太空停留时间最长的记录。医生们观察到，这些长时间太空旅行者的骨骼和肌肉出现了不同程度的退化，体液分布发生了变化，视觉和味觉受到了破坏，以及其他一些生理上的影响。

然而，这些研究中最可靠的要算美国国家航空航天局对双胞胎宇航员斯科特·凯利和马克·凯利进行的"双胞胎研究"。斯科特经验丰富，曾五次乘坐航天飞机和联盟号火箭前往国际空间站完成太空任务，马克也在航天飞机和国际空间站上执行过四次太空任务。虽然他们从未一起翱翔太空，但在斯科特于2015—2016年开始了为期11个月的国际空间站任务时，他们确实以"遥不可及"的方式紧密合作过。当斯科特在太空中保持特定的饮食、锻炼活动等生活状态时，留在地球上的马克试图保持类似的生活状态，人们设计出一组"对照实验"来对比测量他的双胞胎兄弟在太空中的变化。

斯科特在2016年回到地球后，两人都接受了详尽的医学检查。因为在太空不受重力影响，脊柱没有受到挤压，所以和大多数在太空旅行的人一样，斯科特回来时暂时比马克高了几厘米，除了与之前长时间工作的宇航员所经历的一些相同症状外，斯科特还表现出一种以前从未被研究过的、令人惊讶的变化：与孪生兄弟相比，他大约7%的DNA发生了永久性的变化。虽然造成这些变化的原因还不清楚，但它们肯定会引起医生和未来计划在外太空度过更多时间的太空旅行者的兴趣。■

2016年

上图：在 2017 年 8 月 21 日的日全食中，从美国俄勒冈州马德拉斯看到的日冕，它是太阳的外层大气。

下图：日全食时月球影子经过美国的路径示意，阴影部分称为"全食带"。

 地球是圆的（约公元前 500 年），最后一次日全食（约 6 亿年后）

2017 年

当一个天体经过另一个天体时，从特定的位置观看，后面的天体会被前面的天体遮挡住，人们所熟悉的日食和月食就是这样。这种天文现象发生的频率很高，而且引人注目、令人难忘，有时甚至被认为是一种预兆。

月食发生在满月时，此时太阳、地球和月球按这个顺序排成一条直线，对太阳来说，月球正好从地球后面经过，因此穿过了地球的影子。月球的轨道与地球绕太阳的轨道不在一个平面上，所以月球只是偶尔精确地穿过地球的影子。在大多数月份满月时，月球从地球的阴影上方或下方经过，这就非常遗憾，不会发生月食。

日食发生在新月时，此时太阳、月球和地球按这个顺序排成一条直线，月球恰好在地球和太阳之间运行。同样，当三者的位置合适时，月球的影子就会落在地球上，这样发生的概率很小。月球在天空中的视角大小几乎与太阳的视角大小相同，这是一个令人难以置信的宇宙巧合，造成这种现象是因为太阳的直径大约是月球的四百倍，而太阳和地球的距离也大约是月球的四百倍。其结果是，在天空中，月球的盘面能完全覆盖太阳的盘面而导致出现日全食的概率同样很小。

对于地球上的同一地点来说，两次日全食之间平均要经过 350～400 年，非常少见。包括许多天文学家在内的一些人是"日食和月食追逐者"，在这些罕见的天体事件发生时，他们会跑到月球阴影的预测路径上观看或获取科学数据。例如，氦元素就是在 1868 年的一次日全食中被发现的。因为天文学家们对太阳延伸的大气层（日冕）的观测得到了改善，当太阳的主要部分被月球遮挡时，日冕更容易被看到。

2017 年 8 月 21 日的日全食期间，月球的影子出现在美国，从俄勒冈州到南卡罗来纳州。地面和特殊机载天文台的天文学家利用这一机会，用更新、更灵敏的仪器研究了太阳的日冕和磁场。此外，"美国大日食"真正的遗产可能是，数百万人在那短暂的几分钟日全食过程中，看到了令人惊叹的日冕景象，受到了教育和深刻的启发。■

侥幸脱险于阿波菲斯

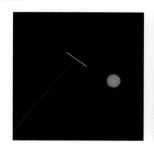

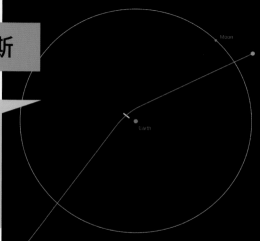

左图：放大图显示了阿波菲斯预计会离我们的星球有多近，白色条代表了轨道的不确定性。

右图：近地小行星阿波菲斯 99942 在 2029 年 4 月 13 日接近地球时，根据地球和月球的位置以及小行星预测路径按比例绘制的轨迹图。

恐龙灭绝撞击（约 6500 万年前），亚利桑那撞击（约 5 万年前），美国地质调查局（1879 年），寻找陨石（1906 年），通古斯爆炸（1908 年），地球同步卫星（1945 年），了解陨石坑（1960 年），都灵危险指数（1999 年）

自 20 世纪 90 年代以来，专门的望远镜观测已经确认了成千上万颗新的小行星在太阳系周围快速移动。大多数小行星位于火星和木星之间的主小行星带，但也有很多小行星处在其他位置，包括三种不同类型的近地小行星，分别是阿特斯（Atens），比地球更接近太阳；阿莫斯（Amors），比地球更远离太阳；阿波罗（Apollos），轨道与地球轨道相交。这三种类型的近地小行星对地球都有潜在的撞击危险。

在近地小行星中，最受关注的成员之一是一颗名为阿波菲斯 99942 的小行星。2004 年，它首次被发现，其轨道参数是通过后续的望远镜观测计算出来的，包括使用位于波多黎各的阿雷西博行星雷达设备进行的超精确测量。然后，像其他数百颗近地小行星一样，它的参数被输入了一个由天文学家开发的自动计算机程序，用以预测这些小行星未来的轨迹和撞击地球的可能性。阿波菲斯很快引发了警报。计算结果显示，这颗小行星在 2029 年 4 月 13 日撞击地球的概率约为 1/37。阿波菲斯是迄今为止记录的撞击风险最大的小行星，其都灵危险指数为 4（最高为 10）。

天文学家很快组织了更多的观测活动，以完善对阿波菲斯轨道的预测。新的数据显示，这颗小行星将会非常接近地球，距离只有地球直径的 2～3 倍，在地球同步卫星的轨道范围内，但它不会真正影响地球。阿波菲斯将于 2036 年再次接近地球，届时，它撞击地球的概率将降至不到十亿分之一，所以它的都灵值将归零。

尽管如此，人们还是要谨慎行事，虽然直径 300 米的岩石小行星的撞击不会对全球造成毁灭性的影响，但仍可能造成不良后果，比如由撞击引发的巨大海啸。阿波菲斯是以埃及毁灭之神的名字命名的，但愿这颗危险的小行星不会像它的名字一样带来灾难。■

移民火星？

艺术家构想的一种可展开的带有气闸的栖息地和加压漫游车，可能成为21世纪30年代、40年代或50年代人类首次访问火星任务的一部分。

 地球科幻小说（1864年），人类进入太空（1961年），地球自拍照（1966年），脱离地球引力（1968年），月球地质（1972年），长时间的太空旅行（2016年）

约2050年

人类对地球上的环境和约束进行了独一无二的适应，然而我们中的一部分人渴望离开，去探索、去提升我们这个物种的能力。也许这是进化驱使我们去不断适应的另一种表现。不管动机如何，人类已经开始到太空旅行，从生物圈之外的独特视角来观察我们的星球，还有非常幸运的少数人脱离了地球引力，甚至在月球上行走和工作。

对于许多太空探索迷和从业者而言，火星是人类探索太空的下一个宏大目标。在过去50多年的时间里，数十个机械飞船、轨道飞行器、着陆器和漫游车表明，除了地球本身，火星是太阳系中最像地球的行星。它有一个又薄又冷的二氧化碳大气层，一天的长度大约相当于一个地球日，极地冰盖由二氧化碳冰和水冰组成，它们随着季节的变化而变化，还有着引人入胜的地质历史，可以与我们的地球相媲美。也许最引人注目的是，火星曾经更像地球，有更厚的大气层和更温暖的气候，液态水从地表流入湖泊和海洋，还有一个磁场保护地表免受太阳辐射。火星在其历史早期是一个适宜居住的星球。而到底发生了什么事情？它曾经或者现在还有生命居住吗？通过探索火星，我们能了解自己星球上生命的起源吗？

只有当人站在那里，才能真正找到答案。要探索火星，除了地质学家、天体生物学家、化学家和气象学家的努力之外，还需要工程师、程序员、宇航员、医生和其他人员前来支持远航。起初，可能在21世纪30年代，只能有一小群宇航员进行3年以上的短期往返旅行；但是随后，也许最早在21世纪50年代，人类会在那里建立最早的基地。他们可能是来自美国国家航空航天局或其他太空机构的宇航员，也可能是想参与这次太空探险的私人"新太空"公司的雇员，也可能是以上几者的联合体。我们探索、学习和向外扩展物种的进化动力将把人类带到火星乃至更远的地方。■

化石燃料的终结？

总有一天，也许在 50—100 年或更短的时间内，人类文明将用完易开采的化石燃料资源，如煤（如图所示）、石油和天然气。然后又该怎么办？

最早的陆生植物（约 4.7 亿年前），人口增长（1798 年），工业革命（约 1830 年），人类世（约 1870 年），温室效应（1896 年），核能（1954 年），风能（1978 年），太阳能（1982 年），水能（1994 年）

约 2100 年

世界上用于食品生产、加热（冷却）、运输、制造等的能源需求八成以上来自煤炭、石油和天然气的燃烧。它们是经过数百万到数亿年、由古代植物和其他有机体的埋藏、腐烂和化学转化而形成的。这些化石燃料可以通过地质测绘和遥感方法进行识别，再通过钻探或挖掘隧道从浅层地下的沉积层中提取，并通过庞大的全球制造网络提炼成各种以石油为基础的产品。但是，单就其本质而言，化石燃料是一种有限的资源，最终将会变得过于昂贵而难以获取，或者直接被消耗殆尽。

经济学家和能源专家曾预测世界石油生产何时会达到"峰值"。而在此之后，化石燃料的供应将会缓慢下降，并逐步淘汰。关于石油将在 21 世纪初达到峰值的预测已被证明为时尚早。因为新的勘探和资源开采技术，如从页岩中提取石油和天然气的水力压裂技术，能够抵消早期发现的石油资源的减少。虽然技术肯定会继续改进，但现在的共识似乎是，到 21 世纪中叶，或者可以肯定，到 22 世纪初，在经济上可行的化石燃料开采将会终结。

许多更具可持续性的能源解决方案的倡导者认为，化石燃料的终结将会来得更快。就像当前技术促使化石燃料保持经济上的可行性一样，它也提升了对环境更友好的可再生能源的经济和社会吸引力，例如太阳能、风能、水能和核能。特别是在过去几十年中，太阳能和风能发电取得了巨大的进步，清洁的可再生能源有望在未来几十年中得到极大的发展。有人预测，到 21 世纪中叶，仅太阳能就可以满足全球 50% 以上的能源需求。也许世界对化石燃料依赖的终结不是因为化石燃料资源枯竭，而是因为与替代能源相比，人类使用化石燃料在成本和环境影响方面付出的代价要昂贵得多。■

地球在末次冰盛期的艺术描绘图，其所处的冰室期开始于大约 200 万年前。也许 5 万年后，地球会再次变成这样？

 雪球地球（约 7.2 亿—6.35 亿年前），末次冰期的结束（约公元前 1 万年），小冰期（约 1500 年），发现冰期（1837 年），温室效应（1896 年），不断增多的二氧化碳（2013 年）

约5万年后

地质和化石记录的证据表明，我们的星球至少经历了五个大范围的极寒气候时期，即冰室期。而且，在每一个冰室期，我们的气候都经历了数十甚至数百次短期冰川面积最大（冰期）和最小（间冰期）时期。例如，在过去的大约 1.2 万年的时间里，我们一直处于一个称为全新世的间冰期，这只是当前正在进行的第四纪冰室期中发生的众多间冰期之一，而第四纪冰室期开始于大约 260 万年前。那么，我们所在的这个冰室期的下一个冰期将在什么时候开始？这个冰室期何时结束、下一个冰室期又何时开始呢？

气候模型的建模者已经指出，地球轨道参数如自转轴的倾角或轨道的偏心率微小而长期的变化会影响到达地球的太阳能量，这对冰期和间冰期的出现关系密切。事实上，这样的轨道效应可以预测未来气候如何变化，至少可以预测接下来几百万年的气候变化。其预测结果是，在接下来的 10 万年里，这些轨道变化将会非常小，所以其他的影响，比如大气中二氧化碳的含量，将会成为控制全球温度和气候的主要因素。因此，随着人为导致的二氧化碳水平持续上升，并最终超过了过去 100 万年以来的水平，气候可能会继续变暖，目前的间冰期还会继续下去。根据一些估计，结合轨道参数和未来大气二氧化碳水平可能降低的假设，可能在 5 万年或更长的时间内下一个冰期也不会出现。

如果事实真是如此，那么我们所处的时代可能不仅仅是间冰期，而是第四纪冰室期终结的过渡时期，最终格陵兰岛和南极上的冰盖将完全消失。那要花多长时间呢？下一个真正的冰室期又要经过多久才会开始呢？以上都是许多争论和科学研究的主题。■

黄石超级火山

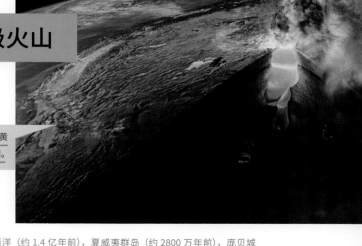

岩浆上升穿透地壳并在北美中部"黄石超级火山"爆发的艺术概念剖面图。

板块构造（约 40 亿—30 亿年前？），大西洋（约 1.4 亿年前），夏威夷群岛（约 2800 万年前），庞贝城（79 年），于埃纳普蒂纳火山喷发（1600 年），坦博拉火山喷发（1815 年），喀拉喀托火山喷发（1883 年），探索卡特迈（1915 年），圣海伦斯火山喷发（1980 年），火山爆发指数（1982 年）

近现代历史上最强烈的火山爆发是 1815 年印度尼西亚坦博拉火山爆发。尽管坦博拉火山曾导致超过 10 万人死亡，并在之后的数年明显改变了地球的气候，但它的火山爆发指数（VEI）仅为 7（最高指数为 8）。要被评为 8 级，这座火山必须是一个被地质学家称为"超级火山"的怪物。

超级火山爆发是指将超过大约 1000 立方千米的火山灰、尘埃和气体喷发到地球表面并进入大气层的火山爆发，这些物质可以填满四分之一个美国科罗拉多大峡谷。来自超级火山的烟柱将大量的尘埃和其他阻挡阳光的气溶胶推向平流层，从而对地球气候产生深远而持久的影响。它们非常强烈，也罕见，每 10 万年才会有一到两次这样的喷发。人类有历史记载以来，还没有超级火山爆发过。地质记录的证据表明，最后几次爆发是在约 2.5 万年前和 7.4 万年前，分别位于新西兰的陶波和印度尼西亚的多巴。

根据火山的活跃程度，火山可以分为活火山、休眠火山和死火山。美国黄石国家公园地下就是一座超级巨大的休眠火山。尽管黄石远离活跃的构造板块边缘，但因为该地区位于地幔热点之上，数百万年来，它一直是重要的地热活动和史前火山活动的场所。然而，与夏威夷群岛下太平洋板块中部的热点不同，黄石热点位于深层大陆地壳之下，它的热量必须渗透到更多的岩石中，才能通过火山爆发释放出来。

黄石超级火山最后一次爆发是在大约 63 万年前，厚厚的火山灰覆盖了北美大部分地区，可能使全球气候降温多年。幸运的是，没有证据表明在不久的将来会有火山爆发。尽管如此，考虑到这种爆发的后果如此严重，该地区还是受到了严密的监测，以观察地震或其他表明未来潜在活动的证据。■

约 10 万年后

洛伊火山

2013 年，海底火山喷发在日本西之岛海岸形成了一个全新岛屿。从地质学上讲，在不太遥远的将来，夏威夷的新洛伊岛就会变成这样。

地幔和岩浆海（约 45 亿—40 亿年前），板块构造（约 40 亿—30 亿年前?），德干地盾（约 6600 万年前），夏威夷群岛（约 2800 万年前），加拉帕戈斯群岛（约 500 万年前），海底测绘（1957 年），深海热液喷口（1977 年），圣海伦斯火山喷发（1980 年）

约 10 万—20 万年后

太平洋中部的岛链和海山，从西北向东南延伸，终点是夏威夷大岛，这是太平洋板块在相对于大洋地壳下较稳定的地幔热点发生移动的主要证据。这些热点被认为是巨大的地幔柱和熔岩的表现，它们在地幔内部流动，帮助地幔深处释放热量。地质学家认为，在世界各地的海洋和大陆地壳下，有 50～60 个大小和强度不同的地幔热点。其他著名的地区包括美国黄石热点地区、在印度形成德干地盾的热点地区以及南美洲附近的加拉帕戈斯群岛。

岛链中最古老海山的年龄反映夏威夷热点已经活跃了至少 2800 万年，最近喷发的冒纳罗亚火山和基拉韦厄火山也彰显出它的活力。与此同时，太平洋板块继续以每年 5～10 厘米的平均速度向西北方向移动。因此，从地质学上来说，人们预计不久后，夏威夷岛的东南方将出现一个新岛屿。

事实上，海底测绘显示，在离夏威夷东南海岸约 35 千米的地方，有一座高耸、形状修长的海山，被称为"洛伊"，洛伊在夏威夷语中的含义是"长"。它现在是一座引人注目的海底山，高出海床 3000 米，比许多层状火山如圣海伦斯火山还要高。海底火山的两侧有许多深海热液喷口，以及多样性惊人的微生物和其他海洋生物。

洛伊火山是重大地震活动的焦点，自 20 世纪 50 年代末首次有现代记录以来，其海底火山爆发一直很活跃。从这座不断增长的山脉底部采集的熔岩样本显示，它大约在 40 万年前开始在海底形成。根据未来火山喷发的速度和强度，洛伊岛很可能在 10 万～20 万年后跃出水面成为一个新的夏威夷岛。■

下一次大的小行星撞击？

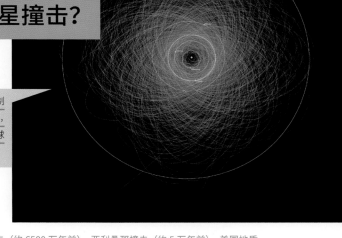

在这幅俯瞰太阳系北极的图中，绘制了已知的近地小行星（蓝色）的轨道，以及相对较圆的水星、金星、地球（白色）和火星的轨道。

月球诞生（约45亿年前），恐龙灭绝撞击（约6500万年前），亚利桑那撞击（约5万年前），美国地质调查局（1879年），寻找陨石（1906年），通古斯爆炸（1908年），地球同步卫星（1945年），了解陨石坑（1960年），都灵危险指数（1999年），侥幸脱险于阿波菲斯（2029年）

约50万年后

现在，人们已经知道撞击坑是地质变化的重要力量，不仅在月球和其他坑坑洼洼的行星、卫星和小行星的历史上如此，在地球上也是如此，而地质学家们花了几个世纪的时间才弄清楚。早期地球与火星大小的原行星的巨大撞击很可能形成了月球。在6500万年前的白垩纪末期，撞击肯定在非鸟类恐龙等物种的灭绝中发挥了重要作用，并且撞击也会在地球历史上的其他大规模灭绝事件中扮演重要角色。保存完好的年轻陨石坑，比如美国亚利桑那州的陨石坑，以及1908年通古斯和2013年车里雅宾斯克发生的小型撞击事件，都提醒着我们，时刻都会有潜在威胁的撞击发生。

那么，如果下一次撞击地球的陨石大到足以造成气候和生物方面的大灾难，我们能做些什么来阻止它发生吗？天文学家、行星科学家、工程师和行星防御专家正在努力研究这个问题。重要的第一步是完成对偶尔经过地球附近的潜在危险小行星的普查，不仅包括它们的大小、成分，还包括内部强度，判断它们是大石头还是一堆砂石混合体，以便评估其潜在威胁。到2011年，调查发现90%的小行星大到足以造成全球性灾难。在接下来的十年里，持续的观测将试图扩大这项调查的范围，使其覆盖那些仍可能造成局部或区域性灾难的较小的小行星。

据统计，一颗潜在的和"恐龙杀手"大小差不多的小行星直径约为10千米，预计每1亿年撞击地球一次，所以我们可能在3500万年或更长的时间内都不会遭遇这种命运。而直径1千米的小行星每隔50万年左右撞击地球一次，释放的能量是第二次世界大战时一颗原子弹的3000多倍，必将导致大规模的局部破坏和气候扰动。我们要在50万年后才能等到下一次大撞击。或许它会来得更早，我们准备好了吗？■

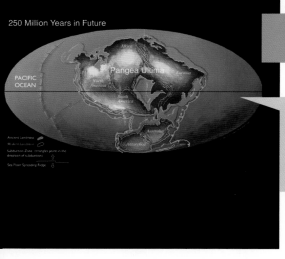

250 Million Years in Future

Pangea Ultima

PACIFIC OCEAN

Africa

North America

Eurasia

Australia

Antarctica

Ancient Landmass
Modern Landmass
Subduction Zone (triangles point in the direction of subduction)
Sea Floor Spreading Ridge

如果板块继续按照现在的方向移动，预计在大约 2.5 亿年内，大陆将再次聚集在一起，形成一些人所称的"比邻联合古陆"（"下一个联合古陆"）或"终极联合古陆"（"最后的联合古陆"）。

大陆地壳（约 40 亿年前），板块构造（约 40 亿—30 亿年前?），联合古陆（约 3 亿年前），大西洋（约 1.4 亿年前），阿尔卑斯山脉（约 6500 万年前），大陆漂移学说（1912 年），海底测绘（1957 年），海底扩张（1973 年）

约 2.5 亿年后

大约 2 亿年前开始的联合古陆裂解导致了如今地球上大陆的地理分布。但是，地球上几十个大的构造板块仍在相对运动，因此，今天的世界地图只是这颗动态变化的星球上的一个瞬间。

未来的地球会是什么样子？地质学家可以利用目前测量到的地球构造板块的相对速度，将其输入计算机模型，并预测未来板块的位置。例如，现在的非洲板块和欧亚板块在缓慢的碰撞中相互靠近，使阿尔卑斯山抬升，而地中海盆地不断缩小。最终，地中海将完全消失，一个新的类似于喜马拉雅山脉的山脉将开始在曾经的文明发源地形成。

一些未来模型的预测显示：在大约 2.5 亿年后，非洲将和欧亚大陆相撞；太平洋海底更加活跃的扩张和发生在美洲东海岸下的大西洋海底的最终俯冲；南极洲、澳大利亚和东南亚的重新合并最终将把所有的主要大陆重新聚集在一起，形成一个被称为"比邻联合古陆"（意为"下一个联合古陆"）的超级大陆。然而，这种预测是具有推测性的。对于大陆而言，其他潜在的未来路径也是可能的，因为板块的运动会基于地幔中巨大的对流热单元的强度和分布的不可预测的变化而变化。

无论如何，在地球表面已经存在并且将继续存在超级大陆循环。一个超级大陆的裂解将导致另一个超级大陆的最终形成，然后这个超级大陆再裂解，再形成另一个。一生二，二生三，三生万物，如此往复。人们根据保存下来的地磁方位数据，以及与现在完全不同的古代化石和变质岩之间的相似性，推测在大陆地壳最初形成后的大约 40 多亿年间，形成了 12 个比联合古陆更古老的超级大陆。看一部数十亿年的地球地质图的延时电影，就像看一个拼图游戏不断组装和拆卸一样！ ■

最后一次日全食

在遥远的未来，由于月球离地球太远，太阳的圆面将无法完全被遮挡，所有的日食都将会是 2012 年 5 月 20 日发生的"日环食"。

 地球是圆的（约公元前 500 年），行星运动定律（1619 年），潮汐（1686 年），万有引力（1687 年），月球地质（1972 年），全球定位系统（1973 年），北美日食（2017 年）

阿波罗宇航员在月球表面进行的最简单的实验之一就是部署一面镜子。镜面朝向地球，以便天文学家可以向月球发射高功率的激光，并精确测量激光反射回地球所需的时间。只要知道行进时间和光速，地球到月球的距离可以精确测量到 1 毫米。随着时间的推移，这些测量显示旋转着的月球正以每年约 3.8 厘米的速度慢慢地离开地球。

月球为什么远离地球？答案就是角动量守恒。月球的引力使地球海洋产生潮汐"隆起"，对地壳产生拖曳力，从而逐渐减慢地球的自转速度。地球损失的角动量被转移到月球上。根据开普勒行星运动定律，随着月球的加速，它会飘向更远的地方。而月球现在正在远离地球，这一事实意味着它在很久以前形成的时候离地球要近得多。事实上，在我们的夜空中，曾经的月球可能看起来比现在大 15 倍！

从地球上看，月球边绕着地球转边远离地球，意味着它在天空中非常缓慢地变小。如今，月球在天空中的视角取决于它在其略椭圆形轨道上的位置，其大小从略小于太阳的视角到可能发生日全食时的略大于太阳视角。但是，再往后，月球在天空中变得越来越小，最终它将无法完全覆盖太阳的圆面。大约 6 亿年后的某一天，我们遥远的后代，无论他们是谁或是什么人，将聚集在一起，观看地球上最后一次日全食。从那时起，所有类似的事件都将是日环食，仅在月球黑暗的影子周围出现一个日光环。■

约 6 亿年后

艺术家构想的"热木星",是最初在太阳系附近发现的最常见的系外行星之一。10 亿年后,随着太阳继续成长,温度不断升高,地球的海洋将会蒸发殆尽,我们的星球将会变成一个"热地球"。

 地球诞生(约 45.4 亿年前),地球的海洋(约 40 亿年前),放射性(1896 年),地球末日(约 50 亿年后)

约 10 亿年后

像太阳这样的所谓"主序"恒星,其生命周期是可以预知的。20 世纪初的天文学家通过观察处于不同发展阶段的无数相似恒星,得到了像太阳这样的恒星的基本演化轨迹。到 20 世纪中叶,关于恒星内部和使它们发光的核聚变过程的理论也已经形成。由于有了陨石研究和放射性测年方法,我们知道了太阳的确切年龄为 45.67 亿年,因此可以预测其恒星生命的下一个里程碑。

在太阳核心的巨大温度和压力下,氢会转化为氦。随着时间的推移,太阳的氢供应量会慢慢减少。为保持向内的引力与向外的辐射压力之间的平衡,太阳的核心将逐渐变热,从而维持其主序星的位置。这加快了核心的核聚变速度,抵消了氢供应减少的影响,太阳的亮度也在不断增强。天文学家估计,由于氢的供应减少,太阳的能量输出正以每十亿年约 10% 的速度增长。

太阳能量输出的如此巨大变化将对地球气候产生相应的影响。几千万到几亿年后,气温将上升到足以使海洋永久蒸发,使地球变成一个弥漫着蒸汽的世界。科学家们进一步预测,在约 10 亿年内,大气中的水在阳光照射下的缓慢分解,以及随后释放出来的氢的逃逸,将把地球塑造成一个极其干燥、不适合居住的沙漠世界。这样一片"光明"的未来对人类来说太不幸了。

一些长期气候模型的建模者认为,在海洋完全干涸之前,地球将变得不适合生物居住。而随着气候变暖,更多的二氧化碳会被困在碳酸盐岩中,留给植物进行光合作用的量就少了。也许在 5 亿年内,食物链的大部分基础会崩溃,使整个生物圈变得不可持续。这不是一个令人乐观的长期预测,但到那时我们已不知变成什么样的物种,也许将会找到一个或多个新的美丽的蓝色水域世界作为栖身之所。■

地核固结

这是艺术家绘制的一幅太阳风暴袭击火星并将离子从火星高层大气中剥离的图片。数十亿年后，当地球磁场停止运转时，同样的命运是否会等待着地球呢？

地核形成（约 45.4 亿年前），地幔和岩浆海（约 45 亿—40 亿年前），太阳耀斑和空间气象（1859 年），放射性（1896 年），地球内核（1936 年），地球辐射带（1958 年），磁极倒转（1963 年），极端微生物（1967 年），地球科学卫星（1972 年），磁层振荡（1984 年）

地球内部是热的，这是地球最初形成时的热量以及放射性元素随时间推移衰变释放的热量所致。尽管内核仍然是固体，但事实上，地球深部的温度为 4000 ～ 6000℃，足以让地球铁镍合金的外核熔化。地球熔化、旋转、导电的外层铁核产生了强大的磁场，延伸到地球周围的太空深处，帮助保护地球表面和大气层免受太阳和宇宙辐射的伤害。如果没有熔化的外核和它所产生的保护磁场，地球上的生命可能永远不会出现。即使出现了，它也很难或不可能在受辐射照射的地球表面存活下来。

然而，地球内部正在缓慢冷却，部分原因是放射性元素的丰度随着时间的推移而减少，部分原因是热量通过地幔对流、火山喷发和热辐射从地核转移到地幔再到地壳，然后再传递到太空。随着内部冷却，液态的外核慢慢冻结固化，从而使固体内核的直径每年增加大约 1 毫米。不可避免的是，随着时间的推移，地球继续冷却，其液态外核将完全凝固。根据大多数地球物理学家的估计，这将发生在大约 20 亿～ 30 亿年后。

一旦地核凝固，地球深处产生的磁场将会消失，地球的磁场和磁层就会较快地消散。热流的减少将减缓地幔对流，并可能使地球表面的板块构造运动停止。没有了磁场的保护，来自太阳的高能辐射流—— 太阳风将开始直接冲击和侵蚀地球的高层大气，分解二氧化碳、氧气、水和其他分子，驱动氢等轻元素和其他挥发物进入太空。失去磁场是早期火星失去大气层的主要原因，而且它的大气层还曾更厚更温暖。在遥远的未来，我们的世界也可能面临类似的命运。■

约 20 亿—30 亿年后

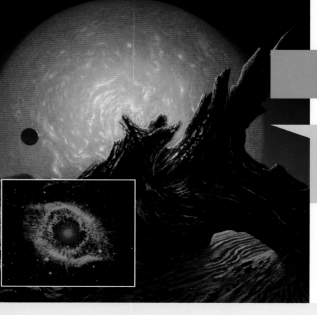

主图：太空艺术家唐·迪克森（Don Dixon）想象的 50 亿年后膨胀的红巨星太阳将吞噬地球和月球的场景。

插图：斯皮策太空望远镜拍摄的螺旋星云红外图像。这颗曾经与太阳相似的恒星垂死挣扎时形成了碎片化的外壳。

 地球诞生（约 45.4 亿年前），地球的海洋（约 40 亿年前），放射性（1896 年），地球海洋蒸发（约 10 亿年后）

约 50 亿年后

太阳的命运已经注定，当我们意识到这颗灿烂的恒星将不会永远闪耀时，我们感到震撼，甚至还有点悲伤。银河系有数十亿所谓的"主序"恒星，它们与太阳具有相同的基本属性。我们可以通过全面研究周围的所有恒星来预测它们生命周期的不同阶段。一颗恒星的命运取决于它最初的质量。以一颗与太阳质量相当的恒星为例，它的命运首先是短暂、激烈、充满活力的青年时期，接着是相对漫长、稳定、长达 100 亿年的中年时期，最终走向相对温和、平静的死亡。

对原始陨石的放射性年代测定，以及对美国国家航空航天局起源号宇宙飞船等发射任务收集到的太阳风粒子的分析，都告诉我们太阳约有 45.67 亿年的历史，或者说，作为一颗典型的低质量恒星，它已经走过了生命周期的一半。随着它步入中年，其氢核聚变燃料的消耗越来越多，太阳正在慢慢变热。约 10 亿年后，它的温度将足以蒸发掉地球上的海洋。约 50 亿年后，太阳所有的氢将被耗尽，核心将进一步收缩和加热，太阳的外层大气层将不断扩大，直到成为一颗红巨星。

红巨星太阳最终将膨胀到目前大小的 250 倍，吞噬并摧毁内行星，其中很可能包括地球。当太阳的氦和其他重元素也被耗尽时，巨大的脉动性死亡爆炸将把包括已经气化的地球上之前的所有原子在内的太阳外层抛向太空深处，形成行星状星云，然后再循环形成新的恒星。太阳核心剩余的物质将成为一颗白矮星，随后，它将慢慢冷却，并最终消失在冰冷的黑幕中。既然地球将消失，那生命还能存活吗？如果我们能在当前的挑战中生存下来，从一个多行星的物种跨越为一个多太阳系的物种，那么，无论我们遥远的后代变成什么物种，他们都将会在其他更年轻的类太阳恒星周围找到新的宜居星球作为家园。■

注释与延伸阅读

为这本书收集资料期间，我查阅了许多不同的资源，包括各种一般的历史和百科全书来源，用来以核实事件真伪和公众认知程度，以及各种各样的网站，用来获得更多详细信息和后续工作。

在下面的列表中，我尽量给每个主题至少列出一种主要的参考资源——一本书、报纸或杂志文章，或者一个网站——在那里你可以找到关于这个主题的更深入的背景或知识。我使用 http://tinyurl.com/ 的微缩域名来保持网站链接的简洁，希望这些链接永久有效。

正如我在引言中所说的，仅在整个地球科学历史中选择 250 个里程碑是一项艰巨的任务，而我的选择自然反映了我自己的喜好、知识和经验。每位写同样题材的作者肯定会选择一组不同的里程碑，但我愿意相信英雄所见略同。尽管如此，我还是很乐意考虑其他主题的建议，以便在本书的未来版本中不断完善，当然也欢迎任何关于内容的意见或建议。请随时通过邮件与我联络，电子邮箱是 Jim.Bell@asu.edu。

约 45.4 亿年前，地球诞生
Dalrymple, G. B., *The Age of the Earth*. Stanford, CA: Stanford Univ. Press, 1994.

约 45.4 亿年前，地核形成
See a recent article on new core formation research from the French Institut Nationale des Sciences de l'Univers at tinyurl.com/y6vkbwns.

约 45 亿年前，月球诞生
Canup, R. M., and K. Righter, eds., *The Origin of the Earth and Moon*. Tucson: Univ. of Arizona Press, 2000.

约 45 亿—40 亿年前，地幔和岩浆海
See "Giant Magma Ocean Once Swirled Inside Early Earth," LiveScience's C.Q. Choi at tinyurl.com/y7ffze6c.

约 45 亿—40 亿年前，冥古宙
K. Chang, "A New Picture of the Early Earth," *New York Times*, Dec. 1, 2008, tinyurl.com/6k6s38.

约 41 亿年前，晚期大撞击
The giant planets likely played a significant role in the late heavy bombardment: tinyurl.com/csg6zh4.

约 40 亿年前，大陆地壳
Wikipedia's page on "Bowen's Reaction Series" at tinyurl.com/y9fl79dd is a fine place to start exploring the ways felsic continental rocks form from mafic volcanic rocks.

约 40 亿年前，地球的海洋
Did the formation of the global ocean really lead to a reducing atmosphere for the early Earth? See tinyurl.

com/ybnf622s to dive into the debate.

约 40 亿—25 亿年前，太古宙

C. J. Allégre and S. H. Schneider, "Evolution of Earth," *Scientific American*, July 2005, tinyurl.com/ y9tkkssh.

约 40 亿—30 亿年前？，板块构造

While incomplete, the Wikipedia page on "Plate Tectonics" at tinyurl.com/hmby9d4 is a great jumping-off point to begin to learn more about this major Earth process.

约 38 亿年前？，地球上的生命

A. Ricardo and J. W. Szostak, "The Origin of Life on Earth," *Scientific American*, Sep. 2009.

约 37 亿年前，叠层石

See The *Guardian's* article "Oldest fossils on Earth discovered in 3.7bn-year-old Greenland rocks" at tinyurl.com/zpt393k.

约 35 亿年前，绿岩带

C. Zimmer, "The Oldest Rocks on Earth," *Scientific American*, March 2014.

约 34 亿年前，光合作用

Check out some of the latest advances in "artificial photosynthesis" in "Bionic Leaf Makes Fuel from Sunlight, Water and Air," by D. Biello, *Scientific American*, June 2016, tinyurl.com/yb3ezbcz.

约 30 亿—18 亿年前，条带状铁建造

View a wonderful 3-minute video on BIFs from a segment of the PBS show *NOVA* at tinyurl.com/ yalbg4oy.

约 25 亿年前，大氧化

D. E. Canfield, *Oxygen: A Four Billion Year History*. Princeton, NJ: Princeton Univ. Press, 2014.

约 20 亿年前，真核生物

C. Zimmer, "Scientists Unveil New 'Tree of Life'," *New York Times*, April 11, 2016, tinyurl.com/y9kmcczq.

约 12 亿年前，性的起源

L. Margulis and D. Sagan, *Origins of Sex: Three Billion Years of Genetic Recombination*. New Haven: Yale Univ. Press, 1990.

约 10 亿年前，复杂的多细胞生物

A. Knoll, *Life on a Young Planet*. Princeton, NJ: Princeton Univ. Press, 2003.

约 7.2 亿—6.35 亿年前，雪球地球

P.H. Hoffman and D.P. Schrag, "Snowball Earth," *Scientific American*, Jan. 2000.

约 5.5 亿年前，寒武纪生命大爆发

D. Quammen, "When Life Got Complicated," *National Geographic*, March 2018.

约 5 亿年前，比利牛斯山的根基

Wikipedia's page on the Pyrénées at tinyurl.com/ ofm6zqn provides lots of facts, figures, and links about these mountains.

约 4.8 亿年前，阿巴拉契亚山脉

The US Geological Survey's "Appalachian Highlands Province" page provides more details and links: tinyurl.com/y74lr7vm.

约 4.7 亿年前，最早的陆生植物

W. N. Stewart and G. W. Rothwell, *Paleobotany and the Evolution of Plants*. Cambridge, UK: Cambridge Univ. Press, 1993.

约 4.5 亿年前，集群灭绝

For a perspective on the potential role of life itself to cause the End Ordovician mass extinction, see tinyurl.com/ya2cb7dx.

约 3.75 亿年前，最早登陆的动物

K. Westenberg, "The Rise of Life on Earth: From Fins to Feet," *National Geographic*, May 1999.

约 3.2 亿年前，乌拉尔山脉

A lovely illustrated summary of the many exotic gems and minerals found in the Ural Mountains can be found at tinyurl.com/y84zqrco.

约 3.2 亿年前，爬行动物

See the National Geographic Society's "Reptiles" page for more history and details on this fascinating group of animals: tinyurl.com/yc2zktcq.

约 3 亿年前，阿特拉斯山脉

Is a hot mantle plume helping to uplift the Atlas mountains? Check out some recent research at tinyurl.com/ybcdhxoa.

约 3 亿年前，联合古陆

More details about the formation, history, and breakup of Pangea can be found at tinyurl.com/ybydbe5w.

约 2.52 亿年前，大灭绝

N. St. Fleur, "After Earth's Worst Mass Extinction, Life Rebounded Rapidly, Fossils Suggest," *New York Times*, Feb. 16, 2017, tinyurl.com/y86zo2r2.

约 2.2 亿年前，哺乳动物

See photos of more than 4,000 kinds of modern mammals from the American Society of Mammologists at tinyurl.com/y8xyuwuz.

约 2 亿年前，三叠纪大灭绝

R. Smith, "Dark Days of the Triassic: Lost World," *Nature*, Nov. 16, 2011, tinyurl.com/y7t97o92.

约 2 亿—6500 万年前，恐龙时代

G. Paul, ed., *Scientific American Book of Dinosaurs*. New York: St. Martin's Press, 2003.

约 1.6 亿年前，最早的鸟类

2018 is the National Geographic Society's "Year of the Bird." Check it out at tinyurl.com/yc962k3j.

约 1.55 亿年前，内华达山脉

The US Geological Survey's "Geology and National Parks" page provides more details and links, tinyurl.com/m75ne35.

约 1.4 亿年前，大西洋

Wikipedia's page on "The Opening of the North Atlantic Ocean" provides a good place to start more detailed research on this milestone event in Earth history, tinyurl.com/y9hzmtss.

约 1.3 亿年前，花

B. Kanapaux, "Evolution of the first Flowers," *Natural History*, Aug. 8, 2009, tinyurl.com/p2jry3d.

约 8000 万年前，落基山脉

A. Minard, "Rockies Mystery Solved by New Mountain-Creation Story?" *National Geographic News*, March 3, 2011, tinyurl.com/yaboem42.

约 7000 万年前，喜马拉雅山脉

For some fun animations of the India–Eurasia continental collision, see Univ. California geologist Tanya Atwater's page at tinyurl.com/y84souk5.

约 6600 万年前，德干地盾

L. Karlstrom and J. Byrnes, "The Meteorite That Killed the Dinosaurs May Have Also Triggered Underwater Volcanoes," *Smithsonian*, Feb. 8, 2018, tinyurl.com/y7ocvfuw.

约 6500 万年前，阿尔卑斯山脉

O. A. Pfiffner, *Geology of the Alps*. West Sussex, U.K: Wiley-Blackwell, 2014.

约 6500 万年前，恐龙灭绝撞击

For more details and references about the

controversy surrounding the impact hypothesis, a great place to start is Wikipedia's K-Pg extinction event page, tinyurl.com/mm2dz.

约 6000 万年前，灵长类

C. Palmer, "Fossils Indicate Common Ancestor for Old World Monkeys and Apes," *Nature*, May 16, 2013, tinyurl.com/y7qls56q.

约 3500 万年前，南极洲

A. B. Ford and D. L. Schmidt, *The Antarctic and its Geology*, USGS Report 1978-261-226/50, tinyurl.com/yamntv8s.

约 3000 万年前，东非裂谷带

E. Biba, "A Superplume Is the Reason Africa Is Splitting Apart," July 15, 2014, tinyurl.com/yagfqnxt.

约 3000 万—2000 万年前，高级 C_4 光合作用

K. Bullis, "Supercharged Photosynthesis," *MIT Technology Review,* tinyurl.com/yc8w2hd3.

约 3000 万—1000 万年前，喀斯喀特火山群

For background and details on the latest activity, visit the USGS Cascades Volcanic Observatory site at tinyurl.com/y8qzjoyn.

约 2800 万年前，夏威夷群岛

The Wikipedia page on "Hawaii hotspot" is a great place to start to learn more about the work of Wilson and others to decipher the geologic history of the Hawaiian Islands, tinyurl.com/y8tdl655.

约 1000 万年前，安第斯山脉

The Smithsonian Institution's Global Volcanism Program keeps track of active volcanoes in the Andes and the rest of the world, volcano.si.edu.

约 1000 万年前，最早的人科动物

For a set of informative articles about hominids in *National Geographic*, see tinyurl.com/y8364st9.

约 700 万年前，撒哈拉沙漠

"Sahara Desert Formed 7 Million Years Ago, New Study Suggests," *Sci News*, Sept. 20, 2014, tinyurl.com/lrmalp8.

约 600 万—500 万年前，科罗拉多大峡谷

A. Witze, "Debate Over Grand Canyon's Age May Finally Be Over," *Huffington Post*, Jan. 27, 2014, tinyurl.com/y9m3t peh.

约 600 万—500 万年前，地中海

K. J. Hsü, "When the Mediterranean Dried Up," *Scientific American*, Dec. 1972.

约 550 万年前，里海和黑海

N. Romeo, "Centuries of Preserved Shipwrecks Found in the Black Sea," *National Geographic*, Oct. 26, 2016, tinyurl.com/ydaax4hy.

约 500 万年前，加拉帕戈斯群岛

See spectacular images and videos from *National Geographic* that demonstrate why the Galápagos are a United Nations World Heritage Site, tinyurl.com/y9jpqmnr.

约 340 万—公元前 3300 年，石器时代

Wikipedia's "Stone Age" entry is a great place to start to explore the history, limitations, and controversies over the division of human prehistory into the Stone, Bronze, and Iron Ages: tinurl.com/y9qvt2rr.

约 300 万年前，死海

J. Hammer, "The Dying of the Dead Sea," *Smithsonian Magazine*, Oct. 2005, tinyurl.com/ybq4z8aa.

约 200 万年前，死亡谷

View a very nice short video by the National Geographic Society on the geology and ecology of Death Valley at tinyurl.com/y9xrj4ws.

约 40 万年前，维多利亚湖

C.K. Yoon, "Lake Victoria's Lightning-Fast Origin of Species," *New York Times*, Aug. 27, 1996, tinyurl.com/ycwqbgz4.

约 20 万年前，智人出现

Seed magazine reporter Holly Capelo wrote an interesting summary of recent evidence that Paleolithic cave art may capture some aspects of ancient astronomical and celestial lore, tinyurl.com/cvgtd6q.

约 7 万年前，桑人

E. Yong, "Africa's genetic diversity revealed by full genomes of a Bushman and a Tutu," *National Geographic Blog*, Feb. 17, 2010, tinyurl.com/mu843al.

约 5 万年前，亚利桑那撞击

The University of New Brunswick in Canada maintains an online database of the nearly two hundred known and suspected impact-crater sites on the Earth, tinyurl.com/y7dub47f.

约 4 万年前，最早的矿山

A history of the Ngwenya Mine by the Sawiland National Trust Commission can be found at tinyurl.com/ybqqkz7b.

约 3.8 万年前，拉布雷亚沥青坑

Check out more details on the history of the tar pits at the L.A. Tar Pits & Museum web site at tarpits.org.

约 3 万年前，动物驯化

B. Hare and V. Woods, "We Didn't Domesticate Dogs. They Domesticated Us," *National Geographic*, March 3, 2013, tinyurl.com/yafxbckj.

约公元前 1 万年，农业的出现

P. E. L. Smith, "Stone Age Man on the Nile," *Scientific American*, August 1976.

约公元前 1 万年，末次冰期的结束

A. C. Revkin, "When Will the Next Ice Age Begin?," *New York Times*, Nov. 11, 2003, tinyurl.com/cjcaek.

约公元前 9000 年，白令陆桥

The US National Park Service helps celebrate the cultural and geologic history of Beringia at tinyurl.com/y7z3d365.

约公元前 8000 年，五大湖

K. A. Zimmermann, "Great Facts About the Five Great Lakes," *LiveScience*, June 29, 2017, tinyurl.com/yapx8n3z.

约公元前 7000 年，酿制啤酒和葡萄酒

J. Klein, "How Pasteur's Artisti Insight Changed Chemistry," *New York Times*, June 14, 2017, tinyurl.com/yaez54nl.

约公元前 6000 年，肥料

"Manure was used by Europe's first farmers 8,000 years ago," Univ. of Oxford web site, School of Archaeology, July 15, 2013, tinyurl.com/ybqvquah.

约公元前 3300—公元前 1200 年，青铜时代

B. Keim, "Bronze Age Woman Had Surprisingly Modern Life," *National Geographic*, May 21, 2015, tinyurl.com/yc26gr6z.

约公元前 3200 年，合成颜料

I. Shih, "Ancient Egyptian pigment provides modern forensics with new coat of paint," *The Conversation*, May 30, 2016, tinyurl.com/y9gwgzjl.

约公元前 3000 年，现存最古老的树

K. Goldbaum, "What Is the Oldest Tree in the World?," *LiveScience*, Aug. 23, 2016, tinyurl.com/ycglunzf.

约公元前 3000 年，巨石阵

C. A. Newham, *The Astronomical Significance of*

Stonehenge. Warminster, U.K: Coates & Parker, 1993.

约公元前 3000 年，香料贸易

G. P. Nabhan, *Cumin, Camels, and Caravans: A Spice Odyssey*. Berkeley, C.A: Univ. California Press, 2014.

约公元前 2500 年，金字塔

I treasure my early edition of E. C. Krupp's *Echoes of the Ancient Skies: The Astronomy of Lost Civilizations* (Mineola, NY: Dover, 2003), which provides a fascinating account of how much the objects and motions of the sky meant to our distant ancestors.

约公元前 2000 年，磁铁矿

Photos and other information about magnetite can be found on the magnetite page of minerals. net at tinyurl.com/z422vxs.

约公元前 1200— 公元前 500 年，铁器时代

T. A. Wertime and J. D. Muhly, *The Coming of the Age of Iron*. New Haven: Yale Univ. Press, 1980.

约公元前 800 年，渡槽

I. Rodà, "Aqueducts: Quenching Rome's Thirst," *National Geographic History*, Nov./Dec. 2016, tinyurl. com/y7ew4kac.

约公元前 600 年，最早的世界地图

G. Miller, "Bizarre, Enormous 16th-Century Map Assembled for First Time," *National Geographic*, Dec. 7, 2017, tinyurl.com/y7lxle7y.

约公元前 500 年，地球是圆的

In case Pythagoras, Eratosthenes, and the modern space program have not convinced you that you're living on a rotating sphere, you can always stick your head in the sand and join other nonbelievers from the Flat Earth Society, tinyurl.com/346e6c8.

约公元前 500 年，马达加斯加

Learn more about the global quest to save Madagascar's threatened lemur species from the International Union for the Conservation of Nature's "Lemur Conservation Network," tinyurl.com/ybhzecp2.

约公元前 300 年，石英

National Geographic's "Minerals and Gems" site showcases quartz and other important minerals in earth science, tinyurl.com/ya93c8tw.

约公元前 300 年，亚历山大图书馆

A. Lawler, "Raising Alexandria," *Smithsonian Magazine*, April 2007, tinyurl.com/y8gvoa28.

约公元前 280 年，以太阳为中心的宇宙

Kragh, H. S., *Conceptions of Cosmos—From Myths to the Accelerating Universe: A History of Cosmology*. New York: Oxford Univ. Press, 2007.

约公元前 250 年，地球的大小

Since 2000, Follow the Path of Eratosthenes has enabled students to reproduce his more than 2,200-year-old experiment on their own, tinyurl.com/y8rrtym5.

79 年，庞贝城

The 1987 National Geographic documentary "In the Shadow of Vesuvius" can be watched online at tinyurl.com/y979y99n.

约 700—1200 年，波利尼西亚移民

The Wikipedia page on the 1947 (and subsequent) Kon-Tiki Expedition provides excellent links and details about modern-day attempts to recreate many of the epic voyages of the Polynesian diaspora, tinyurl.com/yaa4mzbk.

约 1000 年，玛雅天文学

A high-resolution version of the complete Dresden Codex can be downloaded from tinyurl.com/d5f38vq. See also Prof. Anthony Aveni's *Conversing with the*

Planets: How Science and Myth Invented the Cosmos, Kodansha International, 1994.

约 1370—1640 年，中国长城

The Great Wall is a World Heritage Site within the United Nations Educational, Scientific, and Cultural Organization (UNESCO). Read more at tinyurl.com/ltktlfy.

约 1400 年，美洲原住民的创世神话故事

A collection of Native American creation stories can be found online at tinyurl.com/yaanrfyd. See also A. Shumov, "Creation Myths from Around the World," *National Geographic*, tinyurl.com/yax5xlwv.

约 1500 年，小冰期

B. Handwerk, "Little Ice Age Shrank Europeans, Sparked Wars," *National Geographic*, Oct. 5, 2011, tinyurl.com/y8ssxklq.

约 1500 年，土木工程

What is civil engineering? Find out from the Institution of Civil Engineers at tinyurl.com/y7g5ystp.

1519 年，环球航行

Learn more about Magellan and his voyage on the History Channel's "Ferdinand Magellan" page: tinyurl.com/ydgf9dr6.

1541 年，亚马孙河

D. Stone, "Amazon Tribes Stand Up for Their Survival," *National Geographic*, June 23, 2017, tinyurl.com/y8zxypc3.

1600 年，许多地球

Wikipedia's Giordano Bruno page (tinyurl.com/ayqfd) provides a starting point for more detailed study of the controversial friar, philosopher, and astronomer.

1600 年，于埃纳普蒂纳火山喷发

A. Witze, "The Volcano That Changed the World," *Nature*, Apr. 11, 2008, tinyurl.com/ya6cnndc.

1619 年，行星运动定律

More about Johannes Kepler can be found in C. Wilson's "How Did Kepler Discover His First Two Laws?" (*Scientific American*, March 1972) and O. Gingerich's *The Great Copernicus Chase and Other Adventures in Astronomical History* (Cambridge, MA: Sky Publishing, 1992).

1669 年，地质学的基础

C. Gaylord, "How Nicolas Steno changed the way we see the world, literally," *Christian Science Monitor*, Jan. 11, 2012: tinyurl.com/ya9uwk6o.

1686 年，潮汐

Excellent introductory discussions of tides can be found at "How Tides Work" on E. Siegel's blog *Starts with a Bang!* (tinyurl.com/yapavo4f) and "Tidal Misconceptions" by D. Simanek (tinyurl.com/yaqwr4qq), as well as pages 265–274 in V. D. Barger and M. G. Olsson's *Classical Mechanics: A Modern Perspective*. New York: McGraw-Hill, 1973.

1687 年，万有引力

Hawking, S., *On the Shoulders of Giants: The Great Works of Physics and Astronomy*. Philadelphia: Running Press, 2002.

1747 年，长石

What is feldspar and how is it used economically? Find out about it (and many other minerals) from the Industrial Minerals Association: tinyurl.com/ybmfk6ru.

1769 年，金星凌日

A great popular-level account of the history of Venus transit observations is in W. Sheehan and J. Westfall's *The Transits of Venus*. Amherst, NY: Prometheus, 2004.

1788 年，不整合接触

Sketches and photos showing examples of the kinds of unconformities observed in Earth's geologic record can be found on the Wikipedia "Unconformity" page: tinyurl.com/yd4752kg.

1789 年，橄榄石

L. Geggel, "Earth's Mantle is Hotter than Scientists Thought," *Scientific American*, March 4, 2017: tinyurl.com/zwr77yr.

1791 年，海水淡化

The website for Jefferson's home, Monticello, contains more details on his efforts to research and widely disseminate desalination methods: tinyurl.com/ybgoddh5.

1794 年，来自太空的岩石

Smith, C., S. Russell, and G. Benedix, *Meteorites*. Buffalo: Firefly, 2011.

1798 年，人口增长

D. Dimick, "As World's Population Booms, Will Its Resources Be Enough for Us?" *National Geographic*, Sept. 21, 2014: tinyurl.com/y92vfb5q.

1802—1805 年，铂族金属

B. Griffith, "Two Men, Two Centuries, Four Metals," *Chemistry World*, March 1, 2005: tinyurl.com/yccquxe5.

1804 年，绘制北美地图

S. E. Ambrose, *Undaunted Courage: Meriwether Lewis, Thomas Jefferson, and the Opening of the American West*. New York: Simon & Schuster, 1996.

1811 年，阅读化石记录

For more on her life and work, see "Mary Anning, the Fossil Finder" by Charles Dickens (1865), at tinyurl.com/ybm9da8q.

1814 年，解密太阳光

An online biography of Joseph von Fraunhofer's life and achievements is at tinyurl.com/y7pqdc4w.

1815 年，坦博拉火山喷发

W. J. Broad, "A Volcanic Eruption That Reverberates 200 Years Later," *New York Times*, Aug. 24, 2015: tinyurl.com/yakpwgza.

1815 年，现代地质地图

S. Winchester, *The Map That Changed the World: William Smith and the Birth of Modern Geology*. New York: HarperCollins, 2001.

1830 年，均变论

For a fascinating geologic and philosophical history of Lyell's promotion of uniformitarianism, check out Stephen J. Gould's Time's Arrow, *Time's Cycle: Myth and Metaphor in the Discovery of Geological Time*. Cambridge, MA: Harvard Univ. Press, 1987.

约 1830 年，工业革命

"The Third Industrial Revolution." *The Economist*, Apr. 21, 2012: tinyurl.com/yd4cwscu.

1837 年，发现冰期

To learn more about glaciology and the glaciers of the world today, visit Glaciers Online at swisseduc.ch/glaciers.

1845 年，环保主义的诞生

A. Wulf, *The Invention of Nature: Alexander von Humboldt's New World*. New York: Vintage, 2016.

1851 年，证明地球自转

California Academy of Science: tinyurl.com/y9mjyr9w.

约 1855—1870 年，森林砍伐

See Jared Diamond's *Collapse* (New York: Penguin, 2005) for more details on the deforestation of

Easter Island and other societies.

1858—1859 年，自然选择

Wikipedia's page on "Natural Selection" at tinyurl. com/opvzf5g is a great place to start exploring the details of the history and modern practice of evolutionary biology.

1858 年，航空遥感

"History of Aerial Photography," Professional Aerial Photographers Association: tinyurl.com/l4debno.

1859 年，太阳耀斑和空间气象

"NASA Science News: A Super Solar Flare" (May 6, 2008): tinyurl.com/32v6amx.

1862 年，地球的年龄

Burchfield, J. D., *Lord Kelvin and the Age of the Earth*. Chicago: Univ. of Chicago Press, 1990.

1864 年，地球科幻小说

Learn more about the history and current state of science fiction at museumofsciencefiction.org.

1869 年，探索大峡谷

If you're excited by the Grand Canyon, John Wesley Powell's original 1875 book *The Exploration of the Colorado River and Its Canyons* (published by the Smithsonian Institution) is a must-read!

约 1870 年，人类世

L. E. Edwards, "What is the Anthropocene?" *Eos*, Nov. 30, 2015: tinyurl.com/yb5qdxpj.

1870 年，土壤科学

National Geographic's collection of articles about soil at tinyurl.com/y7gcbcgp is a great educational resource for this critical component of the Earth's surface.

1872 年，国家公园

Start your exploration of hundreds of the most wild and scenic places in the US at the National Park Service's web site: www.nps.gov.

1879 年，美国地质调查局

For more about the history and current scientific research being conducted by the USGS, visit online at usgs.gov.

1883 年，喀拉喀托火山喷发

S. Winchester, *Krakatoa: The Day the World Exploded, August 27, 1883*. New York: Penguin, 2003.

1892 年，塞拉俱乐部

Learn more about the history and mission of the Sierra Club online at sierraclub.org.

1896 年，温室效应

United Nations' Intergovernmental Panel on Climate Change Fifth Assessment Report (2014): tinyurl.com/hyfm99k.

1896 年，放射性

Hedman, M., *The Age of Everything: How Science Explores the Past*. Chicago: Univ. of Chicago Press, 2007.

1896 年，大气结构

Wikipedia's "Atmosphere of Earth" page (tinyurl. com/yahwpxsj) is a great starting point for more detailed information and history on the field of aerology.

1896 年，地球科学中的女性

M. A. Holmes and S. O'Connell, "Where are the Women Geoscience Professors?" (tinyurl.com/ yacv2fwt). See also tinyurl.com/y9jmzst6.

1900 年，加尔维斯顿飓风

For a sad and morbid list of natural disasters

around the world sorted by death toll, visit tinyurl.com/pydp2x7.

1902 年，控制尼罗河

T. Lippmann, "Excess Water Is a Problem as Aswan Dam Tames Nile," *Washington Post*, Nov. 12, 1978: tinyurl.com/y9d7xf9e.

1906 年，旧金山地震

For more details on the earthquake from the US Geological Survey, see tinyurl.com/y9weemsc.

1906 年，寻找陨石

W. G. Hoyt, *Coon Mountain Controversies: Meteor Crater and the Development of Impact Theory*. Tucson: Univ. of Arizona Press, 1987.

1908 年，通古斯爆炸

Artist and planetary scientist W. K. Hartmann has put together a fascinating account of eyewitness stories and artistic impressions about the Tunguska event at tinyurl.com/95pjc2t.

1909 年，到达北极点

R. M. Bryce, Cook & Peary: *The Polar Controversy Resolved*. Mechanicsburg, PA: Stackpole, 1997.

1910 年，大野火

S. J. Pyne, *Fire: A Brief History*. Seattle: Univ. of Washington Press, 2001.

1911 年，到达南极点

"Tragedy and Triumph: The Heroic Age of Polar Exploration," *Scientific American* (digital edition), July 2012.

1911 年，马丘比丘

K. Hearn and J. Golomb, "Machu Picchu," *National Geographic* online: tinyurl.com/y8j5ycsu.

1912 年，大陆漂移学说

H. E. Le Grand, *Drifting Continents and Shifting Theories*. Cambridge, U.K: Cambridge Univ. Press, 1989.

1913 年，臭氧层

A. Witze, "Antarctic Ozone Hole Is on the Mend," *Nature*, July 1, 2016: tinyurl.com/yd7x4juq.

1914 年，巴拿马运河

"Make the Dirt Fly," Smithsonian Library Digital Exhibition on the Panama Canal: tinyurl.com/dx74h.

1915 年，探索卡特迈

J. Fierstein, "Katmai National Park Volcanoes," US National Park Service: tinyurl.com/yc3xpznz.

1921 年，苏俄大饥荒

"The Great Famine," PBS film from *The American Experience*, Season 23, Episode 8, 2011.

1925 年，三州龙卷风

P. S. Felknor, *The Tri-State Tornado: The Story of America's Greatest Tornado Disaster*. Ames, IA: Iowa State Univ. Press, 1992.

1926 年，液体燃料火箭

Goddard's original 1919 book on rocketry, *A Method to Reach Extreme Altitudes* (Smithsonian Institution Press), can be downloaded from tinyurl.com/9tha5jc.

1926 年，航空探索

R. E. Goerler, *To the Pole: The Diary and Notebook of Richard E. Byrd, 1925–1927*. Columbus, OH: Ohio State Univ. Press, 1998.

1933 年，安赫尔瀑布

R. Robertson, "Jungle Journey to the World's Highest Waterfall," in *Worlds to Explore: Classic Tales of Travel and Adventure* from National Geographic, 2007.

1934 年，珊瑚地质学
Dorothy Hill (1907–1997), *Australian Academy of Science Biographical Memoirs:* tinyurl.com/yb7otso8.

1935 年，沙尘暴
Ken Burns's 2012 film *The Dust Bowl* provides a fascinating history of this important time in US history.

1936 年，地球内核
S. Kruglinski, "Journey to the Center of the Earth," *Discover*, June 8, 2007: tinyurl.com/37twlm.

1937 年，垃圾填埋
The US National Park Service provides more details about the Fresno Sanitary Landfill at tinyurl.com/ya88mfhj.

1943 年，探索海洋
J. Cousteau and F. Dumas, *The Silent World: A Story of Undersea Discovery and Adventure*. New York: Harper, 1953.

1943 年，空中岛
W. Heald, *Sky Island*. New York: Van Nostrand, 1967.

1945 年，地球同步卫星
Arthur C. Clarke's 1945 prophetic *Wireless World* magazine article appears in a volume edited by space historian J. Logsdon: *Exploring the Unknown: Selected Documents in the History of the US Civil Space Program*, published by the NASA History Office, Washington, DC (tinyurl.com/bruoxsd).

1946 年，人工降雨
J. Sanburn, "Scientists Create 52 Artificial Rain Storms in Abu Dhabi Desert," *Time*, Jan. 3, 2011: tinyurl.com/3yaggmb.

1947 年，气象雷达
R. C. Whiton et al., "History of Operational Use of Weather Radar by US Weather Services. Part I: The Pre-NEXRAD Era," *Weather & Forecasting*, vol. 13, 1998: tinyurl.com/y8yzr3j7.

1948 年，探寻人类起源
Much more about the lives and careers of Mary and Louis Leakey can be found on the Leakey Foundation web site, at tinyurl.com/y9cvhtb6.

1949 年，岛弧
Learn more about island arcs at the online course site Study.com: tinyurl.com/ycd9r2ss.

1953 年，攀登珠峰
D. Roberts, "50 Years on Everest," *National Geographic Adventure*, April 2003: tinyurl.com/y7apnu5f.

1954 年，核能
US Energy Information Administration, "International Energy Outlook, 2017": tinyurl.com/yc2c6j5r.

1957 年，海底测绘
B. Embley, "Seafloor Mapping," *NOAA Ocean Explorer Program*, 2003: tinyurl.com/yao4ojcm.

1957 年，人造卫星
For an entertaining glimpse of the America shocked by Sputnik and then spurred on to reach the Moon, check out H. Hickam's *Rocket Boys*. New York: (Delacorte Press, 1998) and the related 1999 film *October Sky* (Universal Pictures).

1957—1958 年，国际地球物理年
Wikipedia's "International Geophysical Year" page (tinyurl.com/y9wa4xlb) contains lots of details and pointers to much more information about IGY.

1958 年，地球辐射带
More details about the phenomenally successful

Explorer small satellite program (with nearly 100 launches between 1958 and 2018) can be found at tinyurl.com/qp34s.

1960 年，气象卫星

The Intellicast weather service provides a free site where you can monitor the latest images from all of the weather satellites covering North America: tinyurl.com/y8h37wv.

1960 年，了解陨石坑

D. Levy, *Shoemaker by Levy: The Man Who Made an Impact*. Princeton, NJ: Princeton Univ. Press, 2002.

1960 年，马里亚纳海沟

K. Than, "James Cameron Completes Record-Breaking Mariana Trench Dive," *National Geographic News*, March 25, 2012: tinyurl.com/yav8zvxl.

1960 年，瓦尔迪维亚地震

"The Largest Earthquake in the World," US Geological Survey web site: tinyurl.com/ybgatuyz.

1961 年，人类进入太空

For details on the early Cold War space race, see T. Wolfe, *The Right Stuff*. New York: Farrar, Straus, and Giroux, 1979 (and also the 1983 film of the same name).

1961 年，地球化改造

M. J. Fogg, *Terraforming: Engineering Planetary Environments*, SAE International, 1995.

1963 年，磁极倒转

"Magnetic Stripes and Isotopic Clocks," US Geologic Survey, *This Dynamic Earth* web site: tinyurl.com/y8hv3g53.

1966 年，内共生

L. Margulis, *Origin of Eukaryotic Cells*. New Haven: Yale University Press, 1970.

1966 年，地球自拍照

You can read more about the history of space selfies in my book *The Interstellar Age*, Penguin/Dutton, 2015.

1967 年，极端微生物

T. Brock's call for expanding the search for habitable environments on Earth was published in "Life at High Temperatures" (*Science*, vol. 158, Nov. 1967, pp. 1012–1019).

1968 年，脱离地球引力

A. Chaikin, *A Man on the Moon: The Voyages of the Apollo Astronauts*. New York: Viking, 1994.

1970 年，陨石与生命

Rosenthal, A. M., "Murchison's Amino Acids: Tainted Evidence?" (*Astrobiology*, February. 12, 2003): tinyurl.com/y8f8fan8.

1970 年，地球日

R. Carson, *Silent Spring*. New York: Houghton-Mifflin, 1962.

1972 年，地球科学卫星

For more details, see the USGS Landsat web site at landsat. usgs. gov.

1972 年，月球地质

The NASA documentary film, "On the Shoulders of Giants," provides lots more details on the science of the *Apollo* missions: tinyurl.com/y7sdxqct.

1973 年，海底扩张

Tanya Atwater also made significant contributions to the visualization of plate tectonic interactions for the general public. See, for example, tinyurl.com/y7gt8pzc.

1973 年，热带雨林 / 云雾林

For a list of some of the world's most amazing tropical rainforests and cloud forests, see tinyurl.com/yctmkfuj.

1973 年，全球定位系统

B. Parkinson and J. Spilker, *The Global Positioning System*. American Institute of Aeronautics and Astronautics, 1996: tinyurl.com/yavrszej.

1975 年，昆虫迁徙

F. Urquhart, "Found at Last: The Monarch's Winter Home," *National Geographic*, Aug. 1976.

1975 年，磁导航

S. Johnsen and K. Lohmann, "Magnetoreception in Animals," *Physics Today*, March 1, 2008: tinyurl.com/ybrw5cq2.

1976 年，温带雨林

Wikipedia's "Temperate Rainforest" page (tinyurl.com/ya32cj6v) is a great place to start exploring these beautifully wet and wild regions of the world.

1977 年，旅行者金唱片

C. Sagan et al., *Murmurs of Earth*. New York: Random House, 1978. See also the 2017 film, *The Farthest—Voyager in Space* (preview at tinyurl.com/y98cwcse.)

1977 年，深海热液喷口

"Deep Sea Hydrothermal Vents: Redefining the Requirements for Life," National Geographic online: tinyurl.com/y942a7c3.

1978 年，风能

For more on its rich history, see "Wind Power," United Nations Food and Agriculture Organization report (1986): tinyurl.com/csdr7sa.

1979 年，万维网

A great starting point to explore the detailed history of the Internet and the World Wide Web is Wikipedia's "History of the Internet" page (tinyurl.com/mgavzra).

1979 年，动物大迁徙

"Animal Migrations," *National Geographic* online: tinyurl.com/yckrtpu4.

1980 年，圣海伦斯火山喷发

"Eruption of Mt. St. Helens," *National Geographic*, Jan. 1981.

1980 年，灭绝撞击假说

W. Alvarez, *T. Rex and the Crater of Doom*. Princeton, NJ: Princeton Univ. Press, 1997.

1981 年，大堡礁

J. Bowen and M. Bowen, *The Great Barrier Reef: History, Science, Heritage*. Cambridge, UK: Cambridge Univ. Press, 2002.

1982 年，农作物基因工程

S. Blancke, "Why People Oppose GMOs Even Though Science Says They Are Safe," *Scientific American*, Aug. 18, 2015: tinyurl.com/gmg3gzs.

1982 年，盆岭构造

J. McPhee, *Basin and Range*. New York: Farrar, Straus and Giroux, 1982.

1982 年，太阳能

R. Naam, "Smaller, Cheaper, Faster: Does Moore's Law Apply to Solar Cells?" *Scientific American*, March 16, 2011: tinyurl.com/y9ax8g9v.

1982 年，火山爆发指数

The history and details/examples of the Volcanic Explosivity Index can be found on Wikipedia's page at tinyurl.com/y9bdled2.

1983 年，《迷雾中的大猩猩》

D. Fossey, *Gorillas in the Mist*. New York: Mariner Books, 1983. See also A. McPherson, "Zoologist Dian Fossey: A Storied Life With Gorillas," *National Geographic*, Jan. 18, 2014: tinyurl.com/y7pw2kja.

1983 年，植物遗传学

E. F. Keller, *A Feeling for the Organism: The Life and Work of Barbara McClintock*. New York: W. H. Freeman, 1983.

1984 年，磁层振荡

"NASA's THEMIS Sees Auroras Move to the Rhythm of Earth's Magnetic Field," *NASA Press Release*, Sept. 12, 2016: tinyurl.com/ydb29khb.

1985 年，水下考古

Travel with Robert Ballard to "The Astonishing Hidden World of the Deep Ocean" via his TED talk, at tinyurl.com/p4zcobj.

1986 年，切尔诺贝利灾难

Wikipedia's "International Nuclear Event Scale" page (tinyurl.com/mayaxyu) provides details and links to more information about all documented reactor accidents worldwide.

1987 年，加州秃鹫

Learn more about the California Condor Recovery Program from the US Fish and Wildlife Service: tinyurl.com/y8dp6dxz.

1987 年，尤卡山

"Disposal of High-Level Nuclear Waste," US Government Accountability Office Report, 2017: tinyurl.com/y7lzxtpf.

1988 年，光污染

Learn more about the International Dark-Sky Association (and join!) at www.darksky.org.

1988 年，黑猩猩

J. Goodall, *My Life with the Chimpanzees*. New York: Minstrel, 1988.

1991 年，生物圈 2 号

To follow the continuing scientific and educational mission of Biosphere 2, check out their web site at biosphere2.org.

1991 年，皮纳图博火山喷发

"In the Path of a Killer Volcano," PBS/NOVA Episode, Feb. 9, 1993: tinyurl.com/y7h9y7dt.

1992 年，苔原

"Tundra," National Geographic online: tinyurl.com/ydhabh8r.

1992 年，北方森林

"Taiga," National Geographic online: tinyurl.com/y8uuxg3o.

1993 年，空间海洋学

Learn more online about space-based ocean exploration by NASA (tinyurl.com/ydx25a9c) and NOAA (tinyurl.com/yarku9wj).

1994 年，水能

"Hydroelectric Energy," National Geographic online: tinyurl.com/y9tqktq8.

1995 年，类地行星

Extrasolar Planets Encyclopaedia's "Interactive Extra-solar Planets Catalog," tinyurl.com/32bozw.

1998 年，海洋保护

"Meet the Ocean Explorers," Sea and Sky online: tinyurl.com/j8yumv8.

1999 年，地球自转随时间减慢

Wikipedia's "Leap second" page at tinyurl.com/b4oar provides a fascinating and detailed account of the history and controversy surrounding this curious feature of modern timekeeping.

1999 年，都灵危险指数

More details about the Torino Impact Hazard Scale and the more recent Palermo Technical Impact Hazard

Scale can be found at tinyurl.com/kwt3tg and tinyurl.com/94lg6dx, respectively.

1999 年，瓦尔加斯滑坡
R. L. Schuster and L. M. Highland, "Socioeconomic and Environmental Impacts of Landslides in the Western Hemisphere," USGS Open File Report 01-0276, 2001: tinyurl.com/ycs3yysa.

2004 年，苏门答腊地震和海啸
An Indian Ocean Tsunami Warning System has since been set up to attempt to save future lives. See tinyurl.com/ybgs2ucg for links and details.

2004 年，草原和浓密常绿阔叶灌丛
Learn about the mission of the California Chaparral Institute at tinyurl.com/yak8orz8.

2007 年，碳足迹
Wikipedia's "Carbon Footprint" page (tinyurl.com/y7d57fv5) provides more background, details, and links to the history and applications of this concept.

2008 年，全球种子库
J. Duggan, "Inside the 'Doomsday' Vault," *Time*, April 8, 2017: tinyurl.com/kr4afx3.

2010 年，埃亚菲亚德拉冰盖火山喷发
A detailed description of the effects of the volcano's eruption on commercial and military aviation can be found online at tinyurl.com/yc249zy9.

2011 年，建造桥梁
D. J. Brown, Bridges: *Three Thousand Years of Defying Nature*. Buffalo: Firefly Books, 2005.

2011 年，温带落叶林
To learn more about forests, and the United Nations' environmental protection programs in general, visit tinyurl.com/yb9jccpr.

2012 年，东方湖
Wikipedia's "Lake Vostok" page (tinyurl.com/gqeu5yn) is a great starting point for more details on the history, science, and controversy of this unique environment.

2013 年，稀树草原
Read more about the Kimberly to Cape Initiative and the savanna that those advocates seek to protect, at tinyurl.com/ybcsfo5k.

2013 年，不断增多的二氧化碳
See R. Kunzig, "Climate Milestone: Earth's CO_2 Level Passes 400 ppm," *National Geographic*, May 12, 2013: tinyurl.com/ybfrr7o4.

2016 年，长时间的太空旅行
"NASA Twins Study Confirms Preliminary Findings," *NASA* online, March 15, 2018: tinyurl.com/yb3hxddu.

2017 年，北美日食
Eclipse scientist F. Espenak keeps a detailed, updated set of Web pages on upcoming solar and lunar eclipses and planetary transits at tinyurl.com/6cqw2c.

2029 年，侥幸脱险于阿波菲斯
Apophis's 2036 miss distance from Earth depends on precisely where it passes the Earth and Moon in 2029 and how its trajectory responds to subtle variations in the Earth's and Moon's gravity fields. See tinyurl.com/cf8xjcr.

约 2050 年，移民火星？
When, how, and why will people go to Mars? Follow along with The Planetary Society to keep up and find out! planetary.org/blogs.

约 2100 年，化石燃料的终结？
T. Appenzeller, "The End of Cheap Oil," *National Geographic*, June 1, 2004: tinyurl.com/ydeuafkd.

约 5 万年后，下一个冰期？

A. C. Revkin, "The Next Ice Age and the Anthropocene," *New York Times*, Jan. 8, 2012: tinyurl.com/yb54xqu7.

约 10 万年后，黄石超级火山

S. Hall, "A surprise from the supervolcano under Yellowstone," *New York Times*, Oct. 10, 2017: tinyurl.com/y8327teg.

约 10 万—20 万年后，洛伊火山

"Loihi," US Geological Survey Volcano Hazards Program, 2017: tinyurl.com/ycy55ffu.

约 50 万年后，下一次大的小行星撞击？

H. Weitering, "NASA Offers New Plan to Detect and Destroy Dangerous Asteroids," *Scientific American*, June 21, 2018: tinyurl.com/y9654qlc.

约 2.5 亿年后，比邻联合古陆

"Continents in Collision: Pangea Ultima," *NASA Science* online, Oct. 6, 2000: tinyurl.com/y763zgf6.

约 6 亿年后，最后一次日全食

S. Mathewson, "Earth Will Have Its Last Total Solar Eclipse in About 600 Million Years," Space.com, July 31, 2017: tinyurl.com/yblg6rr3.

约 10 亿年后，地球海洋蒸发

Kasting, J. and colleagues, "Earth's Oceans Destined to Leave in Billion Years": tinyurl.com/8t28g6x.

约 20 亿—30 亿年后，地核固结

An educational (though perhaps depressing) place to start researching the likely near-term to distant future of our planet is Wikipedia's "Future of Earth" page (tinyurl.com/gv47pdr).

约 50 亿年后，地球末日

Kaler, J. B., *Stars*, Scientific American Library. New York: W. H. Freeman, 1992.

图书在版编目（CIP）数据

地球之书 /（美）吉姆·贝尔 (Jim Bell) 著；杨
帅斌译. —— 重庆：重庆大学出版社，2022.10（2023.4 重印）
（里程碑书系）
书名原文：The Earth Book
ISBN 978-7-5689-2826-7
Ⅰ.①地… Ⅱ.①吉… ②杨… Ⅲ.①地球 – 普及读
物 Ⅳ.① P183–49
中国版本图书馆 CIP 数据核字 (2021) 第 140265 号

Text copyright © 2019 Jim Bell
Originally published in 2019 in the United States by Sterling Publishing Co., Inc.

版贸核渝字（2019）第 185 号

地球之书
DIQIU ZHI SHU

[美] 吉姆·贝尔 (Jim Bell)　著

杨帅斌　译

策划编辑：王思楠
特约编辑：付　强
责任编辑：陈　力
责任校对：夏　宇
装帧设计：鲁明静
责任印制：张　策
内文制作：常　亭

重庆大学出版社出版发行
出版人：饶帮华
社址：（401331）重庆市沙坪坝区大学城西路 21 号
网址：http://www.cqup.com.cn
印刷：重庆升光电力印务有限公司

开本：787mm×1092mm　1/16　印张：18　字数：422 千
2022 年 10 月第 1 版　　2023 年 4 月第 2 次印刷
ISBN 978-7-5689-2826-7　定价：88.00 元

地球之书　The Earth Book